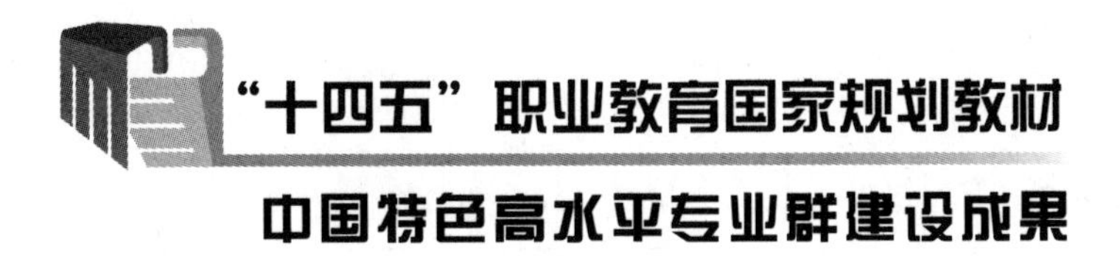

设施蔬菜生产技术

主　编　赵会芳（铜仁职业技术学院）
王　琨（铜仁职业技术学院）
副主编　顾昌华（铜仁职业技术学院）
罗加勋（铜仁职业技术学院）
参　编　桂　平（铜仁职业技术学院）
任树廷（铜仁职业技术学院）
潘绿昌（铜仁职业技术学院）
孙聆睿（铜仁职业技术学院）
乔迺妮（常德职业技术学院）
柴贵贤（武威职业学院）
杨连勇（常德市农林科学研究院）
王孝利（贵州华以农业科技有限公司）

本书配套资源

北京理工大学出版社
BEIJING INSTITUTE OF TECHNOLOGY PRESS

图书在版编目（CIP）数据

设施蔬菜生产技术 / 赵会芳，王琨主编. -- 北京：北京理工大学出版社，2020.10（2023.11重印）

ISBN 978－7－5682－9049－4

Ⅰ. ①设… Ⅱ. ①赵… ②王… Ⅲ. ①蔬菜园艺－设施农业 Ⅳ. ① S626

中国版本图书馆 CIP 数据核字（2020）第 174994 号

责任编辑：张荣君　　文案编辑：曾繁荣

责任校对：周瑞红　　责任印制：边心超

出版发行 / 北京理工大学出版社有限责任公司

社　　址 / 北京市丰台区四合庄路 6 号

邮　　编 / 100070

电　　话 /（010）68914026（教材售后服务热线）

（010）68944437（课件售后服务热线）

网　　址 / http：//www. bitpress. com. cn

版 印 次 / 2023 年 11 月第 1 版第 2 次印刷

印　　刷 / 定州市新华印刷有限公司

开　　本 / 787mm × 1092mm　1 / 16

印　　张 / 18

字　　数 / 420千字

定　　价 / 52. 50 元

前 言

PREFACE

党的二十大报告提出，全面推进乡村振兴。树立大食物观，发展设施农业，构建多元化食物供给体系。发展乡村特色产业，拓宽农民增收致富渠道。巩固拓展脱贫攻坚成果，增强脱贫地区和脱贫群众内生发展动力。蔬菜是人们日常饮食中必不可少的食物之一。可提供人体所必需的多种维生素和矿物质。据国际粮农组织 1990 年统计，人体必需的维生素 C 的 90%、维生素 A 的 60%来自蔬菜。本书是设施农业与装备技术、园艺技术等专业核心课程的主要教材。编写团队以设施蔬菜生产领域职业能力分析为基础，以工作过程为导向，以国家高等职业教育专科专业简介和教学标准、1+X 设施蔬菜生产职业技能等级、蔬菜园艺工职业资格标准为依据，确定课程教学目标、优化教材内容。通过对课程对应的蔬菜相关行业、企业岗位调研，结合地方设施类型，根据区域蔬菜种植的实际情况，对接地方蔬菜产业发展特点，确定编写内容，优化项目任务，突出设施蔬菜的技术技能。全书内容包括设施蔬菜栽培的基础知识、设施蔬菜栽培等 5 个项目。

本教材采用项目任务型的编写思路，以培养“知农、爱农、强农、兴农”的“四农”新人为总目标，围绕设施蔬菜生产设置了 34 个任务。每个任务都有明确的目标，在真实的任务情景下，组织教学内容，将理论知识与实际应用紧密结合起来，引导学生边做边学，每完成一个学习任务，就能掌握一项技术。党的二十大报告提出，在全社会弘扬劳动精神、奋斗精神、奉献精神、创造精神、勤俭节约精神，培育时代新风新貌。因此，教学任务设计中，融入劳动精神、奋斗精神、生态环保等理念，培养了学生精益求精的工匠精神，增强了学生团队合作意识及法制观念、规范标准、生态、绿色环保意识，同时增强了学生技能服务农业农村现代化、服务乡村全面振兴的使命感和责任感。

在本书的编写过程中，全体参编人员付出了辛苦的劳动。赵会芳、王琨担任主编；顾昌华、罗加勋担任副主编，参加编写的人员还有：桂平、孙聆睿、任树廷、潘绿昌、王孝利、乔迺妮、柴贵贤、杨连勇。项目一、项目四由赵会芳编写；项目二子项目一由乔迺妮、赵会芳编写；项目二子项目二、子项目六由罗加勋编写；项目二子项目八由罗加勋、赵会芳编写；项目二子项目三由顾昌华编写；项目二子项目四、子项目五、子项目七由王琨、杨连勇编写；项目三、项目五由桂平、柴贵贤编写。赵会芳、王琨、任树廷、王孝利负责全书统稿。书中插图由桂平完成。在编写过程中，铜仁职业技术学院农学院的领导和老师给予了大力帮助和支持，本书引用了同行许多的资料和图片，在此一并表示感谢！

由于编者水平有限，错误遗漏在所难免，恳请同行和读者批评指正。

编　者

目录 CONTENTS

项目一　设施蔬菜栽培的基础知识　001

任务一　设施蔬菜栽培特点及设施类型　/002

技能训练：电热育苗床的建造　/012

任务二　蔬菜的分类　/014

技能训练：蔬菜的识别与分类　/023

任务三　蔬菜的栽培季节与茬口安排　/024

技能训练：蔬菜市场调查　/028

任务四　蔬菜的周年供应与栽培制度　/029

技能训练 1：蔬菜轮作设计　/035

技能训练 2：蔬菜混种、间作、套作、复种技术　/037

技能训练 3：主要蔬菜种子的识别　/039

技能训练 4：蔬菜种子品质测定　/040

项目二　设施蔬菜栽培　043

子项目一　茄果类蔬菜设施栽培　/044

任务一　番茄设施栽培　/044

任务二　茄子设施栽培　/054

任务三　辣椒设施栽培　/060

技能训练 1：蔬菜育苗营养土的配置　/069

技能训练 2：蔬菜浸种催芽　/070

技能训练 3：番茄植株绑蔓上架、整枝技术　/072

子项目二　瓜类蔬菜设施栽培　/073

任务一　黄瓜设施栽培　/074

任务二　西葫芦设施栽培　/082

任务三　苦瓜设施栽培　/091

技能训练 1：蔬菜播种育苗技术　/097

技能训练 2：瓜类蔬菜嫁接技术　/098

子项目三　豆类蔬菜设施栽培 /100
任务一　菜豆设施栽培 /101
任务二　豇豆设施栽培 /109
任务三　豌豆设施栽培 /116
技能训练 1：整地作畦技术 /124
技能训练 2：蔬菜的直播技术 /125
技能训练 3：蔬菜幼苗移栽技术 /127
子项目四　白菜类蔬菜设施栽培 /128
任务一　大白菜设施栽培 /129
任务二　甘蓝设施栽培 /139
任务三　花椰菜设施栽培 /146
技能训练：蔬菜采收技术 /154
子项目五　绿叶菜类蔬菜设施栽培 /156
任务一　莴苣设施栽培 /157
任务二　芹菜设施栽培 /166
技能训练：主要绿叶菜类蔬菜的形态特征观察 /173
子项目六　葱蒜类蔬菜设施栽培 /173
任务一　韭菜设施栽培 /174
任务二　蒜黄设施栽培 /182
技能训练：韭菜软化栽培技术 /185
子项目七　薯蓣类蔬菜设施栽培 /186
任务一　生姜设施栽培 /187
任务二　马铃薯设施栽培 /192
任务三　山药设施栽培 /198
技能训练：马铃薯催芽技术 /204
子项目八　多年生蔬菜设施栽培 /206
任务一　香椿设施栽培 /206
任务二　芦笋设施栽培 /212
任务三　黄花菜设施栽培 /219
技能训练：多年生蔬菜形态观察 /226

项目三　观赏蔬菜设施栽培 227

任务一　羽衣甘蓝设施栽培 /228
任务二　观赏南瓜设施栽培 /233
任务三　薄荷设施栽培 /238

技能训练：观赏蔬菜的盆栽技术 /243

项目四　特色蔬菜设施栽培 245

任务一　黄秋葵设施栽培 /246
任务二　芽苗菜设施栽培 /250
技能训练：芽苗菜生产技术 /254

项目五　无土栽培技术 257

任务一　蔬菜无土栽培技术 /258
任务二　蔬菜水培技术 /263
技能训练：蔬菜的水培技术 /268

附　录 271

附录 1　2018 年国家禁用和限用的农药名录 /271
附录 2　蔬菜种子的重量、每克种子粒数和需种量参考表 /274
附录 3　蔬菜种子的寿命和使用年限 /276

参考文献 277

项目一

设施蔬菜栽培的基础知识

任务一 设施蔬菜栽培特点及设施类型

【知识目标】

掌握设施蔬菜栽培的含义、设施蔬菜栽培的特点；了解设施蔬菜栽培的类型。

【技能目标】

能说出当地蔬菜生产的设施类型、结构、性能及用途。

【情感目标】

(1) 具备良好的职业道德和严谨的工作作风。

(2) 具有实事求是的科学态度和团队协作精神。

一 蔬菜的概念与特点

1. 蔬菜的定义

广义的蔬菜是指凡是可供佐餐的植物总称。《尔雅·释天》中记载：“蔬不熟为馑”。郭璞注：“凡草菜可食者通名为蔬”。

狭义的蔬菜是指具有柔嫩多汁的产品器官作为副食品的一、二年生及多年生的草本植物。

2. 蔬菜的特点

(1) 蔬菜种类繁多，大多为草本植物，但还包含一些木本植物和菌藻类植物。据统计，目前世界范围内的蔬菜种类有50~60科，共计229种，其中高等植物有32科，约200种（包括变种）、低等植物食用菌有14科18种、藻类植物有8科10种。在我国，普遍栽培的蔬菜有50~60种，大部分属于半栽培种和野生种。

(2) 蔬菜的食用器官多种多样。蔬菜的食用器官包括根、茎、叶、花、果实、种子和菌丝体等。如萝卜、胡萝卜等食用肉质直根；莴笋、菜薹食用嫩茎；马铃薯、山药食用块茎；菠菜、白菜食用嫩叶；花椰菜食用花球；南瓜食用瓠果；菜豆食用荚果；食用菌食用子实体等。这些器官包括了植物所有的器官，食用范围广泛。

(3) 蔬菜富含营养。蔬菜富含人体必需的矿物质、维生素、食用纤维等，不可被植物所代替。有些蔬菜含有胡萝卜素、叶绿素、花青素等；有些蔬菜含有特有的香辛成分和风味，是制作和调制精致菜肴的必须副食品；还有些蔬菜含有特殊的蛋白质、酶、氨基酸等，具有医疗保健作用的成分，对增强人体体质、强身祛病具有重要作用。

(4) 蔬菜生产周期短，效益较好。蔬菜从栽植到收获的生产周期短，一般为40~90天。一般产量为37.5~75t/hm^2，高产者达300t/hm^2以上，亩产是粮食的5.5倍、棉花的3.9倍，油料的5倍，经济效益明显优于粮、棉、油的经济效益。蔬菜产品除以鲜菜供应市场外，还可以进行保鲜贮藏、加工，这样不仅可以增加蔬菜产后的附加值，而且可以延长蔬菜供应期，解决供需矛盾，扩大流通领域，是当前农业农村产业结构调整中的重要发展对象。

（5）产品不耐储藏。蔬菜主要以鲜菜为产品，产品含水量高，易萎蔫和腐烂变质，储藏和运输会受到一定程度限制。

3. 设施蔬菜栽培的含义

设施蔬菜栽培是在不适宜蔬菜生长发育的环境条件下，利用专门的保温防寒或降温防热等设施，人为地创造适宜蔬菜生长发育的小气候条件，从而进行优质高产蔬菜栽培。由于蔬菜设施栽培的季节往往是露地生产难以达到的，通常又将其称为反季节栽培、保护地栽培等。

设施蔬菜栽培的特点

1. 栽培方式多样

我国地域辽阔，南北各地经济技术基础不一，地形、地貌、气候、土壤等条件差异较大，因而形成了地膜覆盖、塑料薄膜大棚、连栋大棚、智能温室、日光温室、遮阳网覆盖、防虫网覆盖等不同的设施栽培形式。设施蔬菜栽培方式可分为抗低温栽培和抗热栽培。在抗低温栽培中，生产中常用温室、大棚、中小棚等进行早熟、延后和反季节栽培；抗热栽培中，常用遮阳网覆盖栽培。

2. 南北栽培自成特色

北方以日光温室栽培模式为主。北方冬季寒冷，光照充足，利用日光温室能有效地增加棚温，进行蔬菜的越冬、春提早及秋延迟栽培。

南方以遮阳和防雨、防虫网覆盖栽培为主。南方地区夏季及早秋持续高温炎热、梅雨天气，通过推广遮阳和防雨、防虫网覆盖栽培，选用耐热、耐高温品种，可解决蔬菜供应的“伏缺”问题。

3. 病虫害严重

设施栽培中，环境相对密闭，内外温差大，水分难以蒸发外溢，使得设施内空气湿度较大。即使在晴天，也经常出现90%以上的空气相对湿度，且高湿持续时间长，致使蔬菜植株叶片易结露或吐水，为病害的发生、发展创造了条件，往往表现出比露地病害发生早、发生重的现象。若管理不及时，则会造成严重损失。另外，由于一些温室、大棚等建成后，不易移动，加上轮作倒茬困难，导致土传性病害猖獗，严重影响蔬菜的生长。

4. 栽培技术要求严格

设施栽培与露地栽培技术相比，要求更严格、更复杂。首先，管理人员要充分了解各种蔬菜对环境条件的要求，还须熟悉不同设施类型的性能，从而合理选择不同设施类型、栽培的蔬菜种类、茬口等；其次，在管理技术上应根据设施内环境特点，如湿度大、温度高、光照弱、土壤易盐渍化等，采用综合配套管理措施，为蔬菜生长发育创造温度、光照、湿度、土壤水分、营养和气体等相适宜的条件。

5. 专业化生产性强

近年来，我国设施栽培发展较快，各地大面积、规模化种植较多，一般均建成固定的温室、大棚等。设施建造投资大、成本高，若经营不当，不但经济效益差，甚至亏本。因此，根据蔬菜生长的要求，建立专业化的蔬菜设施生产基地，有利于提高生产技术，并使之逐步向蔬菜工厂化生产发展。

6. 多品种、多茬次周年综合利用

设施栽培中，冬季可通过智能温室、日光温室增温；夏季可通过防雨遮阳进行降温栽培，从而实现周年多品种、多茬次的栽培与综合利用。

蔬菜设施栽培的主要类型

蔬菜设施栽培的主要类型有温床、地膜覆盖、避雨设施、塑料拱棚、温室、遮阳网覆盖、防虫网覆盖、软化设施8种。

(一) 温床

温床是在冷床基础上增加人工加温条件件，以提高床内地温和气温的保护设施。除太阳辐射外，温床主要以酿热物和电热作为热源。因此，温床又可分为酿热温床和电热温床。

1. 酿热温床

酿热温床是利用微生物分解有机酿热物时产生的热量加温苗床。如图1-1所示。

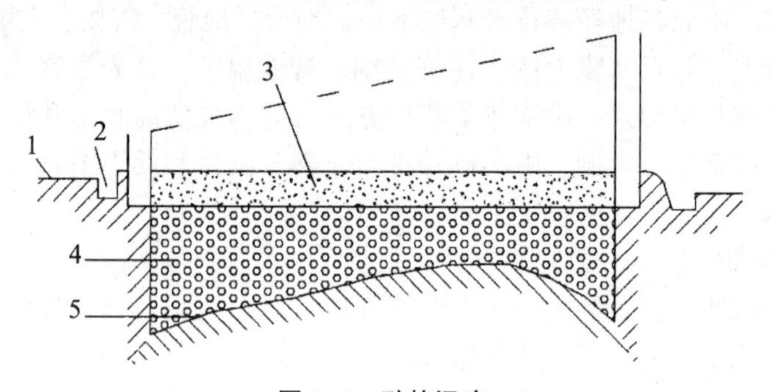

图1-1　酿热温床

1—地平面；2—排水沟；3—床土；4—酿热物；5—干草层

首先，有机酿热物以骡马粪、鸡粪、羊粪等为最好，其发酵快，温度高；其次是碎草、树叶、杂草和农作物秸秆等。后者发酵慢，温度低。马粪价高且较缺乏，可将马粪与树叶、碎草等混合使用，效果较好。马粪填入的时间应根据播种期来决定，以播种后酿热物能开始大量散发热量为宜。

酿热加温具有发热容易、操作简单等优点。但是存在发热时间短，热量有限，温度前高后低，酿热加温后不能调节等缺点。

2. 电热温床

电热温床是指在畦土内或畦面铺设电热线，低温期用电对土壤进行加温的蔬菜育苗畦或栽培畦的总称。如图1-2所示。

电热温床设备简单，使用方便，土温适宜，可自动控制，发热均匀，能够缩短育苗时间，提高幼苗质量，目前主要用于寒冷季节的育苗。

图1-2　电热温床

(二) 地膜覆盖

地膜覆盖是指用很薄的、厚度为0.005～0.015mm的塑料薄膜紧贴在地面上进行覆盖的一种栽培方式，增产效果可达20%～50%，已在世界各国广泛应用。地膜覆盖具有保墒、保温、加速土壤营养的转化和吸收，改善土壤的理化性质，防止雨水冲击造成土壤板结，减少土壤侵蚀、防除田间杂草等作用。

1. 平畦覆盖

在栽培畦的表面覆盖一层地膜。平畦规格和普通露地市场用畦相同（畦宽100～165cm），一般为单畦覆盖，也可联畦覆盖。平畦覆盖便于灌水，初期增温效果好，但后期会因灌水带入的泥土盖在薄膜上面，而影响薄膜透光率，降低增温效果。平畦覆盖栽培如图1-3所示。

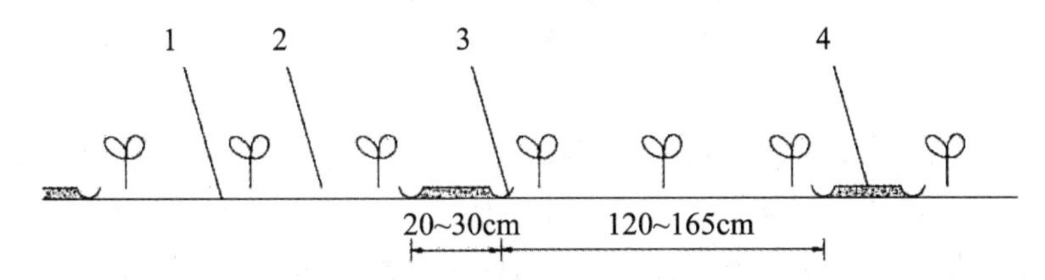

图1-3 平畦覆盖栽培示意图

1—畦面；2—地膜；3—压膜土；4—畦梗

2. 高垄覆盖

菜田整地施肥后，按45～60cm宽、10cm高起垄，一垄或两垄覆盖一块地膜。高垄覆盖增温效果一般比平畦覆盖高1℃～2℃。如图1-4所示。

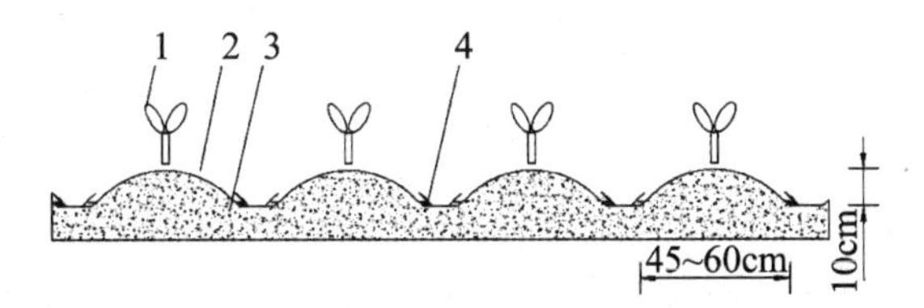

图1-4 高垄地膜覆盖示意图

1—幼苗；2—地膜；3—畦面；4—压膜土

3. 高畦覆盖

菜田整地施肥后，将其做成低宽100～110cm、高10～12cm、畦面宽65～70cm、灌水沟宽30cm以上的高畦，然后每畦上覆盖地膜。如图1-5所示。

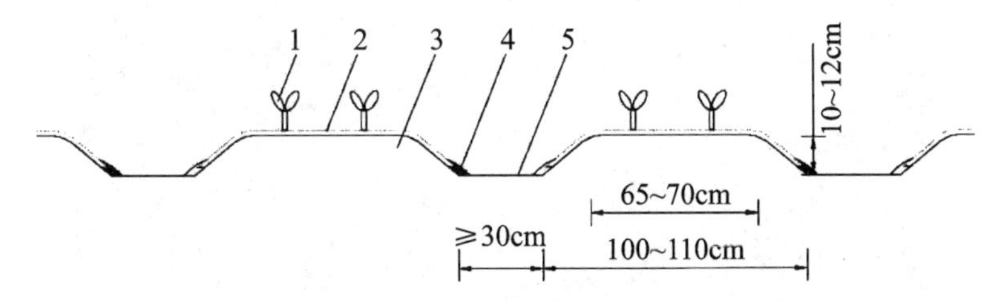

图1-5 高畦地膜覆盖示意图

1—幼苗；2—地膜；3—畦面；4—压膜土；5—灌水沟

4. 沟畦覆盖

沟畦覆盖又称改良式高畦地膜覆盖，俗称“天膜”，即把栽培畦做成沟，在沟内栽苗，然后覆盖地膜。当幼苗长至将接触地膜时，把地膜割成十字孔将苗引出，使沟上地膜落到沟内地面上，因此将这种覆盖方式称作“先盖天，后盖地”。如图1-6所示。

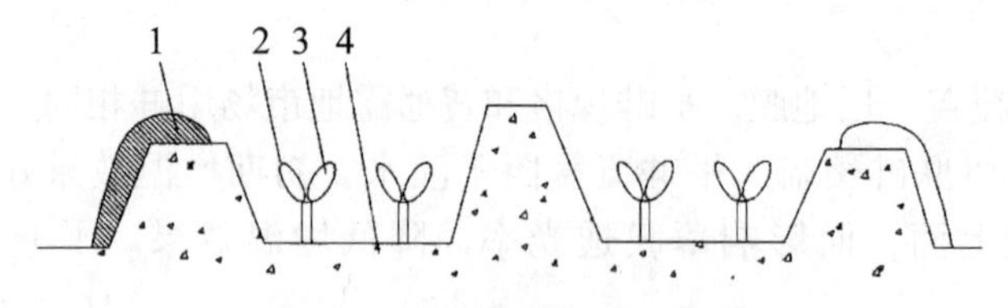

图 1-6　沟垄地膜覆盖示意图

1—压膜土；2—地膜；3—幼苗；4—畦面

5. 支拱覆盖

支拱覆盖，即先在畦面上播种或定植蔬菜，然后在蔬菜播种或定植处支高和宽各 35～50cm 的小拱架，将地膜盖在拱架上，形成一小拱棚。待蔬菜长高顶到膜上后，将地膜开口放苗出膜，同时撤掉支架，将地膜落回地面，重新铺好压紧。如图 1-7 所示。

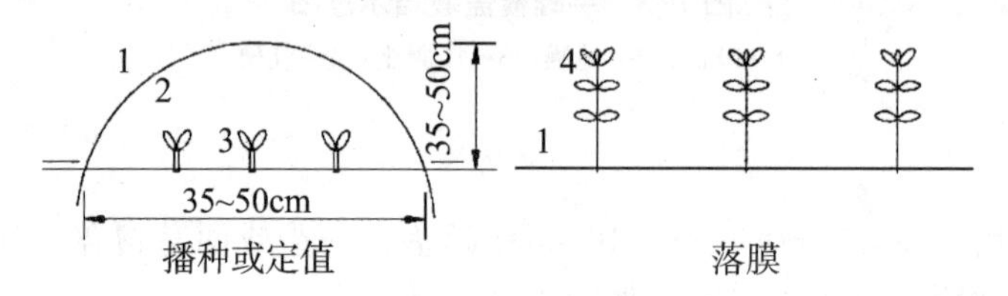

图 1-7　支拱地膜覆盖示意图

1—薄膜；2—支拱；3—种子或定值苗；4—蔬菜苗

（三）避雨栽培

避雨栽培一般是通过避雨棚减少因雨水过多而带来的一系列栽培问题，是介于温室、塑料大棚栽培和露地栽培之间的一种栽培方式。避雨栽培是一种特殊的栽培形式。

夏季高温多雨，对蔬菜的生长极为不利，常造成伏缺和早秋淡。利用塑料薄膜等材料覆盖在大棚顶部对蔬菜实行避雨栽培，既可避免雨水直接淋袭，又能有效改善棚内光、温、湿条件，实现蔬菜优质、高产、高效。

避雨设施通常有“全竹结构”“竹木结构”“水泥柱+竹结构”“镀锌钢管+竹木结构”“镀锌钢架大棚”“水泥柱+金属管件结构（见图 1-8）”6 种不同主材料的构造。

图 1-8　“水泥柱+金属管件结构”避雨设施

“水泥柱+金属管件结构”在贵州省铜仁市德江县已经推广使用。其规格是拱杆距1m，棚高约2.5m，棚长因地制宜，条件允许可控制在50m为宜。水泥支柱高3m，横间距1.8m，纵向柱间距离为4m。覆盖用顶膜规格宽幅为2m，厚度为0.003~0.006cm的优质聚氯乙烯膜。

（四）塑料拱棚

塑料拱棚又称冷棚，由竹木、钢筋、钢管等材料支成拱形或屋脊型骨架覆盖薄膜而成。根据棚的高度和跨度不同，可分为塑料小拱棚、塑料中棚和塑料大棚三种类型。

（1）塑料小拱棚：一般采用毛竹等材料，规格为高0.5~0.8m，间距0.8~1m，棚宽1~1.3m，在拱架上覆盖塑料薄膜。其特点是生产成本低，晴天时升温迅速，缺点是棚矮小，不利于农事操作，且夜晚降温快。主要适用于瓜类、茄果类、豆类蔬菜的提早栽培。

（2）塑料中棚：一般高1.5~1.8m，跨度4~6m，可在棚内进行农事操作，多为竹木结构，性能介于小棚和大棚之间。如图1-9和图1-10所示。除用于春提早栽培外，还可用于秋延后栽培和育苗。

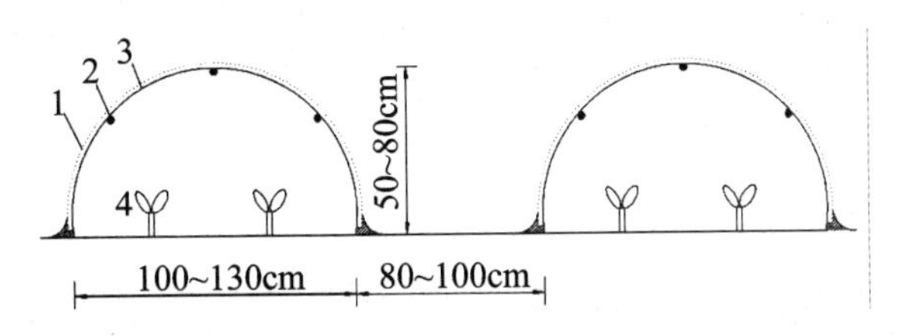

图1-9　毛竹结构中棚示意图

1—薄膜；2—拉杆；3—拱杆；4—幼苗

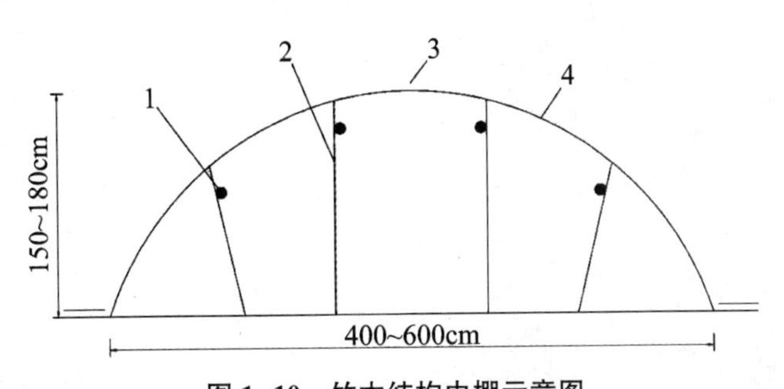

图1-10　竹木结构中棚示意图

1—拉杆；2—立柱；3—薄膜；4—拱杆

（3）塑料大棚：一般长35~50m，跨度6~8m，高度2.5m，拱架大多为钢结构。大棚具有坚固耐用，使用寿命长，作业方便等优点，缺点是成本较高。如图1-11所示。

图1-11　塑料大棚

（五）温室

温室是可以人工调控环境中温、光、水、肥、气等因子，栽培空间覆以透明覆盖材料，人在其内可以站立操作的一种性能较完善的环境保护设施。

按覆盖材料的不同可将温室分为玻璃温室

（见图 1-12 和图 1-13）和塑料温室两大类。塑料温室又分为软质塑料温室和硬质塑料温室两种。按温室内有无加温设备可将其分为加温温室和日光温室两种。

图 1-12　玻璃温室

图 1-13　连栋玻璃温室

（1）加温温室：内设烟道、暖气片等加温设备，温室条件好，抵抗严寒能力强，但栽培成本较高。加温温室主要用于冬季最低温度长时间处于-20℃以下的地区。

（2）日光温室是一种北边为土墙，南边为竹架或钢梁、竹竿相结合的半拱形薄膜覆盖的建筑物，其北墙一般高 2.6m 左右，南北向宽 10m 左右，东西向长 80～100m，其特点是光能利用率高，升温快，保温性能好，冬季棚内外温差能达到 15℃，空间高大，操作方便。日光温室特别适合喜温型蔬菜的生长，在北方地区应用较多。

（六）遮阳网覆盖

遮阳网的覆盖形式有很多，目前常用的主要有遮阳网大棚覆盖、遮阳网小拱棚覆盖、遮阳网平棚覆盖和地表浮面覆盖4种。

1. 遮阳网大棚覆盖

遮阳网大棚覆盖是在大棚设施扣上遮阳网进行覆盖栽培的一种栽培形式。按覆盖方式可分为大棚顶覆盖、大棚内覆盖和大棚网膜覆盖。

（1）大棚顶覆盖：是指大棚单独配套覆盖。如图1-14所示。这种覆盖方式可根据不同作物的要求在不同季节采取单层或多层覆盖。覆盖时棚两侧近地的空隙不超过1m，也可盖到地表，以驱避蚜虫。盖好后，用压膜线加以固定。为方便揭盖，也可在棚架两侧用绳将网绑扎固定。

图1-14　大棚顶覆盖

（2）大棚内覆盖：是把遮阳网盖在棚内预先固定的平架铁丝上，铁丝固定在大棚腰肩外，遮阳网的一边固定，另一边可活动，随光照强度的变化而开网、盖网。一般用在冬春季节扣在塑料大棚内，防冻效果较好。

（3）大棚网膜覆盖：是在大棚除去四周裙膜保留顶膜时，在棚架顶膜外再盖一层遮阳网的覆盖形式，主要用于夏菜延后栽培、夏季速生叶菜栽培和秋菜育苗栽培。

2. 遮阳网小拱棚覆盖

遮阳网小拱棚覆盖是利用竹片、竹竿、枝条等架材搭成的小拱棚作支架覆盖遮阳网，多用于夏大白菜、夏菠菜、夏芫荽等的栽培，在夏、秋高温季节的降温效果比大棚覆盖好，使用时揭盖方便，对多种作物可短期轮换覆盖。遮阳网的利用率高，覆盖面积大。遮阳网可以小拱棚单体单幅覆盖，也可以连片覆盖，覆盖时遮阳网在棚的两侧与地面的距离不超过10cm。连片覆盖的网应根据覆盖的面积加以拼接。

3. 遮阳网平棚覆盖

遮阳网平棚覆盖是利用竹竿、木桩、铁管、水泥桩、铁丝等作架材搭成平棚盖网，再用小竹片、塑料绳、铁丝等固定遮阳网的覆盖形式，分高架和矮架两种形式。

（1）高架平棚覆盖选用木柱、铁管和铁丝作为架材，棚架高1.8~2m，通风透气性好，耕作管理方便，坚固耐用，可使用多年，但揭盖操作比较麻烦，一次性投资大。高架平棚覆盖以苗床、耐阴性的蔬菜及花卉苗木、食用菌等栽培为主。

（2）矮架平棚覆盖一般用短木桩和竹竿绑扎成高 0.5~1m 的棚架，多采用非固定式，揭盖操作方便，投资小，适宜于大面积轮换多次覆盖。

4. 地表浮面覆盖

地表浮面覆盖是将遮阳网直接平铺于地表或作物表面的覆盖栽培方式，分为地面覆盖和浮面覆盖两种形式。

（1）地面覆盖是不用架材，将遮阳网直接盖在畦面上。在盖网前用稻草稀疏撒布在畦面上，可改善通风，防止地面温度过高。齐苗后揭除遮阳网，或用搭棚覆盖。地面覆盖主要用于蔬菜播种后至齐苗前，夏秋遮阳降温，冬春保温防冻。

（2）浮面覆盖是将遮阳网直接盖在作物上。覆盖时，用小木棍或小竹竿带网，或用 U 型铁丝插入地下固定网的四周，四周还可用砖块、水泥条等再镇压。可连片拼接覆盖，也可单幅覆盖，但连片拼接覆盖操作比较方便。根据天气和栽培作物的不同要求，灵活采取单层或双层覆盖。这种覆盖方式主要用于夏秋季节，蔬菜移栽至活棵前；以及冬季或早春夜间，以防冻、防霜、保暖；也可作为临时抗灾覆盖，在台风暴雨、寒潮袭击时使用。

（七）防虫网覆盖

防虫网覆盖是用防虫网覆盖菜田的一种简易设施栽培方式，对不用或少用化学农药，减少农药污染，生产出无农药残留、无污染、无公害的蔬菜具有重要意义。防虫网覆盖方式一般有以下 4 种。

（1）以大型钢架拱棚为构架，外铺防虫网。这类拱棚方式主要适用栽种高秆作物或藤蔓作物，如黄瓜、豆角等。投入成本较高，在普通农户中使用较少。

（2）以竹木结构为主的中、小型简易大棚。一般高 2m 左右，比钢架大棚小，但结构外形与钢架大棚相似，有拱形，也有平顶结构，外面全程覆盖防虫网。这类棚适用瓜果类和叶菜类的种植，是适合推广应用的大棚防虫网覆盖最佳模式。

（3）竹架小拱棚，外铺防虫网。这类棚结构简单，一般较矮，成本较低，但抗风雨能力差。主要用于短期叶菜类作物栽培。

（4）在大棚顶部覆盖薄膜，四周覆盖防虫网的覆盖模式。这种模式不仅能提高蔬菜品质和延长采收期，在防虫和防病上都有显著效果。

（八）软化设施

软化设施包括软化室、窖、阳畦及栽培床等。这些软化场地温暖潮湿、遮光密闭，黑暗或半黑暗，可使蔬菜整体或部分组织软化生长，获得黄色或者白色的柔软鲜嫩的产品，如韭黄、蒜黄、姜黄、白芦笋、菊苣等。常用的软化设施有瓦盆、草帘、黑塑料薄膜、稻草、马粪、地窖、井窖、窑洞、土温室、阳畦、栽培床和软化室等。

课后作业

一、名词解释

1. 设施蔬菜栽培　2. 温床　3. 电热温床　4. 温室　5. 软化设施

二、填空

1. 设施蔬菜栽培方式可分为________、________。

2. 抗热栽培中，常用________。

3. 设施栽培中，作物在________的环境下生长，设施内外温差大，设施内水分难以蒸发外溢，使设施内________。

4. 蔬菜设施栽培的主要类型有________、________、________、________、________、________、________、________。

5. 温床又可分为________和________。

6. 酿热温床是利用________分解有机酿热物时产生的热量加温苗床来育苗。

7. 地膜覆盖的方式有________、________、________、________、________等。

8. 地膜覆盖具有________、________、加速土壤营养的转化和吸收，改善土壤的理化性质，防止雨水冲击造成土壤板结，减少土壤侵蚀、防除________等作用。

9. 根据棚的高度和跨度不同，可分为________、________、________三种类型。

10. 遮阳网的覆盖形式有很多，目前常用的主要有________、________、________、________等形式。

三、单项选择题

1. 温室、大棚等一旦建成，不易移动，加上轮作倒茬困难，导致（　　）猖獗，严重影响蔬菜的生长。

A. 种传病害　　B. 土传病害　　C. 气传病害　　D. 介体传播病害

2. 设施内环境特点是（　　）。

A. 湿度小、温度高、光照弱、土壤易盐渍化

B. 湿度大、温度高、光照弱、土壤易盐渍化

C. 湿度大、温度低、光照弱、土壤易盐渍化

D. 湿度大、温度高、光照强、土壤易盐渍化

3. 根据设施的特点，在管理技术上要采用（　　）措施。

A. 综合配套管理　　B. 温度管理　　C. 湿度管理　　D. 光照管理

拓展知识

酿热温床的建造

1. 挖床坑

填酿热物的弧形坑一般南墙根挖深 50cm，北墙根挖深 30～35cm，使温床底面呈弧形。弧形最高点在离北墙 1/3 处，离地面高度约 33cm。因为靠南墙处床土温度低，热量损失大，必须多填酿热物才能使畦内升温均衡，所以应深挖，而北墙处则稍浅，离北墙 1/3 处的畦面温度保持最好，所以最浅。

2. 酿热物的填充

（1）先将酿热物堆积发酵，待温度升高到 40℃～50℃时，将 3 份发酵的酿热物掺入一份未发酵的酿热物，这样既能保持播后畦温，又能使酿热物发酵时间拖长。

（2）将酿热物于播种前 10 天填入，并掺入人粪尿，分层踏实，填后覆盖玻璃或薄膜，待温度升高到 50℃左右时，再填床土播种。

（3）酿热物发酵与否同配比、水分含量关系很大，马粪和作物秸秆、树叶等必须新鲜，如已发霉变质，热量已损失，填床后升温不高。一般马粪与碎草比例以 3 : 1 最好。

（4）酿热物含水量以 65%～75%最好。干燥的作物秸秆或杂草应铡碎、喷湿，填入时应

分层放入、踏实，再撒一层人粪尿作引热物。一般南墙填入40~50cm，北墙填30~35cm，把弧形底填平，上面再填床土13~16cm。

(5) 酿热物太干或太湿都会发热不良、不生热或热度很低，遇此情况应及时扒开床土检查，及时补水或排水。

3. 床土

床土是苗期生长所有养分的来源，它决定幼苗生长的好坏。幼苗期根系浅，生长密集，床土疏松、肥沃，菜苗可以得到充分营养而苗壮生长。

床土的配制，就地取材，一般以当地的菜园表层肥沃土和湾泥为主。肥园土要无病虫，不与上茬作物同茬，疏松透气、肥沃、吸热性较强，盐碱地要选无盐碱土或客土，然后与腐熟圈肥、堆肥混合，再掺入少量充分腐熟的大粪面、鸡粪、速效化肥和过磷酸钙等，充分混合填入温床内。

床土注意不要太薄，一般在13~16cm，不要施未腐熟的有机肥，否则会烧坏苗根，或引起地下害虫危害。床土填入后沉实、耙平，扣上薄膜后待播种。

马粪等酿热物易招引蛴螬等地下害虫危害，应在填床时掺加农药灭杀，或将农药撒于酿热物顶层后再填床土。

技能训练： 电热育苗床的建造

实训目的

了解电热线、控温仪的性能及正确的使用方法；能根据实际需要建造电热温床、合理布线，正确连接电路。

材料和用具

地热线、控温仪、电闸、交流接触器、漏电保护器、配电盘、绝缘胶布、连接电热线及连接电源的工具、隔热层的材料、固定桩。

方法步骤

1. 挖床坑

床坑分为半地下式和地上式。半地下式床坑深20~30cm，地上式床坑深10~20cm。若在大棚或温室内建造电热苗床，可直接作畦，一般畦宽1~2m，长度可根据需要确定。做15~20cm宽的畦埂，畦面要浅翻15~20cm，整平后适当镇压。

2. 设隔热层

在床坑底部铺设一层厚10~15cm的秸秆或碎草，铺平后用脚踩实。隔热层的主要作用是阻止热量向下层土壤中传递散失。

3. 铺散热层

铺一层厚约5cm的细沙，方法是先铺3cm厚，整平踩实，布电热线，再铺2cm细沙。沙层的主要作用是均衡热量，使上层床土均匀受热。

4. 电热线铺设

用竹签、木棍等做成20~25cm长的固定桩，从距床边1/2线距（约5cm）处钉第一桩，桩上部留 5cm 左右挂线，然后按计算好的线距向前排桩。布线时应把靠近固定桩处的线稍用力向下压，边铺边拉紧，以防电热线脱出。最后对两边的固定桩的位置进行调整，以保证电热线两头的位置适当。布完线后覆土约 2cm，踩实后用脚踩住固定桩两侧的地膜，拔出固定桩，防止将电热线及隔热层带出。由于床面的中央温度较高，两侧温度偏低等原因，中央线距应适当大一些，两侧线距小一些，并且最外两道线要紧靠床边。内外线距一般差距 3cm 左右为宜。为避免电热线发生短路，电热线最小间距应不小于 3cm。具体的布线距离可参考表 1-1。

表 1-1　DV 系列电热线布线距离

辅线密度/（W/m^2）	布线间距/cm			
	DV20406	DV20608	DV20810	DV21012
60	11.0	12.5	13.3	13.9
80	8.3	9.4	10.0	10.4
100	6.7	7.5	8.0	8.3
120	5.6	6.3	6.7	6.9

电热线道数和电热线行距的计算公式如下：

电热线道数（d）=（电热线长-床面宽）÷床面长

电热线行距（h）= 床面宽÷（布线道数-1）

5. 铺床土

铺上相应厚度的床土，也可将育苗营养钵直接放在散热层上。

6. 接控温仪和电源

当电热线的总功率小于2 000W（电流为 10A 以下）时，可不用交流接触器，而将点热线直接连接到控温仪上。当电热线的总功率大于2 000W（电流为 10A 以上）时，应通过交流接触器与控温器相连。电热线与导线相连接的部分不要埋入土中，一定要留在床土上。将电路接好后，要待指导老师检查合格后方可通电使用。如图 1-15 至图 1-17 所示。

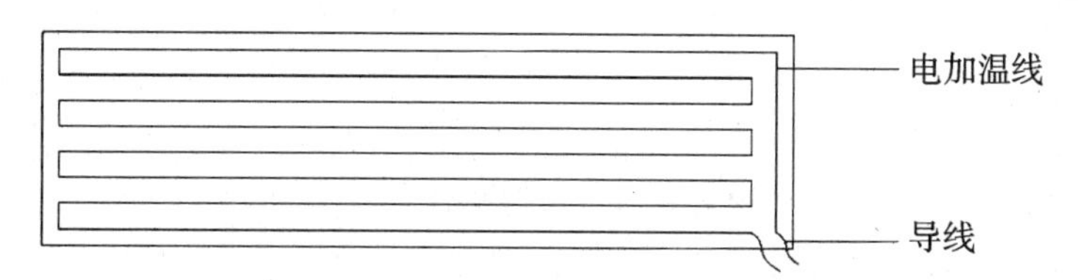

图 1-15　电热温床布线方法示意图

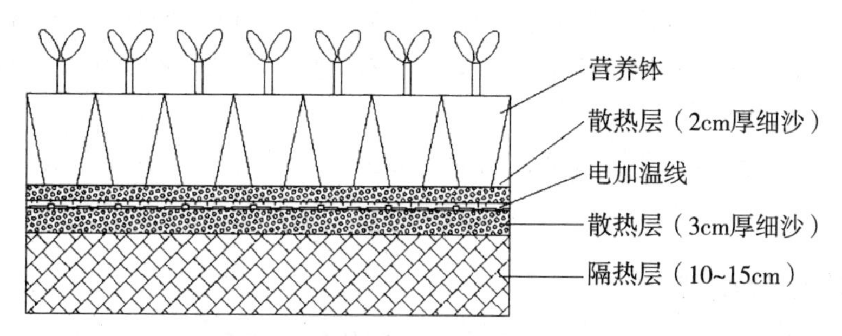

图 1-16　电热温床结构纵继面示意图

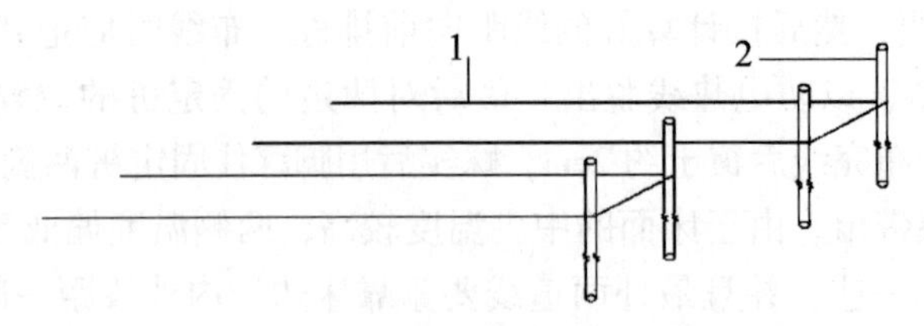

图 1-17　电加热线布线方法示意图

1—电加热线；2—竹签或木棍

作业

在教师的指导下按生产需要分组完成各种电热苗床的建造，记录建造过程。

任务二　蔬菜的分类

【知识目标】

熟悉蔬菜的食用器官分类方法、农业生物学分类方法和植物学分类方法。

【技能目标】

(1) 认识当地主栽的蔬菜品种并能说出常见蔬菜的食用器官。

(2) 能对常见的蔬菜品种进行农业生物学分类。

(3) 能将蔬菜按照植物学分类法进行分类。

【情感目标】

(1) 养成耐心、细致的习惯。

(2) 具有实事求是的科学态度和团队协作精神。

(3) 能积极地参与项目技能训练活动。

我国蔬菜植物的种质资源十分丰富。据统计，全世界的蔬菜种类有 860 多种，我国各地栽培的蔬菜，含食用菌和西瓜、甜瓜至少有 298 种，包含亚种、变种。随着近年来不断引进蔬菜新类型和对野生种的驯化，蔬菜的种类在不断增加，在同一种类中又出现了许多变种，每一变种还有许多品种。

蔬菜的分类方法很多，常用的是食用器官分类法、农业生物学分类法和植物学分类法三种。

一　食用器官分类法

这种方法只适用于种子植物的蔬菜种类，一些特殊的蔬菜种类如食用菌类除外。这种分类法依据蔬菜的食用器官类型，将蔬菜按根、茎、叶、花、果进行分类。具体分类如下。

1. 根菜类

根菜类是以肥大的肉质根或块根作为产品的器官，分为直根类和块根类两种。

（1）直根类。直根类蔬菜以肥大的直根为产品，如萝卜、胡萝卜、芜菁、根用甜菜等。

（2）块根类。块根类蔬菜以肥大的直根或营养芽发生的根为产品，如豆薯、葛等。

2. 茎菜类

茎菜类是以肥大的茎部为产品的蔬菜。可分为嫩茎类、肉质茎类、块茎类、根茎类、球茎类和鳞茎类 6 类。

（1）嫩茎类。这类蔬菜以萌发的嫩茎（芽）为产品，如芦笋、竹笋等。

（2）肉质茎类。这类蔬菜以肥大的地上茎为产品，如莴苣、茭白、球茎甘蓝、茎用芥菜等。

（3）块茎类。这类蔬菜以肥大的地下块茎为产品，如马铃薯、菊芋、山药等。

（4）根茎类。这类蔬菜以地下的肥大根茎为产品，如莲藕、生姜等。

（5）球茎类。这类蔬菜以地下的球茎为产品，如荸荠、慈姑、芋头等。

（6）鳞茎类。这类蔬菜以肥大的鳞茎为产品，如洋葱、大蒜、百合等。

3. 叶菜类

叶菜类是以叶片或叶球、叶丛、变态叶、叶柄为产品的蔬菜，可分为普通叶菜类、结球叶菜类和香辛叶菜类三种。

（1）普通叶菜类。普通叶菜类有小白菜（不结球白菜）、菠菜、芹菜、苋菜、落葵等。

（2）结球叶菜类。结球叶菜类是形成叶球的蔬菜，如结球甘蓝、大白菜、结球莴苣等。

（3）香辛叶菜类。香辛叶菜类是叶有香辛味的蔬菜，如韭菜、葱、芫荽、茴香、薄荷等。

4. 花菜类

花菜类是以花、肥大的花茎或花球为产品的蔬菜，可分为花器类、花枝类和花球类 3 种。

（1）花器类。花器类蔬菜主要食用花的器官，如金针菜、朝鲜蓟等。

（2）花枝类。花枝类蔬菜主要食用肥大的花茎和花枝，如菜薹、芥蓝等。

（3）花球类。花球类蔬菜主要食用花球，如花椰菜、青花菜等。

5. 果菜类

果菜类以果实和种子为产品器官，可分为瓠果类、浆果类、荚果类、杂果类 4 种。

（1）瓠果类。瓠果类蔬菜如黄瓜、南瓜、瓠瓜、苦瓜、佛手瓜、丝瓜、冬瓜等。

（2）浆果类。浆果类蔬菜如番茄、茄子、辣椒等。

（3）荚果类。荚果类蔬菜如菜豆、豇豆、刀豆、豌豆等。

（4）杂果类。杂果类蔬菜如甜玉米、菱角等。

二 农业生物学分类法

农业生物学分类法是以蔬菜的农业生物学特性、产品器官的形成特性和繁殖特性进行分类，可将蔬菜分为 14 类。

1. 根菜类

根菜类蔬菜以其膨大的直根为食用部分，一般适合生长于凉爽的气候和疏松、深厚的土壤，除辣根用根部不定根繁殖外，其他都用种子繁殖。根菜类蔬菜生长的第一年形成肉质直根，秋、冬低温通过春化阶段，第二年长日照下通过光照阶段，开花结实，主要品种有萝卜、胡萝卜、芜菁、牛蒡、辣根、甘蓝、根芹菜、美洲防风和根用甜菜等。

2. 白菜类

白菜类主要食用肉嫩的叶丛、叶球、花球或肉质茎，多数为二年生植物，第一年形成产品器官，低温下通过春化阶段，长日照下通过光照阶段，到第二年开花结实。白菜类蔬菜生长期喜冷凉、湿润的气候和肥沃、湿润的土壤，均为种子繁殖，适于育苗移栽，包括大白菜、普通白菜、结球甘蓝、花椰菜、芥蓝和芥菜等。

3. 绿叶蔬菜

绿叶蔬菜是以其幼嫩的绿叶或嫩茎为食用器官的蔬菜。除蕹菜、落葵、苋菜等耐炎热外，多数绿叶蔬菜好冷凉，以种子繁殖为主，此类蔬菜包括莴苣、芹菜、菠菜、茼蒿、苋菜、蕹菜等。

4. 葱蒜类

葱蒜类蔬菜叶鞘基部能膨大而形成鳞茎，所以又叫作“鳞茎类”，食用叶、假茎及鳞茎等，比较耐寒耐旱，适应性较广，在长日照下形成鳞茎，要求低温通过春化。葱蒜类蔬菜可用种子繁殖，如洋葱、大葱等；或营养器官繁殖，如大蒜、分葱及韭菜，主要包括洋葱、大蒜、大葱、韭菜等百合科蔬菜。

5. 茄果类

茄果类蔬菜包括茄子、番茄及辣椒，属茄科，以果实为产品，喜温不耐寒，要求土层深厚，光照充足，用种子繁育，适宜育苗移栽。

6. 瓜类

瓜类蔬菜以果实为产品，包括南瓜、黄瓜、甜瓜、瓠瓜、冬瓜、丝瓜和苦瓜等，属葫芦科植物，茎为蔓性，雌雄同株，异花，生长要求温暖的气候，生育期要求较高的温度和充足的光照。

7. 豆类

豆类蔬菜大都食用其新鲜的种子及豆荚，包括菜豆、豇豆、毛豆、刀豆、扁豆、豌豆及蚕豆等，属豆科植物，除蚕豆、豌豆喜冷凉气候外，其余大都喜温或耐热。豆类蔬菜种子繁殖，以直播为主，不耐移栽，根系有固氮能力。

8. 薯芋类

薯芋类蔬菜是以淀粉含量比较高的地下变态器官（块茎、块根、根茎、球茎）为产品器官的蔬菜，能耐贮藏，除马铃薯不耐炎热外，其余的都喜温耐热。薯芋类要求湿润、肥沃、疏松的土壤，如马铃薯、山药、芋和姜等。

9. 水生蔬菜

水生蔬菜一般都生长在沼泽或浅水地区，大部分用营养器官繁殖，除水芹和豆瓣菜要求凉爽气候外，其余水生蔬菜都要求温暖的气候及肥沃的土壤，如莲藕、茭白、慈姑、荸荠、菱、水芹和豆瓣菜等。

10. 多年生蔬菜

多年生蔬菜一次繁殖以后，可以连续采收，包括香椿、竹笋、金针菜、石刁柏、佛手瓜、百合等。

11. 食用菌类

食用菌类蔬菜包括蘑菇、草菇、香菇、木耳等，以子实体为食用器官，以人工栽培和野生或半野生为主。

12. 芽苗菜类

芽苗菜类蔬菜食用植物种子或其他营养贮藏器官，在黑暗、弱光（或不遮光）的条件下直接生长出可供食用的芽苗、芽球、嫩芽、幼茎或幼稍的一类蔬菜，在生产过程中，一般无须施肥。根据其所利用的营养来源不同，可将芽苗类蔬菜分为籽（种）芽菜或体芽菜两种，如豌豆芽、萝卜芽等。

13. 野生蔬菜类

野生蔬菜类以野生采集为主，但现在有不少种类品种进行了人工驯化栽培并取得了成功，如马齿苋、菊花脑、马兰、紫背天葵、荠菜和蒲公英等。

14. 芳香蔬菜类

芳香蔬菜是指能够产生芳香气味、可以食用并具有一定药用价值的蔬菜。芳香蔬菜可作为调料、甜味剂或者制作精美菜肴，具有一定的消毒杀菌、提神醒脑、舒压助眠、安抚情绪及料理调味等作用，如罗勒、薄荷、牛至、百里香、琉璃苣等。

三 植物学分类法

植物学分类法是根据蔬菜的形态、生理、遗传的亲缘关系区分出各分类单位。

植物学分类法依照植物的自然进化系统，按科、属、种和变种将蔬菜进行分类。目前我国蔬菜涉及 1 界、6 门、32 科、210 多种（种、亚种、变种）。

植物学分类法的优点是有利于区分蔬菜植物之间的亲缘关系，对于指导育种工作、病虫害防治，种子繁殖以及田间管理等有较好的指导作用；缺点是：有些同科不同种的蔬菜，如番茄和马铃薯同属茄科，但在栽培技术上差异很大。目前我国栽培食用的蔬菜主要涉及以下几类。

（一）真菌门

蔬菜中属于真菌门担子菌纲的有七科，其特点是生活方式为寄生或腐生，以有性生殖为主，产生担孢子。如木耳科的黑木耳、毛木耳；银耳科的银耳、金耳；伞菌科的双孢蘑菇；侧耳科的平菇；光柄菌科的草菇；猴头菌科的猴头菌；小皮伞科的香菇。

（二）红藻门

红藻门的蔬菜有红毛菜科的紫菜，这类蔬菜主要生于中、低潮带岩石或贝壳上，是营养价值很高的食用海藻，现多进行人工养殖。紫菜是世界上产值最高的栽培海藻，在中国、日本和韩国被大规模栽培。

（三）褐藻门

褐藻门的蔬菜有海带科的海带。海带又名纶布、昆布、江白菜，是多年生大型食用藻类，海带多生于海边低潮线下 2m 深度的岩石上，人工养殖生长在绳索或竹材上。

（四）蓝藻门

蓝藻门的蔬菜有念珠藻科的发菜，又称发状念珠藻。发菜广泛分布于世界各地，如中国、俄罗斯、索马里、美国等地的沙漠和贫瘠土壤中，因其色黑而细长，像人的头发而得名。

（五）蕨类植物门

蕨类植物门的蔬菜有凤尾蕨科的蕨菜。蕨菜生长于海拔 200～830m 的山地阳坡及森林边缘阳光充足的地方，以其根状茎提取的淀粉称蕨粉，可供食用；根状茎的纤维可制绳缆，能耐水湿；嫩叶可食。蕨菜全株均可入药，能驱风湿、利尿、解热，又可作驱虫剂。

（六）种子植物门

种子植物门包括单子叶植物和双子叶植物，共16科，属于单子叶植物的蔬菜有禾本科、百合科、薯蓣科和姜科，其余12个科属于双子叶植物。

1. 禾本科

禾本科的植物有木本也有草本，根的类型绝大多数为须根，茎多为直立，但也有匍匐蔓延乃至如藤状，通常在其基部容易生出分蘖条，叶为单叶互生。主要蔬菜有茭白、甜玉米和毛竹笋等。

2. 百合科

百合科大多数为草本，地下具鳞茎或根状茎，茎直立或呈攀援状；叶基生或茎生，茎生叶常互生，少有对生或轮生；花三基数，子房上位，中轴胎座；蒴果或浆果。主要蔬菜有金针菜、洋葱、韭菜、大蒜、大葱和分葱等。

3. 薯蓣科

薯蓣科植物为缠绕草本，叶具基出掌状脉，并有网脉；花单性；蒴果有翅或浆果。主要蔬菜有山药等。

4. 姜科

姜科为多年生草本，常有香气；叶鞘上具叶舌；外轮花被与内轮明显区分，发育雄蕊1枚，其余的常退化为花瓣状。主要蔬菜有姜等。

5. 藜科

藜科植物为草本，花小，单被，雄蕊与萼片同数对生，对萼；果实为胞果。主要蔬菜有菠菜等。

6. 睡莲科

睡莲科为水生草本植物，有根状茎；叶盾形或心形；花大，单生；果实埋于海绵质的花托内或果为浆果状。主要蔬菜有莲藕等。

7. 十字花科

十字花科为草本植物，总状花序，十字形花冠，四强雄蕊；果实为角果。主要蔬菜有萝卜、芥蓝，甘蓝类的结球甘蓝、花椰菜、球茎甘蓝、小白菜、大白菜；芥菜类的雪里蕻、根用芥菜、茎用芥菜等。

8. 豆科

豆科的植物有草本、木本或藤本，叶片为单叶或复叶，互生，有托叶；花为两性，辐射对称或两侧对称，多数为蝶形花；荚果，种子无胚乳。主要蔬菜有菜豆、豌豆、豇豆、扁豆、蚕豆和刀豆等。

9. 楝科

楝科通常为乔木，种子常有假种皮，有时具膜质翅。主要蔬菜有香椿等。

10. 伞形科

伞形科为芳香性草本，常有鞘状叶柄；具有单生或复生的伞形花序，五基数花，具有5个花瓣，花盘上位，子房下位；果实为双悬果。主要蔬菜有芹菜、芫荽、胡萝卜、茴香等。

11. 茄科

茄科多为草本植物，单叶互生；花萼宿存，果时常增大，雄蕊冠生，与花冠裂片同数而互生，花药常孔裂，2个心皮，合生；果实为浆果或蒴果。主要蔬菜有马铃薯、茄子、番茄、辣椒、酸浆等。

12. 葫芦科

葫芦科为藤本植物，卷须生于叶腋；单叶互生，稀鸟足状复叶；花单性，花药药室常曲形，子房下位；果实为瓠果。主要蔬菜有黄瓜、甜瓜、南瓜、西葫芦、冬瓜、苦瓜和蛇瓜等。

13. 菊科

菊科具有头状花序，有总苞，合瓣花，聚药雄蕊，子房下位；果实为连萼瘦果。主要蔬菜有莴苣、茼蒿、牛蒡和紫背天葵等。

14. 旋花科

旋花科为藤本植物；叶片互生；两性花，有苞片，萼片常宿存，即花凋谢时花萼不脱落而随同果实继续发育，开花前旋转状，有花盘；果实为蒴果或浆果。主要蔬菜有蕹菜等。

15. 苋科

苋科多数为草本植物；花小，单被，只具花萼而无花冠，常干膜质，雄蕊对花被片；果实常为盖裂的胞果。主要蔬菜有苋菜等。

16. 锦葵科

锦葵科叶片单叶互生，常为掌状叶脉，有托叶；花常具副萼，单体雄蕊具雄蕊管；朔果或分裂为数个果瓣的分果。主要蔬菜有黄秋葵等。

课后作业

食用器官分类法试题

一、名词解释

1. 根菜类　　2. 叶菜类

二、填空

1. 根据蔬菜食用器官不同进行分类，可将蔬菜分为________、________、________、________、________。

2. 根菜类分为________和________两种。

3. 茎菜类是以________为产品的蔬菜。可分为________、________、________、________、________、________6 类。

4. 花菜类是以________、________或________为产品的蔬菜，可分为________、________和________3 种。

5. 果菜类以________和________为产品器官。可分为________、________、________、________四种。

三、单项选择题

1. (　　) 属于根菜类。

A. 萝卜　　B. 马铃薯　　C. 山药　　D. 生姜

2. (　　) 属于茎菜类。

A. 萝卜　　B. 胡萝卜　　C. 山药　　D. 豆薯

3. 花椰菜属于食用器官分类法中的哪一种？(　　)

A. 根菜类　　B. 叶菜类　　C. 茎菜类　　D. 花菜类

农业生物学分类法试题

一、名词解释

1. 农业生物学分类法　2. 芽苗菜类　3. 芳香蔬菜类

二、填空

1. 根菜类以其________为食用部分。

2. 白菜类主要食用柔嫩的________、________、________或________。

3. 绿叶蔬菜是以其________或________为食用器官的蔬菜。

4. 葱蒜类蔬菜叶鞘基部能膨大而形成________，所以也叫作"鳞茎类"。食用________、________及________等。

5. 豆类蔬菜大都食用其________及________。

6. 薯芋类蔬菜是以________含量比较高的________变态器官为产品器官的蔬菜植物，能耐________。

三、单项选择题

1. 不属于根菜类的是（　　）。

A. 萝卜　　B. 胡萝卜　　C. 芜菁　　D. 马铃薯

2. 不属于瓜类蔬菜描述的是（　　）。

A. 瓜类蔬菜以果实为产品

B. 瓜类蔬菜属葫芦科植物

C. 生长要求冷凉的气候，生育期要求较低的温度和充足的光照

D. 瓜类蔬菜茎为蔓性，雌雄同株，异花

3. 石刁柏属于农业生物学分类中的哪类蔬菜？（　　）

A. 多年生蔬菜　B. 薯芋类蔬菜　C. 根菜类　　D. 白菜类

4. 食用菌类蔬菜的食用器官是（　　）。

A. 果实　　B. 子实体　　C. 种子　　D. 嫩芽

四、多选题

下列哪些豆类蔬菜喜冷凉气候？（　　）

A. 菜豆　　B. 豇豆　　C. 毛豆　　D. 蚕豆

E. 豌豆

植物学分类法试题

一、填空题

1. 该分类法依照植物的自然进化系统，按________、________、________和________将蔬菜进行分类。

2. 黑木耳属于________科________门________纲。

3. 紫菜属于________门________科。

4. ________是蓝藻门念珠藻科的蔬菜，又称发状念珠藻。

5. 蕨类植物门的蔬菜有凤尾蕨科的________。

6. 种子植物门包括________和________。属于单子叶植物的蔬菜有________、________和________。

7. 香椿属于________科，苋科主要的蔬菜有________。
8. 黄秋葵属于________科。

二、单项选择题

1. 下面属于褐藻门蔬菜的是（　　）。
A. 海带　　B. 紫菜　　C. 黑木耳
2. 下面不属于禾本科蔬菜的是（　　）。
A. 茭白　　B. 甜玉米　　C. 大白菜　　D. 毛竹笋
3. 蕹菜属于（　　）科。
A. 旋花科　　B. 十字花科　　C. 菊科　　D. 葫芦科
4. 山药的食用部位是（　　）。
A. 块茎　　B. 块根
5. 菠菜属于（　　）科。
A. 旋花科　　B. 十字花科　　C. 菊科　　D. 藜科
6. 不属于十字花科的是（　　）。
A. 萝卜　　B. 结球甘蓝　　C. 根用芥菜　　D. 胡萝卜
7. 不属于豆科的是（　　）。
A. 菜豆　　B. 黄秋葵　　C. 豇豆　　D. 豌豆
8. 茄科蔬菜的果实为（　　）。
A. 角果　　B. 浆果或蒴果　　C. 核果　　D. 荚果
9. 葫芦科蔬菜的果实为（　　）。
A. 角果　　B. 瓠果　　C. 核果　　D. 荚果

三、多选题

1. 下面哪些蔬菜属于伞形科？（　　）
A. 芹菜　　B. 芫荽　　C. 胡萝卜　　D. 茴香
2. 下列关于葫芦科的描述，正确的是（　　）。
A. 葫芦科为藤本植物，卷须生于叶腋
B. 单叶互生，稀鸟足状复叶
C. 花单性，花药药室常曲形，子房下位，果实为瓠果
D. 主要蔬菜有黄瓜、甜瓜、南瓜、西葫芦、冬瓜、苦瓜、蛇瓜等

拓展知识

蔬菜的起源中心

关于栽培植物的起源问题，Darlington 等曾以 Vavilov 关于世界栽培植物起源中心的资料为基础，进一步把世界上栽培植物起源地分为 12 个基因中心。这 12 个中心也是蔬菜植物的起源中心。

1. 中国中心

包括我国的中部、西南部平原及山岳地带，为世界作物最大、最古老的一个中心。这个中心气候温和、湿润，属亚热带季风气候，是许多温带、亚热带作物的起源地。中国起源的蔬菜有白菜、芥菜、大豆、赤豆、长豇豆、竹笋、山药、萝卜、草食蚕、大头菜、

芋、魔芋、荸荠、莲藕、慈姑、茭白、蕹菜、葱、藠头、茄子、葫芦、丝瓜、茼蒿、紫苏、落葵等。

2. 印度–缅甸中心

包括除印度西北部以外的阿萨姆、傍遮普及印度的大部分及缅甸，属热带海洋性气候，湿润，是许多重要蔬菜和香辛植物的起源地。印度–缅甸中心起源的主要蔬菜有茄子、苦瓜、黄瓜、葫芦、丝瓜、绿豆、米豆、藕、矮豇豆、高刀豆、豆薯、苋菜、红落葵、印度莴苣、芋、山药、魔芋，鼠尾萝卜等。

3. 印度–马来亚中心

包括中南半岛、马来半岛、爪哇、婆罗洲（现称加里曼丹）及菲律宾，属热带海洋气候，从属于印度中心的一部分。原产的主要蔬菜有竹类、山药、生姜、冬瓜等。

4. 中央亚细亚中心

包括印度的西北部、克什米尔、阿富汗斯坦、乌兹别克斯坦、黑海地带的西部，属温带大陆性气候，冬季寒冷、夏季炎热是许多为重要的蔬菜和果树的原产地。中央亚细亚中心起源的主要蔬菜有油菜、芥菜、甜瓜、胡萝卜、萝卜、洋葱、大蒜、菠菜、豌豆、蚕豆、绿豆和芫荽等。

5. 近东中心

包括小亚细亚内陆、外高加索、伊朗等古代波斯国的地方，属大陆性气候，但温度和雨量都分布比较均匀。该地区是麦类、蔬菜及重要果树的原产地，起源的蔬菜有豌豆、蚕豆、甜瓜、菜瓜、油菜、甜菜、胡萝卜、洋葱、韭葱和莴苣等。

6. 地中海中心

包括欧洲南部和非洲北部地中海沿岸地带，属海洋性气候，但夏季炎热较干燥，冬季温和多雨。它与中国并列为世界重要的蔬菜原产地，起源的蔬菜有豌豆、蚕豆、甜菜、甘蓝类、香芹菜、油菜、洋葱、韭葱、莴苣、石刁柏、芹菜、苦苣、美国防风、食用大黄、酸模和茴香等。

7. 埃塞俄比亚中心

包括埃塞俄比亚、索马里等，属热带大陆性气候，是比较小的地带，但为多种独特作物的起源地，起源的蔬菜有豌豆、蚕豆、豇豆、扁豆、芫荽和细香葱等。

8. 墨西哥南部–中美洲中心

气候温暖干燥、阳光充足，起源的蔬菜有玉米、菜豆、矮刀豆、辣椒、甘薯、佛手瓜、南瓜和苋菜等。

9. 南美洲中心

包括秘鲁、厄瓜多尔–玻利维亚等安德斯山脉地带，属于热带高山气候，温和、雨量少，但比较集中，为马铃薯的野生种和烟草的原产地。南美洲原产的蔬菜有菜豆、玉米、秘鲁番茄、普通番茄、笋瓜和辣椒等。

10. 智利中心

气候与南美洲中心接近，为马铃薯及草莓的原产地。

11. 巴西-巴拉圭中心

为凤梨的原产地，也是木薯、花生等的原产地。

12. 北美洲中心

主要是美国的中北部，为向日葵、菊芋的原产地。

技能训练：　蔬菜的识别与分类

一 目的要求

掌握蔬菜分类方法，了解当地栽培蔬菜及稀有蔬菜的种类，并对其进行准确识别分类，为进一步学好设施蔬菜生产技术及改进栽培技术奠定基础。

二 材料和用具

新鲜蔬菜、标本、电子图片等。

三 方法与步骤

（1）观察室内摆放的新鲜蔬菜产品、标本室陈列的标本、电子图片，记录各类蔬菜的产品特征。按照最常用的食用器官分类法、农业生物学分类法、植物学分类法 3 种方法，逐一进行分类，并比较各自的优缺点。

（2）对所观察的蔬菜食用部分，判别属于哪种器官，如果是器官的变态，属于哪一种变态。

四 作业

将观察到的蔬菜按农业生物学分类法进行归类，并结合其他两种分类方法（即注明所属科别、食用器官）填入表 1-2。

表 1-2　蔬菜植物的识别与分类

农业生物学分类法		所属科别	食用器官	变态器官	产品描述
根菜类					
白菜类					
……					

 思考题

（1）简述分类的意义和三种分类法的主要应用。

（2）哪些蔬菜在植物学上是同一科，而食用器官形态也属于同一类？又有哪些是不同类的？

任务三 蔬菜的栽培季节与茬口安排

【知识目标】

熟悉蔬菜的栽培季节安排、原则和设施蔬菜茬口安排的一般原则。

【技能目标】

能合理安排蔬菜的栽培季节。

【情感目标】

（1）能积极地参与项目技能训练活动。

（2）具有实事求是的科学态度和团队协作精神。

 蔬菜的栽培季节

蔬菜的栽培季节是指从种子直播或幼苗定植到产品收获完毕为止的全部占地时间。对于先在苗床中育苗，后定植到菜田中的，因苗期不占大田面积，苗期可不计入栽培季节。

 蔬菜栽培季节确定的原则

蔬菜的栽培方式不同，栽培季节确定的原则也不同。蔬菜的栽培方式分为露地蔬菜栽培和设施蔬菜栽培两种。

1. 露地蔬菜栽培季节的基本原则

露地蔬菜栽培季节的基本原则是将蔬菜的整个生长期安排在它们能适应的温度季节里，且将产品器官的生长期安排在温度最适宜的季节里，以保证产品的高产、优质，同时也应考虑到光照、雨量及病虫害等问题。

2. 设施蔬菜栽培季节确定的原则

设施蔬菜生产是露地蔬菜生产的补充，其生产成本高，栽培的难度大。因此，应以高效益为主要目的来安排栽培季节。具体原则是：将所种植蔬菜的整个栽培期安排在其能适应的温度季节里，将产品器官形成期安排在该种蔬菜的露地生产淡季或产品供应淡季里。

蔬菜栽培季节的确定方法

（一）露地蔬菜栽培季节的确定方法

1. 根据蔬菜的类型确定栽培季节

耐热以及喜温性蔬菜的产品器官形成期要求高温，因此一年当中，在春夏季的栽培效果最好。喜冷凉的耐寒性蔬菜以及半耐寒性蔬菜的栽培前期，对高温的适应能力相对较强，而产品器官形成期却喜欢冷凉，因此该类蔬菜最适宜的栽培季节为夏秋季。北方地区春季栽培时，往往因生产时间短，产量较低，品质也较差。另外，品种选择不当或栽培时间不当时，还容易出现提早抽薹问题。

2. 根据市场供应情况确定栽培季节

要本着有利于缩小市场供应的淡旺季差异、延长供应期的原则，在确保主要栽培季节里蔬菜生产的同时，通过选择合适的蔬菜品种及栽培方式，在其他季节里也安排一定面积的该类蔬菜生产。

3. 根据生产条件和生产管理水平确定栽培季节

如果当地的生产条件较差、管理水平不高，应以主要栽培季节里的蔬菜生产为主，确保产量；如果当地的生产条件好、管理水平较高，就应适当加大非主要栽培季节里的蔬菜生产规模，增加淡季蔬菜的供应，提高栽培效益。

（二）设施蔬菜栽培季节的确定方法

1. 根据设施类型来确定栽培季节

不同设施的蔬菜适宜生产时间并不相同，对于温度条件好，可周年进行蔬菜生产的加温温室以及改良型日光温室有区域限制，其栽培季节确定比较灵活，可根据生产和供应需要，随时安排生产。温度条件稍差的日光温室、塑料拱棚、风障畦等，栽培喜温蔬菜时，其栽培期一般仅较露地提早和延后 15~40 天，栽培季节安排受限制比较大，多于早春播种或定植，初夏收获，或夏季播种、定植，秋季收获。

2. 根据市场需求来确定栽培季节

设施蔬菜栽培应避免其主要产品的上市期与露地蔬菜发生重叠，尽可能地把蔬菜的主要上市时间安排在 10 月至翌年 5 月期间。在具体安排上，温室蔬菜应以 1~2 月份为主要上市期，普通日光温室与塑料大拱棚应以 5~6 月份和 9~10 月份为主要上市期。

四 设施蔬菜主要茬口

（一）季节茬口

（1）越冬茬。一般秋季露地直播或育苗移栽，越冬茬成为供应春淡的主要茬口。收获早的越冬菜是春菜、夏菜的良好前茬；收获晚的，可间套种植晚熟夏菜等，也可作为伏菜的前茬，或经翻耕晒垡接种秋菜。根据当地冬季寒冷程度，通常选用耐寒和较耐寒的菠菜、芹菜、莴苣、小白菜、大蒜、洋葱和豌豆等蔬菜。

（2）春茬。一般在早春土壤化冻后即可播种定植，生长期 40~60 天，采收时正值夏季茄果类、瓜类、豆类大量上市前，过冬菜大量下市后的“小淡季”上市。如小白菜、茼蒿、菠菜、芹菜等，也可种植春马铃薯和冬季设施育苗、早春定植的耐寒或半耐寒的春白菜、春甘蓝、春花椰菜等。

（3）夏茬。夏茬指春季终霜后才能露地定植的喜温蔬菜，是各地的主要季节茬口，如果菜类等，一般 6~7 月份大量上市，形成旺季。因此，最好将早、中、晚熟品种排开播种，分期分批上市。

（4）伏茬。伏茬是主要用来堵秋淡季的一茬耐热蔬菜。一般于 6~7 月份播种或定植，8~9 月份供应市场，如夏秋白菜、夏秋萝卜、苋菜、夏黄瓜和夏甘蓝等。

（5）秋冬茬。秋冬茬是一类不耐热的蔬菜，如大白菜、甘蓝类、根菜类及部分喜温性的果菜类、豆类及绿叶菜，是全年各茬种植面积最大的季节茬口。一般于立秋前后播种或定植，10~12 月份供应上市，也是冬春贮藏菜的主要茬口，其后作为越冬菜或冻垡休闲后翌年春季种植早春菜或夏菜。

（二）土地利用茬口

土地利用茬口即土地茬口，指在同一地块上，全年安排各种蔬菜的茬次。

1. 一年单种单收

在无霜期比较短的地区，塑料大拱棚蔬菜生产大多采取一年单种单收茬口模式；在一些无霜期比较长的地区，可选用结果期比较长的晚熟蔬菜品种，在塑料大拱棚内进行一茬高产栽培。

2. 一年两种两收

这主要是塑料大拱棚和温室的茬口。在无霜期比较长的地区，塑料大拱棚（包括普通日光温室）主要为“春茬—秋茬”模式，两茬口均在当年收获完毕。温室主要分为“冬春茬—夏秋茬”和“秋冬茬—春茬”两种模式。此茬口中的第一茬口通常为主要的栽培茬口，一般后一茬口要在栽培时间和品种选用上服从前一茬口。为缩短温室和塑料大棚的非生产时间，除秋冬茬外，一般均应进行育苗栽培。

合理的茬口安排，相互补充、相互配合，基本实现了蔬菜的周年均衡生产，但茬口之间也存在互相矛盾的一面，过多地或不适当地调整单一类型，势必会影响其他类型的比重，造成其他不应有的新的缺菜季节。所以，必须根据生产条件和市场需求等因素全面安排，确定茬口的合理比例，以确保蔬菜的周年均衡生产和供应。

五 茬口安排的一般原则

1. 要有利于蔬菜生产

应以当地的主要栽培茬口为主，充分利用有利的自然环境，获得高产、优质生产，并降低生产成本。

2. 要有利于蔬菜的均衡供应

种植同一种蔬菜或同一类蔬菜时，为了避免栽培茬口过于单调，生产和供应过于集中。应通过排开播种，将全年的种植任务分配到不同的栽培季节里进行周年生产，以保证蔬菜的全年均衡供应。

3. 要有利于提高栽培效益

为了提高蔬菜栽培效益，在茬口安排上应根据自己的目标蔬菜市场供应情况，适当增加一些高效蔬菜茬口以及淡季供应茬口，并在有条件的地区逐渐加大设施栽培的比例，改变目前露地蔬菜生产规模过大、设施栽培规模偏小的低效益状况。

4. 要有利于提高土地利用率

在蔬菜前后茬口间，应通过合理的间作、套作以及育苗移栽等措施，尽量缩短空闲时间，提高土地利用率。

5. 要有利于控制蔬菜病虫害

安排蔬菜茬口时，应根据当地蔬菜的发病情况，对蔬菜进行一定年限的轮作，以减少同种蔬菜长期连作造成病虫害加重的情况。

课后作业

一、名词解释

1. 蔬菜的栽培季节　　2. 蔬菜的土地利用茬口

二、填空题

1. 蔬菜的栽培方式分为________和________两种。

2. 露地蔬菜栽培季节的基本原则，是将蔬菜的整个________安排在它们能________的温度季节里，且将________的生长期安排在________最适宜的季节里，以保证产品的高产、优质。当然同时也应考虑到光照、雨量及病虫害等问题。

3. 设施蔬菜栽培季节确定的原则是：将所种植蔬菜的整个栽培期安排在其能________的温度季节里，而将________安排在该种蔬菜的露地________或________里。

4. 耐热以及喜温性蔬菜的产品器官形成期要求高温，因此一年当中，在________的栽培效果为最好。喜冷凉的耐寒性蔬菜以及半耐寒性蔬菜的栽培前期，对高温的适应能力相对较强，而产品器官形成期却喜欢冷凉，因此该类蔬菜的最适宜栽培季节为________。

5. 蔬菜的茬口分为________茬口和________茬口。

6. 季节利用茬口分为________、________、________、________和________。

7. 蔬菜的土地利用茬口分为________和________两种茬口。

8. 一年两种两收主要是________和________的茬口。

三、多项选择题

1. 设施蔬菜栽培季节确定的方法有（　　）。

A. 根据设施类型来确定栽培季节

B. 根据市场需求来确定栽培季节

C. 根据蔬菜的类型确定栽培季节

D. 根据市场供应情况确定栽培季节

2. 露地蔬菜栽培季节的确定方法有（　　）。

A. 根据蔬菜的类型确定栽培季节

B. 根据市场供应情况确定栽培季节

C. 根据生产条件和生产管理水平确定栽培季节

D. 根据设施类型来确定栽培季节

3. 下面哪些描述是关于茬口安排的原则？（　　）

A. 要有利于蔬菜生产

B. 要有利于蔬菜的均衡供应

C. 要有利于提高栽培效益

D. 要有利于提高土地利用率

E. 要有利于控制蔬菜病虫害

拓展知识

根据蔬菜对温度的要求，蔬菜可分为5类。

（1）耐寒性多年生宿根蔬菜，如韭菜、金针菇、石刁柏（芦笋）、茭白等。该类蔬菜在地上部分能耐高温，其同化作用的适宜温度为20℃~30℃；但地上部分冬季枯死，而以地下的宿根越冬（能耐-10℃的低温）。

（2）耐寒蔬菜，如菠菜、大葱、洋葱、大蒜以及白菜类中的某些耐寒品种（乌塌菜等）。能耐-1℃~2℃的低温，短期内可以忍耐-5℃~10℃。同化作用的适宜温度为15℃~22℃。发芽温度为18℃~22℃。

（3）半耐寒（喜凉）蔬菜，如萝卜、胡萝卜、芹菜、莴苣、豌豆、蚕豆，以及甘蓝类、白菜类。该类蔬菜不能长期忍耐-1℃~2℃的低温，它们同化作用的适宜温度为17℃~25℃；超过25℃时，同化机能减弱，发芽温度为20℃~25℃。

（4）喜温蔬菜，如黄瓜、番茄、辣椒、菜豆等。该类蔬菜同化作用的适宜温度为25℃~30℃；超过40℃，生长几乎停止；在10℃~15℃时，授粉、授精不良，引起落花。发芽适宜温度为28℃~32℃。

（5）耐热蔬菜，如冬瓜、南瓜、丝瓜、茄子、豇豆、刀豆等。该类蔬菜同化作用的适宜温度为30℃左右，在近40℃的高温下仍能生长，但低于15℃生长不良。发芽温度为30℃~35℃。

技能训练：蔬菜市场调查

一 实训目的

通过对蔬菜批发市场或集贸市场的调查，了解上市蔬菜的种类、来源、价格、销售量等情况，为制订蔬菜生产计划、解决蔬菜周年供应提供参考。

二 材料和用具

记录本、笔。

三 实训地点

当地各蔬菜批发市场和超市。

四 方法与步骤

（1）班级学生分组，每组4~6人，设组长一人。

（2）将所在市区划分成不同的片区，每组调查一个片区的蔬菜批发市场和超市。

（3）调查上市蔬菜的种类、来源、价格、销售量等。填写市场调查记录表（见表1-3）。

表 1-3　市场调查记录表

蔬菜名称	科属	价格/(元/500g)	产地	食用部位

五 作业

就调研结果写一篇 500～1 000字的调研报告。

任务四 蔬菜的周年供应与栽培制度

【知识目标】

熟悉蔬菜的周年供应与栽培制度。

【技能目标】

能说出当地设施蔬菜的栽培制度。

【情感目标】

(1) 热爱农业，能积极地参与项目技能训练活动。

(2) 能够主动发现生产中的问题并积极解决问题。

蔬菜的周年均衡供应是在尽量满足消费者需求的情况下所达到的一种平衡供给状态，它包括供给因素间的平衡与供给时间的平衡。供给人们数量充足、品质优良、品种多样的蔬菜产品，保持蔬菜的周年均衡，是关系到人民健康和生活水平，影响社会主义经济建设和社会稳定的大事。目前，周年供应的迫切任务是深入研究蔬菜的产销规律，抓住蔬菜生产的季节性和人民需求的经常性这一主要矛盾，实行科学种菜，排开播种，延长供应，以缩小蔬菜的淡、旺季差距，解决品种单调、质量不高、供应偏紧等问题。

蔬菜供应的淡旺季及其形成原因

(一) 淡季与旺季

淡季即蔬菜的数量不足，种类和品种单调，价格高，不能满足市场的需求；旺季则蔬菜的种类丰富，数量充足，价格低，有时供过于求，造成烂菜。

(二) 我国蔬菜供应淡季和旺季的类型

我国蔬菜种类繁多，地区间差异很大，各地都有栽培某些蔬菜的优越条件和不利因素，形成了各地不同的蔬菜生产季节性。按地理位置不同，主要可分为以下四种类型。

（1）华南及西南区域，一年四季都有较多的蔬菜供应。这个地区冬季基本无霜，秋季、冬季和春季适宜蔬菜生长，可以生产大量的蔬菜，成为旺季。但在4月份由于各种越冬菜抽薹，其后有一小段时间蔬菜的供应量下降。夏季高温多雨，不利于蔬菜生长，造成蔬菜的夏淡季。

（2）长江流域，形成一年“两旺两淡”和一茬越冬菜。1月份平均气温接近0℃，越冬菜植株生长缓慢，产量明显降低，而形成1~2月的冬淡；7~8月份，月均温28℃左右，不适宜喜温菜生长，耐热的瓜类、豆类也生长不良，造成8~9月份的夏淡。除1月份和7~8月份，其他各月均适于蔬菜生长，形成春、秋两大旺季。但在清明节越冬菜抽薹开花前，由于集中上市，会产生“旺中旺”；抽薹开花后，夏菜未大量上市前，又会出现“旺中淡”的小淡季。

（3）黄河流域，旺季在6~7月份和10~11月份出现。11月中旬到翌年3月中旬，因低温冰冻不能露地栽培蔬菜，形成冬季淡季，主要靠秋菜贮藏和外进菜。在夏秋之交，由于高温多雨及茬口交替形成夏秋淡季。

（4）东北及西北地区，只有3~5个月的无霜期，喜温和喜冷蔬菜同季栽培，大部分蔬菜仅一年一茬，所以形成半年旺季和半年淡季。

（三）淡旺季形成的原因

从我国南北各地淡旺季特点来说，气候条件是造成淡旺差别的主要原因。另外，栽培制度、蔬菜种类及品种、生产条件和技术水平、贮藏加工及经营管理等因素对淡旺季的形成和程度也有影响。如冬春淡季的形成主要是气候条件所致，而秋淡则除气候外茬口交替也是一个重要因素。贮藏加工和交通运输的发达程度，直接影响到淡旺季的调节。

 解决淡旺矛盾，实现周年均衡供应的途径

（1）加强领导，落实产销政策，搞活市场，调动菜农的生产积极性，是保证蔬菜周年均衡供应的根本。

（2）建立旱涝保收、稳产高产的蔬菜生产基地，增加投入，增强防灾抗灾能力，是实现蔬菜稳产高产、周年均衡供应的根本性措施。

（3）增加蔬菜的种类和品种。一般蔬菜的种类和品种越多，复种指数越高，蔬菜的淡旺季矛盾就不易突出。因此，建立合理的栽培制度体系，合理安排茬口和品种结构，增加蔬菜的种类和品种，是克服淡旺矛盾的有效措施。

（4）大力发展蔬菜的贮藏加工业。随着社会的发展和人民生活水平的提高，蔬菜生产的季节性和需求的常年性之间的矛盾日益尖锐，大力发展蔬菜贮藏和加工事业已成必然趋势。新鲜蔬菜保质期短，通过冷库贮藏和加工可提高蔬菜的附加值，延长产业链，调剂淡旺矛盾。

（5）因地制宜地发展保护地生产。利用温室、塑料大棚等保护地设施，进行春季提早，夏季排开，秋季延后栽培等，对于克服不利气候条件，增加淡季蔬菜生产，起着重要作用。

（6）抓好季节性蔬菜生产，发挥远郊及粮田区的作用。冬季因低温影响，单位面积、单位时间内过冬菜的产量下降，使冬春鲜菜上市量缩减。因此，应利用远郊粮田区，在秋季扩大季节性菜地可以弥补常年菜地面积的不足，起到增淡堵缺的作用。

（7）主攻单产，提高科学种菜水平。蔬菜单产偏低，是造成供应偏紧和不均衡的主要作用。第一要充分利用优良品种和杂交种，推广蔬菜的良种化；第二要做到有机肥与无机肥、

土壤施肥与根外追肥的有机结合和合理施用，提高蔬菜的施肥水平；第三是因地制宜地实行间、混、套作和轮作，提高耕作水平；第四要加强病虫害防治，特别注意毁灭性病虫害；第五要提高抗热和耐寒蔬菜的栽培技术水平，保证淡季菜的稳产保收。

（8）充分发挥市场调节作用，南菜北运、北菜南销。在“就地生产、就地供应”的基础上，有计划地组织南北各地蔬菜的余缺调剂，从全国的蔬菜生产布局上考虑产供销，达到“淡季不缺，旺季不烂”。

蔬菜的栽培制度

蔬菜的栽培制度是指在一定的时间内，在一定的土地面积上各种蔬菜安排布局的制度。其包括因地制宜地扩大复种，采用连作，轮作，间、混、套作等技术来安排蔬菜栽培的次序，合理的施肥和灌溉制度、土壤耕作和休闲制度等。通常的“茬口安排”是栽培制度设计的俗称。

（一）连作

连作是在同一块土地上不同年份内连年栽培同一种蔬菜，可分为一年一茬和一年多茬的连作。

一年一茬的连作如第一年栽培辣椒，第二年继续栽培辣椒；一年多茬的连作如第一年春夏种辣椒，秋季种植白菜，第二年春夏季再种辣椒。

连作具有较大的危害性，主要表现在以下几个方面：①造成土壤内营养元素的失调，地力得不到充分利用。②不同位置的土壤营养不能得到充分利用，甚至造成根层营养的空间失调。③各种蔬菜病虫害的病原常在土中越冬，连作无疑是为病虫害培养寄主，导致病虫害的逐年加重。④连作会造成某种蔬菜根系分泌有毒物质或有害物质积累，对土壤微生物及其自身都会产生抑制作用。⑤某些蔬菜的连作还会导致土壤 pH 的连续上升或者下降。

（二）轮作

轮作是指在同一块菜田上，按一定的年限轮换种植几种性质不同的蔬菜，也称换茬或倒茬。

一年单主作区即为不同年份栽种不同种类的蔬菜；一年多主作区则是以不同的多次作方式，在不同年份内轮流种植。

合理的轮作能够合理利用土壤肥力，减轻蔬菜病虫害发生，提高土地利用率。

1. 轮作方法

蔬菜种类多，执行轮作时不可能将田块分为许多小区，每年轮换一种作物，因此可根据相同的特性将蔬菜分类，按类别种植，轮流栽培，如白菜类、根菜类、茄果类、豆类、瓜类等。具体方法是将同类蔬菜集中于同一区域，不同类的同科蔬菜也不宜相互轮作，如番茄和马铃薯均属于茄科，但番茄属于茄果类，马铃薯属于根菜类。绿叶菜类的生长期短，应配合在其他作物的轮作区中栽培，不独占一区。

2. 轮作的原则

（1）土壤肥力的调节、恢复与利用。各种蔬菜根系在土层中分布有深、有浅，吸收土壤营养元素种类和数量也不一致，通过调整茬口、轮流种植可使养分得到合理利用，使土壤肥力有恢复的时机。如将深根的瓜类（除黄瓜）、豆类，浅根的白菜类、葱蒜类在田间轮换种植，将需氮量较多的叶菜类与需磷较大的果菜或需钾较多的根菜、茎菜等合理安排轮作，有既可用地又养地的好处。

(2) 互不传染病虫害。一般来说，凡是同科、属、变种的蔬菜，亲缘越近越容易遭受相同病虫害的侵染危害。如葫芦科的大部分瓜类蔬菜最容易感染枯萎病、炭疽病和霜霉病，易受蚜虫、黄守瓜等的危害；十字花科的蔬菜多易感染病毒病、软腐病等，易受菜青虫、菜螟等的危害。在轮作计划中，排除同科蔬菜连作或相邻种植，可使病虫失去就近、连续危害的寄主，改变其生活环境，从而达到减免受害的机会。例如，葱蒜类种植后接种大白菜，有减轻病害的好处。同时，实行粮菜倒茬，有利于避免土传病害的发生。

(3) 促进土壤结构的改善。豆类的根系共生的根瘤菌有固氮作用，且能增加土壤有机质，有利于改善土壤结构，并提高土壤肥力。豆科蔬菜后第一年最好安排叶菜类、果菜类，第二年再安排根菜类、葱蒜类；薯芋类用地需深耕和重施有机肥，生育期中多行中耕，培土、追肥，田间杂草少，遗留养分多，有利于恢复地力；根系发达的瓜类和宿根性的韭菜，后茬遗留的有机物质较多，对良好土壤结构的形成能起到积极的促进作用，都是多种蔬菜的有益茬口。

(4) 注意不同蔬菜对土壤 pH 的要求。各种蔬菜对 pH 的适应性不同，轮作时应注意：菠菜、番茄可在微碱性土壤种植。甘蓝、马铃薯等能吸收较多的碱性元素，从而影响土壤酸度的上升。南瓜、甜玉米、苜蓿等能吸收较多的酸性元素，常起到降低土壤酸度的作用，如果将对土壤酸性敏感的洋葱等作为南瓜、甜玉米的后茬，则能获得高产，作为甘蓝的后作则减产。另外，豆类的根瘤也会留给土壤较多的有机酸，连作减产。

(5) 抑制杂草的作用。不同种类的蔬菜因其生长势不同，对杂草的抑制能力有强有弱。如胡萝卜、芹菜、大葱、韭菜等的秧苗生长缓慢，易受杂草危害。白菜、瓜类茎叶扩展迅速、覆盖面大，封垄快，抑制杂草蔓延的能力强。将这些防草特性不同的蔬菜，按顺序轮作，结合其他措施，对抑制田间杂草有一定作用。

5. 轮作的年限

在处理连作、轮作安排生产时，除掌握上述有关环节外，还需参照蔬菜种类和品种特性及其发病情况等，确定可否连作或轮作相间隔的年限，一般认为禾本科植物较耐连作。根据轮作原则，蔬菜种类不同而轮作年限也不同。

马铃薯、黄瓜、辣椒等需 2~3 年轮作；番茄、大白菜、茄子、甜瓜、豌豆等需 3~4 年轮作。

轮作的优点很多，但蔬菜完全实行轮作在生产上难以实现。因此，还需要根据蔬菜种类确定连作年限。保留一定程度的连作。例如，黄瓜连作不可超过 2~3 年，以免病虫害加重，3 年后一定要与其他蔬菜轮作；大白菜连作限度不应超过 3~4 年，因其需求量多，栽培面积大；十字花科、伞形科等较耐连作，但以轮作为佳；茄科、葫芦科、豆科、菊科连作危害大；葱蒜类忌连作。

(三) 间、混、套作

两种或两种以上的蔬菜隔畦、隔行或隔株同时有规则地栽培在同一地块上，称为间作，如甘蓝与番茄隔畦间作，大葱与大白菜隔行间作。不规则地混合种植，称为混作，如播种大蒜时撒入菠菜种子。前作蔬菜的生长发育后期，在其行间或株间种植后作蔬菜，前、后两作共同生长的时间较短，称为套作，如黄瓜、番茄可与芹菜、小白菜等套作。

1. 意义

(1) 合理的间、混、套作，是根据两种或两种以上蔬菜的生理生态特征，组成一个复合群体，发挥其种类间互利因素，通过合理的群体结构，增加单位土地面积上的植株总数，更有效地利用光能与地力、时间与空间，造成互利的环境，以减轻杂草病虫等的危害。

（2）间、混、套作是增加复种指数，提高单位面积产量，增加经济效益的一项有效措施，也是我国蔬菜栽培制度的一个显著特点。

2. 原则

（1）合理搭配蔬菜的种类和品种。

一是“一高一矮”：高秧蔬菜与矮秧蔬菜搭配，如黄瓜与辣椒间作，此种搭配有利于光能的充分利用，可增加单位面积株数，对不同层次的光照和气体都能有效地利用，同时还可以改善田间小气候条件。

二是“一尖一圆”：直立叶型蔬菜与水平叶型蔬菜相搭配，这种搭配能有效利用光能。如大葱、洋葱的叶直立，横展小，在其生育前期，可搭配叶圆、横展大的菠菜、小白菜等。

三是“一深一浅”：深根性蔬菜与浅根性蔬菜种类相搭配，如深根的茄果类与浅根的叶菜类间套作。这种搭配避免了同一层次内的根系竞争，可以合理利用不同层次土壤中的营养。

四是“一早一晚”：在生长期、熟性和生长速度上掌握生长期长的与短的、生长快的与慢的、早熟的与晚熟的搭配，如叶菜类与黄瓜间套作。

五是“一阴一阳”：喜强光蔬菜的与耐阴的蔬菜相搭配，如黄瓜与芹菜间作。

六是对营养元素竞争小的蔬菜相搭配，这样可以有效地利用土壤中不同的营养，如叶菜类需氮多，对磷、钾要求较少；果菜类需磷、钾较多，它们互相间套作可以互有益处。

七是互不抑制：应注意某些作物分泌的物质对其他作物的抑制。

（2）合理安排田间结构。间、混、套作后，单位面积上的总株数增加，所以要处理好作物间争光线、争空间和争肥料的矛盾。一是在保证主作密度与产量的前提下，适当提高副作的密度与产量，使二者均能获得良好的生长发育条件，但不能以副作干扰主作。二是“一高一矮”搭配时，矮生蔬菜种植幅度适当加宽，高杆蔬菜作物适当幅度变窄，缩小株距，以充分发挥边际效应。三是可利用各种措施缩短共生期，减少主副作相互竞争。如套作者前茬利用后茬的苗期，不影响自身的生长；后茬利用前茬的后期，不妨碍壮苗。间作者同期播种或定植，主副作可以不同时期进行收获期，减少共生期。

（3）采取相应的栽培技术措施。间、混、套作对劳力、肥料和技术等条件要求较高。如果间作中配套条件跟不上，副作采收不及时，会导致主作产量降低。套作不仅高度利用了空间和时间，增加复种，通过间、套作，还增加了复种指数，扩大了土地面积，适于近郊人多地少、肥源充足的地方。

（三）多次作、重复作

在同一块土地上一年内连续栽培多种蔬菜，可以收获多次的，称为多次作或复种制度；重复作是在一年的整个生长季节或一部分季节内连续栽培同一种蔬菜。多次作一般多用于绿叶菜或其他生长期较短的小白菜、萝卜等蔬菜。

合理地安排蔬菜的多次作，并尽可能结合间、套作方式，是提高菜田光能和土地利用率，实现周年均衡供应、高产稳产和品种多样化的有效途径。

从狭义上说，多次作是在一定的土地面积上，在一年的生产季节中，连续栽培蔬菜的茬次，如一年二熟、二年五熟、一年三熟等；从广义上讲，是在一个地域内，在一年的生产季节中，连续栽培蔬菜的季节茬数，如越冬茬、春茬、夏茬、秋茬等。通常，狭义的多次作称为“土地（利用）茬口”，广义的多次作称为“（生产）季节茬口”，二者在生产计划中共同组成完整的栽培制度。

多次作制度可反映各地的自然条件、经济条件和耕作技术水平，也反映出菜田利用的程度。“复种指数”通常被作为度量菜田利用程度的指标。

复种指数是指一年内土地被重复利用的平均次数，可用当地的栽培面积除以耕地面积计算。

课后作业

一、名词解释

1. 蔬菜的栽培制度　2. 连作　3. 轮作　4. 间作　5. 混作　6. 套作　7. 多次作　8. 重复作　9. 复种指数

二、填空题

蔬菜的栽培制度包括________与________、________、________、________和________。

三、选择题

1. 下面哪些是关于连作危害的描述？(　　)

A. 造成土壤内营养元素的失调，地力得不到充分利用

B. 不同位置的土壤营养不能得到充分利用，甚至造成根层营养的空间失调

C. 各种蔬菜的病虫害的病原常在土中越冬，连作无疑是为病虫害培养寄主，导致病虫害的逐年加重

D. 连作会造成某种蔬菜根系分泌有毒物质或有害物质积累，对土壤微生物及其自身都会产生抑制作用

E. 某些蔬菜的连作会导致土壤 pH 的连续上升或者下降

2. 下面哪些是关于轮作原则的描述？(　　)

A. 土壤肥力的调节、恢复与利用

B. 互不传染病虫害

C. 促进土壤结构的改善

D. 注意不同蔬菜对土壤 pH 的要求

E. 抑制杂草的作用

3. 需 2~3 年轮作的蔬菜有（　　）。

A. 马铃薯　B. 黄瓜　C. 辣椒

四、简答题

进行间、混、套作时，搭配蔬菜的种类和品种的原则是什么？

拓展知识

贵州省夏秋反季节无公害蔬菜全年高效种植模式

一、粮（油、马铃薯）菜一年二熟种植模式

1. “小麦-夏秋反季节蔬菜”种植模式
2. “油菜-夏秋反季节蔬菜”种植模式
3. “马铃薯-夏秋反季节蔬菜”种植模式

二、全年蔬菜多熟种植模式

1. “地膜早马铃薯–夏秋反季节蔬菜–速生蔬菜”一年三熟种植模式

2. “次早菜–夏秋反季节蔬菜–速生蔬菜”一年三熟种植模式

(1) “番茄（辣椒、茄子、黄瓜、苦瓜）–芹菜（花菜、莴苣、白菜、四季豆、萝卜、西葫芦）–速生蔬菜”种植模式。

(2) “无藤瓜（矮生四季豆）–番茄（辣椒、茄子、四季豆、豇豆、豌豆）–速生蔬菜”种植模式。

(3) “四季豆（豇豆）–莴笋（莴苣、芹菜、花菜、白菜、甘蓝、番茄、黄瓜、无藤瓜）–速生蔬菜”种植模式。

3. 蔬菜一年四熟种植模式

(1)“速生蔬菜–夏秋反季节蔬菜（茄果类）–速生蔬菜–速生蔬菜”种植模式。

(2)“次早果菜–速生蔬菜–速生蔬菜–速生蔬菜”种植模式。

(3)“次早果菜–夏秋反季节蔬菜–速生蔬菜–速生蔬菜”种植模式。

三、全年高效种植模式范例

1. 威宁高海拔地区“马铃薯（大蒜）–夏秋反季节白菜”种植模式

(1)“马铃薯–白菜–速生绿叶蔬菜”年高效种植模式。

(2)“大蒜–白菜”全年高效种植模式。

2. 绥阳县“青花菜与其他作物复种”种植模式

(1)“油菜–青花菜”种植模式。

(2)“水稻–青花菜”种植模式。

(3)“大葱–青花菜”种植模式。

(4)“番茄–芹菜–青花菜”种植模式。

技能训练1：蔬菜轮作设计

实训目的

轮作是指在同一块菜田上，按一定的年限轮换种植几种性质不同的蔬菜的方式。通过本实训，了解轮作与连作的优缺点，掌握轮作的技术方法。

实训设备及用具

菜地、尺、犁、铁锹、镐、蔬菜种子等。

实训内容与步骤

（一）轮作设计

在确定作物轮换顺序时，应当根据作物的茬口特性，安排适宜的前、后作，一般有以下三种情况。

第一种是前作能为后作创造良好的条件，使后作有一个良好的土壤环境，可以收到较大的经济效益。如前作种植后，土壤肥力高、杂草少、耕层土层紧密度合适等。在豆茬地种葱蒜就是这种情况。

第二种是前作虽没有给后作创造显著好的土壤环境，但是也没有不良的影响，如玉米茬种马铃薯，马铃薯茬种瓜类蔬菜。

第三种是后作的长处能克服前作的短处，如种植胡萝卜易草荒，种茄果类易于除草，因此茄果类科作为胡萝卜的后作。

（二）茬口安排

（1）先确定几类要参与轮作的蔬菜作物，然后划区制订轮作计划。一般薯芋类、葱蒜类宜实行 2~3 年的轮作；茄果类、瓜类（除西瓜）、豆类需要 3~4 年的轮作。

（2）深根性的瓜类（除黄瓜）、豆类、茄果类与浅根性的白菜类、葱蒜类轮换种植；需氮较多的果菜类、需钾较多的根菜类、茎菜类合理安排轮作。

一般的轮作茬口为：第一年叶菜类；第二年根菜类、葱蒜类、果菜类；第三年种植薯芋类、豆类及白菜类，伞形科植物、绿叶菜类；在没有严重病害的地块，可适当地连作。

（三）轮作、连作病虫害调查

凡同科、属、变种的蔬菜，亲缘近，易遭受相同的病虫侵染危害，如葫芦科大部分瓜类蔬菜容易感染枯萎病、炭疽病、霜霉病等，虫害主要有黄守瓜、蚜虫等；十字花科蔬菜易感染病毒病、软腐病等，虫害有菜青虫、菜蛾等；茄科作物主要有疫病、炭疽病等。轮作、连作病虫害调查见表 1-4。

表 1-4　轮作、连作病虫害调查表

蔬菜	轮作			连作		
	年限	面积/667m^2	病虫害种类	年限	面积/667m^2	病虫害种类
茄科						
豆科						
十字花科						
葱蒜类						
葫芦科						

同科属变种的蔬菜，轮作和连作后会在生长状况上有不同程度的影响，从植物株高、株幅和根量这几个方面记录比较结果，并填入表 1-5。

表 1-5　轮作、连作蔬菜生长状况调查表

蔬菜	轮作				连作			
	时间/年	生长状况			时间/年	生长状况		
		株幅	株幅	根量		株高	株幅	根量
茄科								
豆科								
十字花科								
葱蒜类								
葫芦科								

对于以下几个科的植物，同科进行轮作和连作后，记录时间、面积和产量，比较轮作和连作对蔬菜产量的影响，并完成表 1-6。

表 1-6 轮作、连作蔬菜产量调查表

蔬菜	轮作			连作		
	时间/年	面积/666.7m^2	产量/kg	时间/年	面积/666.7m^2	产量/kg
茄科						
豆科						
十字花科						
葱蒜类						
葫芦科						

四 注意事项

（1）轮作、连作病虫害调查中应注意调查地块的环境、气候特点，合理确定取样方法。

（2）轮作、连作蔬菜生长状况调查中应注意在地块的施肥水平一致的前提下确定调查对象以及取样方法。

（3）轮作、连作蔬菜产量调查中应注意地块的施肥水平，确定调查对象、取样方法。

五 作业

（1）以叶菜类、茄果类、瓜类、葱蒜类、豆类为例制订轮作计划。

（2）对所在地区蔬菜生产进行连作和轮作情况调查分析。

技能训练 2：蔬菜混种、间作、套作、复种技术

一 实训目的

了解蔬菜间作、混作、套作、复种的意义，掌握间作、混种、套作、复种技术，完成蔬菜的混种、间作、套作、复种设计。

二 材料和用具

日光温室、大棚、菜田等。

三 实训内容及技术操作规程

（一）间作

1. 间作的要求

种植两种或两种以上蔬菜作物构成的复合群体，彼此间的外部形态，地上部有高有矮，根系有深有浅，对水肥利用上表现深浅不同，充分利用行间通风透光和根系的吸收范围大而

提高产量，增强抗御自然灾害能力，减轻病虫的危害。

2. 间作设计实例

菜豆与茄果类（4：4、6：4）；菜豆与葱蒜类（2：2）；菜豆与绿叶菜类（4：4、6：4）；甘蓝与茄果类（4：2）；黄瓜与葱蒜类（4：4、2：2）；黄瓜与绿叶菜类（4：4、6：4）。

（二）套作

1. 套作的要求

种植两种蔬菜作物构成的复合群体，在设计时缩小前茬种植面积，或选用早熟品种，或蔬菜作物生长期与环境条件能够满足下茬蔬菜作物的生长期要求，在前茬蔬菜作物的生长不影响下茬蔬菜作物的前期生长条件下，充分利用土地的营养条件、时间和空间。

2. 套作设计实例

以前茬蔬菜作物为主，如覆膜洋葱于5月初至5月中旬定植，7月中下旬播种大白菜或萝卜、洋葱8月中下旬收获后，大白菜或萝卜继续生长；大蒜3月末至4月初种植，7月中下旬收获大蒜之前套种大白菜；大豆与大蒜套种，4月初种植大蒜，5月上旬种植大豆，大蒜收获后大豆继续生长。设施栽培利用冬春季大棚或温室内温度和光照条件，以及土壤温度状况，育苗定植叶菜类，大棚3月中下旬定植芹菜、油菜或在秋季播种白露菠菜，4月中下旬定植果菜类；温室2月上中旬定植绿叶菜类，3月初定植果菜类。

（三）混种

1. 混种的要求

两种或两种以上的蔬菜作物在田间构成复合群体，要求在选择蔬菜种类和品种、各种蔬菜作物的比例和密度、种植方式、水肥和田间管理等方面综合考虑。选择适宜的蔬菜作物种类和品种，做到巧搭配。同时，要从具体的自然条件和生产条件出发，根据不同蔬菜作物的生物学特性进行选择。在蔬菜作物种类的搭配上，要注意通风透光和对水肥的不同要求。

2. 混种设计实例

大蒜、菠菜混种，3月下旬至4月初，按16~20cm行距种大蒜，同时撒菠菜籽，先收菠菜；也可将马铃薯、小白菜混种。

（四）复种

1. 复种的要求

复种可以前后茬蔬菜作物单作接茬复种，也可以是前后茬蔬菜作物套播复种。一般用复种指数来判断土地利用率的高低，复种指数是指播种面积占耕地面积的百分数，即：

$$\text{复种指数（\%）}=\frac{\text{全年播种面积}}{\text{耕地面积}}\times 100\%$$

2. 复种设计实例

露地种植早马铃薯收获后复种白菜，压霜菠菜收获后复种西红柿、菜豆等。大棚、温室等设施种植指数高，叶菜类、果菜类、根菜类、茎菜类等根据上市的时间、产品形成时间、种植方式和管理等计划安排生产；如11月份育果菜类蔬菜幼苗的同时，播种叶菜类或进行育苗，1月末至2月初叶菜类可以陆续收获，定植果菜类。6月份叶菜类育苗，果菜类6月中旬收获结束之前或之后定植叶菜类。

（五）间作、混种、套作、复种的综合运用

在作物搭配上，可概括为：一高一矮、一深一浅、一肥一瘦、一圆一尖、一早一晚、一

阴一阳。“一高一矮”是指蔬菜作物株型高与矮的搭配；“一肥一瘦”是指蔬菜植株繁茂和收敛的搭配；“一深一浅”是指蔬菜作物深根与浅根的搭配；“一圆一尖”是指蔬菜作物叶片形状圆叶与尖叶的搭配；“一早一晚”是指蔬菜作物生长期长与短的搭配；“一阴一阳”是指蔬菜作物喜光与耐阴的搭配。

四 注意事项

(1) 处理好主体和副体的关系，配置比例合理，主副双方都能获得良好的生育条件，一般以在保证主体蔬菜密度和产量的前提下，适当照顾到副体的密度和产量。

(2) 调节好田间通风透光条件，高矮蔬菜搭配要适当。

(3) 注意调节好主副体蔬菜的生育期，使之适当错开。

五 作业

(1) 间作为什么能使蔬菜作物增产？

(2) 间作、混种、套作、复种应注意哪些事项？

(3) 以黄瓜、大白菜、大蒜、菜豆、菠菜、油菜等为例设计间作、套作模式。

(4) 以菠菜、油菜、芹菜、番茄、辣椒、菜豆、黄瓜等为例设计复种模式。

技能训练 3： 主要蔬菜种子的识别

一 实训目的

学习从形态特征方面识别蔬菜种子的方法，掌握主要蔬菜种子的一般特征。

二 材料和用具

各种蔬菜的种子（包括种、变种、品种的种子）、放大镜、镊子。

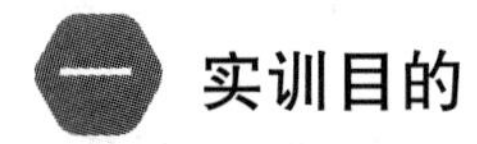

三 方法步骤

1. 种子识别

(1) 仔细观察并记载各蔬菜种子的形状、颜色，以及花纹、棱或凹沟、绒毛的有无。认真区别各种子间的味道。

(2) 仔细比较茄果类蔬菜（茄子、番茄、辣椒）种子间的不同。

(3) 重点观察常见的瓜类（黄瓜、南瓜、瓠瓜、笋瓜、香瓜、甜瓜）、豆类、白菜类（大白菜、甘蓝、芥菜种子的区别）种子。

2. 区别新、陈种子

仔细比较新、陈种子在色泽、气味等方面的差异。

3. 主要蔬菜种子的特征特性

(1) 茄果类。

①茄子：种子扁圆形，外皮光滑而坚硬，千粒重 5g 左右，鲜黄色，寿命 6~7 年，使用年限 2~3 年。

②辣椒：种子短肾形，扁平稍皱，色淡黄，千粒重 5~6g，寿命 4 年，使用年限 2~3 年。

③番茄种子：种子扁平略呈卵圆形，灰黄色，表面有银灰色绒毛。种子成熟早于果实，一般在授粉后35~40天就有发芽力，千粒重3~3.3g，寿命4年，使用年限2~3年。

（2）瓜类。

①黄瓜：种子扁平，长椭圆形，黄白色，千粒重25~40g，寿命5年，使用年限2~3年。

②西瓜：种子有黑、棕、白、红等颜色，千粒重大粒种子平均为100g，中粒种子为40~60g，小粒种子20~25g，寿命5年，使用年限2~3年。

③甜瓜：别名香瓜，种子披针形或长扁圆形，黄色、灰色或褐色，种子大小差异较大。使用寿命3年。

（3）白菜类。

①大白菜：种子近圆球形，黄褐色或棕色，近种脐处有一纵凹纹，千粒重2~4g，寿命4~5年，使用年限1~2年。

②甘蓝：种子圆球形，黑褐色，无光泽，近种脐处有双沟，千粒重3.3~4.5g，寿命5年，使用年限2~3年。

③芥菜：种子圆形或椭圆形，色泽红褐或红色。

（4）豆类。

①菜豆：种子肾形，无胚乳，种脐呈圆形，种皮颜色多样，种子千粒重300~425g，寿命3年，使用年限1~2年。

②豇豆：种子长肾形，有白、红、黑、褐、紫等色，种脐呈三角形，千粒重80~120g，寿命5年，使用年限1~2年。

③豌豆：种子呈圆形、圆柱形、椭圆、扁圆、凹圆形，多为青绿色，也有黄白、红、玫瑰、褐、黑等颜色的品种。可根据表皮分为皱皮及圆粒，干后变为黄色。

注意：西瓜的种子大小差异很大，最大与最小之间相差几倍。蔬菜种子最大的是佛手瓜，一个果是一个种子，最小的是苋菜种子。

四 作业

列表说明茄果类、瓜类、豆类、白菜类各类种子的特点，以及不同种子的外部形态区别，并绘制种子形态示意图。

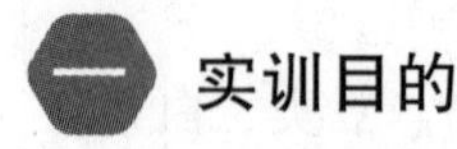

技能训练4： 蔬菜种子品质测定

一 实训目的

掌握蔬菜种子品质测定的一般方法。

二 材料和用具

喜凉和喜温性蔬菜种子各一份，种子量视种子大小而定，取样范围为10~200g；发芽箱、烧杯、培养皿、温度计、天平、直尺等。

三 方法步骤

（1）种子净度：把种子分成两份，并分别称出重量。仔细清除混杂物后再称重，计算种子的净度。

种子净度是指在一定量的种子中，正常种子的重量占总重量（包含正常种子之外的杂种）的百分比。净度为100%表示种子没有杂种。

种子净度=（种子总重量-杂种重量）/种子总重量×100%

种子净度对产量的影响比种子纯度的影响小，手撒种子时种子净度对保苗无多大影响，在机播情况下，种子净度低会造成缺苗，从而影响产量。未来实行精量播种，对种子净度要求更高。

（2）种子千粒重：把去杂后的种子平铺在桌面上，成四方形，按对角线取样，取出其中的两份混合，再如此下去，一直到种子只有千粒左右时，数出1 000粒，进行称量。

（3）发芽率及发芽势：取上述纯净的种子，每100粒种子为1份，每种蔬菜各2~3份，置于垫有湿润吸水纸的培养皿中，喜凉蔬菜培养温度20℃，喜温蔬菜培养温度25℃，2天后每天记载发芽的种子粒数，直到发芽终止。根据记载结果计算发芽势和发芽率。

发芽势指测定种子的发芽速度和整齐度，其表达方式是计算种子从发芽开始到发芽高峰时段内发芽种子数占测定种子总数的百分比。其数值越大，发芽势越强，它也是检测种子质量的重要指标之一。

发芽率指测定种子发芽数占测试种子总数的百分比，如100粒测试种子有95粒发芽，则发芽率为95%，发芽率是检测种子质量的重要指标之一，农业生产上常常以此来计算用种量。

农作物的种子，发芽率高，发芽势强，预示着出苗快而整齐，苗壮；若发芽率高，发芽势弱，预示着出苗不齐，弱苗多。一般来说，陈种子发芽率不一定低，但发芽势不高，而新种的发芽率、发芽势都高，因此生产上应尽量“弃旧取新”。

四 作业

根据所取蔬菜种子各项品质指标的测定结果，说明该种子的品质和使用价值。

项目二

设施蔬菜栽培

子项目一　茄果类蔬菜设施栽培

茄果类蔬菜包括番茄、辣椒和茄子，均属茄科植物，以浆果供食，其适应性强，产量高、供应季节长，露地、设施均可栽培，是世界上栽培历史悠久，栽培地区广泛的重要果菜种类，我国南北地均普遍栽培。

茄果类蔬菜含有丰富的人体必需的营养物质，如维生素、矿物质、碳水化合物、有机酸及少量蛋白质等。番茄的果实含有大量维生素 C；辣椒果实含有大量维生素 C，还含有辣椒素，可促进食欲；茄子含有丰富的蛋白质，并含有少量茄碱苷 M。

茄果类蔬菜食用方法多样，既可鲜食，也可加工，如番茄可加工成番茄酱、番茄汁或整果罐头；茄子可晒干制成茄干；辣椒可做辣椒酱、辣椒粉等调味品，或制成泡椒。

茄果类蔬菜均来自热带，同属茄科，在生物特性及栽培管理方面具有许多共性：一是性喜温暖，不耐寒冷，低于 10℃时生长停滞，不耐炎热，超过 35℃则植株易早衰；二是均属于喜光植物，要求较强的光照及良好的通风条件；三是根系比较发达，吸收能力强，半耐干旱，不耐湿涝；四是幼苗生长缓慢、苗龄较长，要求进行育苗移栽；五是边开花，边结果，分枝较多，需要整枝打杈，实现营养生长和生殖生长协调并进；六是生长期和结果期长，产量高，对磷钾肥和水分的需要量大；七是茄果类蔬菜有共同的病虫害，应避免连茬，实行一定年限的轮作。

任务一　番茄设施栽培

【知识目标】

（1）掌握番茄的品种类型、栽培类型与茬口安排模式等。

（2）掌握栽培番茄管理知识和病虫害防治对策。

【技能目标】

（1）能进行番茄冬春育苗技术管理。

（2）掌握番茄的栽培及田间管理技术。

【情感目标】

（1）养成细致观察、发现问题的习惯。

（2）能积极地参与项目技能训练活动，具有团队协作精神。

番茄（Lycopersicon esculentum mill），原产于南美的秘鲁、厄瓜多尔、玻利维亚等国的高原地带，大约在 17 世纪传入我国，因其果实有特殊味道，因而没有被大量栽培。到 20 世纪初，番茄才逐渐为我国城郊栽培食用，20 世纪 50 年代初迅速发展成为主要果菜之一，目前已经实现了周年生产、周年供应。

品种类型

番茄的分类方法有以下三种。

1. 植物学分类

番茄在植物学分类中属于茄科番茄属，番茄属包括普通番茄、多毛番茄、秘鲁番茄、奇士曼尼番茄和细叶番茄 5 种。一般栽培的为普通番茄种。普通番茄种分为 3 个亚种，分别为野生型亚种、半栽培亚种和栽培型亚种。生产上多用栽培型亚种中的普通番茄变种。

2. 生长型分类

按照生长型可将番茄分为无限生长类型和有限生长型。无限生长类型是非自封顶类型，7~9 节现蕾，每隔 2~3 叶一花序。有限生长类型是自封顶类型，6~8 节现蕾，每隔 2~3 叶一花序，2~3 花序后封顶。

3. 成熟期分类

番茄按成熟期可分为早熟、中熟和晚熟 3 种。早熟品种 6~7 片叶后出现第一花序；中熟品种在 7~8 片叶出现第一花序；晚熟品种在 9 片叶以上出现第一花序。

生育周期

番茄的生育周期可分为种子发芽期、幼苗期、开花期和结果期 4 个阶段。

1. 种子发芽期

种子发芽期是从种子萌动到第一片真叶展开，此期适宜温度为 28℃ ~30℃，低于 12℃不能正常发芽。

2. 幼苗期

幼苗期时期是从第一片真叶展开到定植。这一时期要经历两个阶段：第一个阶段是 2~3 片真叶花芽分化前的基本营养阶段；第二个阶段是 2~3 片真叶展开后进入的花芽分化阶段。

3. 开花期

开花期是指第一花序现蕾，开花到坐果时期（见图 2-1）。这一时期番茄从营养生长为主过渡到生殖生长与营养生长同时进行，管理的要点主要是通过栽培技术措施，协调两者关系，防止徒长和早衰。

4. 结果期

结果期是指从第一花序着果一直到采收结束拉秧（见图 2-2），一般从开花到果实成熟需 50~60 天，冬季低温寡光条件下需 70~100 天。此期秧果同步生长，栽培管理始终以调节秧果关系为中心。

图 2-1　番茄开花期

图 2-2　番茄结果期

三 茬口安排

番茄在长江流域，春、夏、秋季均可栽培，分为大棚春早熟栽培、早春露地栽培、越夏栽培和秋延后栽培。

四 大棚春季番茄早熟生产技术

（一）品种选择

早春栽培选择早熟或中早熟，且耐弱光、耐寒、抗病性强、品质优良、着色均匀，丰产性好的番茄品种。可选择南蔬系列，如金元宝、福瑞特、金石王子、金矮红、金福 201、以色列 2012（无限生长型）、博粉四号等。优良品种及性状描述见表 2-1。

表 2-1　优良品种及性状描述

品种名称	品种特性
金元宝	无限生长型，果实金黄色，生长势强，丰产性好，连续坐果能力强，大果型，平均单果重 250g 左右，沙瓤，酸甜适中，口感佳，抗病能力强，适合南北早春及露地栽培
福瑞特 9 号	杂交种，粉果，无限生长类型，中熟，植株长势强，节间中等，叶片绿，青果有轻微绿肩，商品果实无绿肩，扁圆形，粉红色，有光泽，单果重 260g，果实均匀，硬度好，番茄风味浓郁，抗 CMV，感叶霉病，抗 TMV、枯萎病、高抗病毒病，感根结线虫，耐热
金石王子	从以色列引进，早熟性好，无限生长类型，株型长势旺盛，坐果节位短，果实扁圆形，石头果，单果重 150~200g，大小较均匀，连续坐果能力强，果鲜红亮丽，转色快

续表

品种名称	品种特性
金福	一代杂交品种，无限生长型，长势强盛，根系发达，果实短呈椭圆形，果形美观，皮厚耐运，不裂果，颜色橙黄亮丽，单果重 24～28g，产量特别高，含糖度在 12%以上，口感极佳，抗病能力突出，高抗病毒病（TYLCV）——番茄黄花曲叶病毒、叶霉病，适合露天及保护地栽培
以色列 2012	中早熟，果实微扁圆形，单果重 250～300g，色泽鲜红亮丽，抗病性强，对早晚疫病有一定的抗性，硬度好，耐贮运，坐果能力极强，产量特别高
博粉四号	中早熟无限生长型，植株长势旺盛，抗病能力强，高抗番茄花叶病毒、叶霉病、枯萎病和黄萎病等病害，连续坐果能力极高，可连续坐果 10～13 穗不黄叶，不早衰，果形圆形，略扁，无青皮，无青肩，果色深粉红，果实大小均匀，单果重 230～300g，果皮坚硬，特别耐贮运

（二）培育壮苗

1. 育苗材料的选择

育苗时可选用草炭土、育苗基质或椰康基质作育苗材料。

2. 苗床制作

在大棚内使用育苗床架，或选择地势较高，水源方便，背风向阳，土层深厚肥沃，离电源较近的塑料拱棚作育苗床，挖深 25cm、宽 140cm、长度 30m 以内的床坑，床坑四周用砖彻高 30cm。

3. 电热育苗

为了有效达到增温效果，使用电热苗床育苗。电加温线功率大小宜选用1 000W，每平方米升温平均宜按 100W 功率标准铺设。将电加温线铺设并作固定，最后平铺育苗基质，要求育苗基质的厚度标准达到 10～12cm，浇透水待播种。

4. 床土消毒

床土消毒用 50%多菌灵可湿性粉剂与 50%福美双可湿性粉剂按 1∶1 混合，或 25%甲霜灵可湿粉剂与 70%代森锰锌可湿性粉剂按 9∶1 混合，按每平方米用药 8～10g 与 4～5kg 基质材料混合，播种时用 1/3 的药土铺在床面，留 2/3 的药土盖种。

5. 播种

提早栽培播种育苗期为 12 月上旬左右，育苗需 60～70 天。播种前需浸泡种子（见图 2-3），做好种子消毒，催芽后再播。

图 2-3　番茄种子

6. 育苗管理

番茄不宜多次分苗，提倡一次分苗和早分苗，最晚在 2～3 片真叶前完成，以育苗盘分苗假植为好，定植前逐渐降低苗床温度，特别是夜温，但不要过于控制水分，保持晴天中午不明显萎蔫即可。

（三）定植前准备

1. 科学选地与施基肥

选择土层深厚、疏松、肥沃、排水良好的土壤，在移栽前 10 天，撒施 51%三元复合肥，每 666. 7m² 75～100kg，深翻土地 25～30cm，起垄做厢，垄厢间距 70cm，垄厢宽度 70cm。

2. 铺设滴灌带

采用一体化灌溉模式，选用 3～5 孔微喷管带，按行铺设，1 行作物铺设 1 根，铺设于垄厢上表面，即每垄厢需铺设两根管带，滴灌管带孔向上。

3. 覆盖地膜

滴灌带铺好后，选用银黑双色反光地膜覆盖，以保温保湿并防控杂草。

4. 移栽定植时间

春季提早栽培，以 2 月初（立春）定植为佳，定植于塑料大棚中，定植密度为（50～70）cm×35cm。

（四）田间管理

1. 温度管理

可采用“四段变温”管理法，即把一天的气温分为四段进行管理。午前见光后，应使温度迅速上升至 25℃～28℃，以促进植株的光合作用；午后随着光合作用的逐渐减弱，通过通风换气措施，使温度降至 20℃～25℃；前半夜为促进叶片中光合产物运转到其他器官，应使温度保持在 14℃～17℃；后半夜为尽量避免呼吸消耗，应使温度降至 10℃～12℃，不要低于 6℃。整个栽培期间保持在 20℃左右，不得低于 12℃。

2. 肥水管理

定植时浇足定植水，定植后 4～5 天浇 1 次缓苗水，坐果前不再浇水，应以中耕蹲苗为主。第一穗果坐果后（果实长到核桃大小）开始浇水，以后保持水分充足供应。土壤含水量维持在 70%～80%。第一花序坐住果，第二穗果和第三穗果开始迅速膨大时各追肥 1 次。每 667m² 可施尿素 15～20kg、过磷酸钙 20～25kg 或磷酸二氢铵 20～30kg，追肥要注意氮、磷、钾配合施用。

3. 植株调整

番茄茎秆为半直立性，需要插架栽培，棚内以吊绳为宜。当番茄苗移栽返青后，必须立即绑蔓。整枝方式有双杆整枝和单杆整枝两种，因品种熟期不同而定。如图 2-4 所示。

单杆整枝是保留主干，除掉所有的侧枝，适用于早熟有限生长型品种，以集中养分供应主杆果实生长，达到提早上市的目的。

双杆整枝适用于中晚熟无限生长型品种，此方法以提高番茄产量为目的。除了将第一花穗下留一侧枝作为主枝，形成两个主杆，其余侧枝全部抹去。

在结果盛期摘除基部老叶、病叶、黄叶及病果和畸形果，以利通风透光，减少呼吸消耗。气温不适宜会导致番茄的落花落果，因此，必须进行保花保果，可选用防落素在开花期喷施或用 2,4-D 点花，也可用雄蜂授粉。

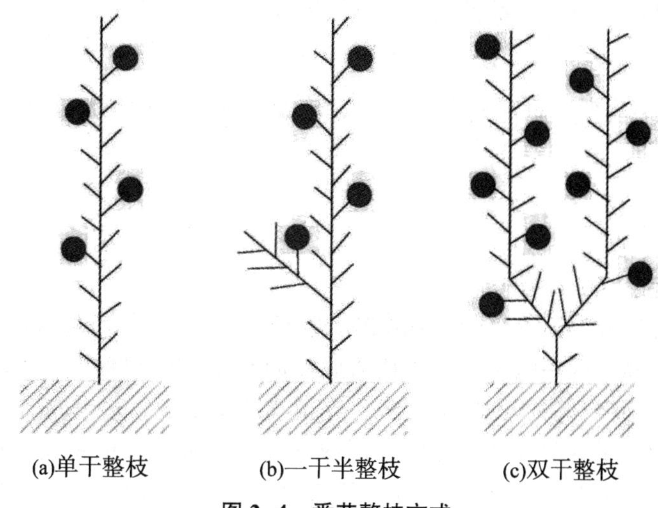

图 2-4 番茄整枝方式

（五）果实催熟及采收

大棚春番茄一般在5~6月份采收。为了促进果实成熟，提早上市，可在果实进入白果期时，将40%乙烯利配成400~800倍水溶液（500~1 000μl/L），用软毛刷或粗毛笔将溶液涂在绿熟期的果实上，可提早上市6~7天。

五 秋延后番茄设施生产技术

（一）品种选择

选用耐热、抗寒、丰产性好、抗病性强（尤其是抗病毒病）的早中熟品种。常用的品种有南蔬系列、亚蔬系列、兴蔬系列等。

（二）培育壮苗

在铜仁地区，秋延后番茄的播种期为6月中上旬，秋季气温高，需采取遮阳避雨降温基质穴盘育壮苗，穴盘选用50~72孔的塑料穴盘，把育苗基质装入穴盘后浇透水，再点播种子，每穴点播1~2粒种子，盖种后再盖上地膜保湿。也可采用漂浮育苗减少人工浇水，减轻劳动强度，增加育苗的保险系数。

育苗前期需采取遮阳降温措施，如用遮阳网或喷施遮阳降温涂料等措施降温等。

（三）定植

定植前选地，清洁地块，深翻晾晒，可通过高温闷棚，达到杀灭病虫、熟化土壤的目的。施足底肥等待定植。定植期一般在7月中下旬。

为防止高温造成秧苗脱水萎蔫，选择晴天下午或阴雨天定植，采用宽窄行栽培，窄行50cm，宽行70cm，株距35cm。定植后，及时浇水，水量不宜过多，以浇透植株周边土壤为宜。

（四）田间管理

7月和8月温度高，宜采取遮阳降温，后期需及时扣棚防寒保温，时间根据外界气温而定，一般在9月中旬进行。扣棚后，随着气温下降，逐渐减小通风量，当气温降到15℃时，夜间不再通风。霜降后少通风或不再通风，以促果成熟。

（五）采收

9~12 月份进入采收期。番茄转色变红后，应及时采收。秋延后番茄采收越晚，售价越好，要尽量晚采收。

病虫害防控

1. 番茄病害

番茄病害主要有病毒病、早疫病、晚疫病、青枯病等，危害较为普遍。

早疫病、晚疫病属真菌性病害，一般在清晨叶面有露珠时检查识别为最佳时期。防治方法以农业防治为主，加强预防，配制半量式、等量式波尔多液，10 天喷施 1 次可起到有效预防作用。药剂宜选用丁子香酚、代森锰锌、霜尿锰锌、百菌清、甲霜灵等药剂交替使用。病毒病应控制蚜虫，减少人为伤害植株，药剂可选用病毒 A、病毒灵；青枯病为细菌性病害，可选用青枯灵、农用链霉素、新植霉素或兽用链霉素（200 万单位脱水 15kg）防治。

2. 番茄虫害

主要是烟青虫、蚜虫。烟青虫可用 2%阿维菌素防治，蚜虫可用 10%吡虫啉防治。

3. 生理性病害

（1）筋腐果。避免偏施氮肥；清洁棚膜，增加光照；多施有机肥，改善土壤结构，并在结果期增施钾肥；不得大水漫灌。

（2）脐腐果。增施腐熟有机肥；防止土壤过干（尤其是夏季）；避免忽干忽湿；避免钾肥施用过量。

（3）裂果。均衡供水，不得忽干忽湿；合理通风；适时采收；深耕土地；多施基肥。

栽培中的常见问题及防治对策

1. 落花落果

番茄落花落果的原因有：春早熟栽培，低温和气候骤变，妨碍花粉管的伸长及花粉发芽；越夏栽培遭遇高温干旱或连续阴雨天是主要原因。栽培管理不当，如密度过大，整枝打岔不及时引起疯秧、管理粗放等也会引起落花落果。

防治措施：一是加强苗期管理、提供秧苗质量培育壮苗；二是加强花期肥水，及时进行整枝调整；三是人工辅助授粉提高坐果率。

2. 畸形果现象

早春栽培，由于日照时间短，气温低等不利因素，导致番茄畸形果现象较普遍，将严重影响番茄的商品性。番茄的畸形果包括果顶乳突过、空洞果、棱角果、裂口果等。

防治措施：一是优选品种，选用品质好、产量高、抗逆性强，尤其对低温不敏感、畸形果率低的品种。二是加强苗期温度管理，番茄出苗至破心前，可适当降低苗床温度，以控制徒长和低温炼苗。2~3 幼叶期，白天温度保持在 22℃~27℃，夜间温度在 12℃~15℃，避免连续出现 8℃以下的低温，以保证花芽正常分化。三是坐果期合理肥水，以免幼苗生长过旺带来的营养过剩而导致花芽分化异常。四是正确使用生长调节剂，掌握好使用时期和适宜的浓度，避免重复蘸花，及时摘除畸形果，以利优质果的发育。用药适期，一般在每个花序第 1 朵花开放，第 2 朵花正开，第 3 朵花半开时进行处理。适宜的浓度及用法是 30~40mg/kg 番茄灵蘸花；10~15mg/kg^2，2,4-D 涂抹在花柄处；20~50mg/kg 防落素喷花。如果气温较低，应适当增加浓度，反之，降低浓度。

课后作业

一、填空

1. 番茄在植物学分类中属于________科________属。

2. 番茄按照生长型可分为________型和________型。

3. 番茄按成熟期分类，可分为________、________、________品种。

4. 番茄不宜多次分苗，提倡________和________，最晚在________真叶前完成，以育苗盘分苗假植为好。

5. 整枝方式有________和________两种方式，因品种熟期不同而定。

6. 在结果盛期摘除基部________、________、________及________和________，以利通风透光，减少呼吸消耗。

7. 气温不适宜会导致番茄的落花落果，因此，必须进行保花保果，可选用________在开花期喷施或用________点花，也可用________。

二、单项选择题

1. 番茄早春栽培的密度是（　　）。

A.（50~70）cm×35cm　　B.（30~70）cm×35cm

C.（40~70）cm×35cm　　D.（50~60）cm×35cm

2. 番茄茎秆为（　　），需要插架栽培。

A. 半直立性　　B. 直立性

3. 下列关于单杆整枝的描述，不正确的是（　　）。

A. 单杆整枝是保留主干，除掉所有的侧枝

B. 适用于早熟有限生长型品种

C. 以集中养分供应主杆果实生长，达到提早上市的目的

D. 适用于中晚熟无限生长型品种

4. 下列关于双杆整枝的描述，不正确的是（　　）。

A. 双杆整枝适用于中晚熟无限生长型品种

B. 适用于早熟有限生长型品种

C. 此方法以提高番茄产量为目的

D. 除了将第一花穗下留一侧枝作为主枝，形成两个主杆，其余侧枝全部抹去

5. 番茄催熟一般用（　　）涂抹。

A. 乙烯利　　B. 乙烯

6. 番茄催熟在（　　）进行。

A. 绿果期　　B. 白果期　　C. 变色期　　D. 完熟期

三、简答题

番茄早春栽培如何选择品种？

【任务考核】

学习任务：		班级：	学习小组：			
学生姓名：		教师姓名：	时间：			
四阶段	评价内容	分值	自评	教师评小组	教师评个人	小组评个人
任务咨询5	工作任务认知程度	5				
计划决策20	收集、整理、分析信息资料	5				
	制订、讨论、修改生产方案	5				
	确定解决问题的方法和步骤	3				
	生产资料组织准备	5				
	产品质量意识	2				
组织实施50	培养壮苗	5				
	整地作畦、施足底肥	5				
	番茄定植、地膜覆盖	5				
	番茄肥水管理	5				
	番茄环境控制	5				
	番茄病虫害防治	5				
	番茄采收及采后处理	5				
	工作态度端正、注意力集中、有工作热情	5				
	小组讨论解决生产问题	5				
	团队分工协作、操作安全、规范、文明	5				
检查评价25	产品质量考核	15				
	总结汇报质量	10				

拓展知识

温室四段变温管理

在加温温室中进行蔬菜生产成本较高，因此，如何做到既节约能源又获得丰产，是人们探索已久的问题。过去普遍采用的是夜间保持恒定温度的管理办法，这个方法耗能较多。20世纪70年代有人提出夜间变温管理和早晨加温的新办法，效果比较好。近年来又产生了一种“综合环境调控”的管理办法。这种管理办法的核心是根据一天日照的多少，来决定气温和二氧化碳浓度的变化。综合环境调控的依据有两个方面：一是农作物对于温度的内在要求是变化的。众所周知，不同作物、不同品种、不同耕作型及不同栽培目标，对于温度的要求是不一样的，在一天当中，随着昼夜交替，植物的生理活动重心和最适温度范围也在不断变化。二是作为农作物生长发育的限制因子——光照强度在不断变化，随着它的变化，作物的同化功能与异化功能也相应变化，其间如何提高同化功能减弱异化功能，是可以通过改变气温来控制的。

四段变温管理是综合环境调控理论的产物。具体管理办法是：把一天24小时分为4个时间段：①上午（6：00～12：00）；②下午（12：00～17：00）；③黄昏与前半夜（17：00～21：00）；④后半夜（21：00～次日6：00）。在上午与下午两个时间段，以光合作用为中心来调整气温，一般情况下光照强则光合作用适温高。例如，多数果类菜的光合作用适温为23℃～30℃，鉴于上午的同化产物占全天总量的3/4，因此上午时间段气温可控制在27℃～30℃。午后光合作用减弱，所以气温可控制在23℃～27℃。

在黄昏与前半夜时间段，同化产物的运转成为主要生理活动，温度高则运转快。例如，黄瓜在夜间气温16℃时，4个小时可将白昼同化产物运送完毕，而在10℃时12小时只运送了1/2；西红柿在18℃时，经5小时可将白天同化产物运送完毕，而在8℃时经16小时仍未运完。但是，如果气温过高，运送虽然加快，运送量的一部分甚至大部分却被呼吸作用消耗，反而减少积累，造成早衰。在这个时间段里，温度如果过低，则运送缓慢，影响生长，同时使一部分同化产物滞留叶中变为淀粉促使叶片老化，降低同化能力。据测定，在该时间段内，黄瓜的最适气温晴天为16℃，阴天为14℃；西红柿最适宜晴天为12℃，阴天为10℃。

在后半夜时间段，主要生理活动转为呼吸作用，呼吸作用强度与气温变化呈正相关。例如，黄瓜夜间12个小时的呼吸消耗量在20℃时大于或等于全部同化产物运送量，在13℃时仅消耗运送总量的1/2，而10℃时则消耗光。因此，在该时间段内，应在允许范围内尽可能地降低气温，黄瓜可以降到10℃，青椒可以降到12℃，西红柿可以降到5℃。

由于四段变温管理可增强光合作用，促进同化产物运送，抑制呼吸消耗，又比恒温管理节省燃料，因此已被确认为温室蔬菜生产中增产节能的科学途径。

近几年，还有人提出了五段变温管理办法，即在早晨增加一个加温时间段，以充分利用作物夜间呼吸作用产物CO_2。也有人把夜间分为3个时间段，形成六段变温管理……不一而足。围绕着温室环境最适化问题，人们正在不断进行探索。

林川渝. 农业科学实验. 1983（10）.

任务二 茄子设施栽培

【知识目标】

（1）掌握茄子的品种类型、栽培类型与茬口安排模式等。

（2）掌握栽培茄子管理知识；病虫害防治对策。

【技能目标】

（1）能进行茄子冬春育苗技术管理。

（2）能掌握茄子的栽培及田间管理技术。

【情感目标】

（1）养成耐心、细致的习惯。

（2）具有实事求是的科学态度和团队协作精神。

（3）能积极地参与项目技能训练活动。

（4）能够主动发现茄子栽培管理中的问题并积极解决问题。

茄子（Solanum melongena L.），为茄科，茄属植物。起源于东南亚热带地区，古印度为最早的驯化地，一般认为中国是茄子的第二起源中心。茄子营养价值较高，除含有蛋白质、脂肪、糖、磷、钙、铁以外，还含有茄碱苷，具有降低胆固醇和增加肝脏生理功能的作用，被列为保健蔬菜。

茄子以嫩果供食，可炒食、蒸食和盐渍，全世界均有分布，以亚洲最多。中国栽培茄子历史悠久，类型和品种繁多，为夏季主要蔬菜之一。20 世纪六七十年代，由小拱棚短期覆盖进入大棚覆盖栽培。20 世纪 80 年代末至 90 年代初，茄子在日光温室生产取得成功，基本上实现了周年供应。

一 品种类型

依据果型可将茄子分为圆茄和长茄两种。

依据果色可将茄子划分为紫茄、绿茄和白茄三种。

依据第一雌花节位可将茄子划分为早熟品种、中熟品种和晚熟品种三种。早熟品种 5～6 叶时出现第一雌花节位；中熟品种 7～8 叶出现第一雌花节位；晚熟品种 9 叶以上出现第一雌花节位。

二 生育周期

茄子的生育周期可分为发芽期、幼苗期、开花着果期和结果期 4 个阶段。

1. 发芽期

茄子的发芽期是从种子发芽到第一片真叶出现，需 10～12 天。出苗前最适温度为 25℃～

30℃，出苗后至真叶显露要求白天 20℃，夜间 15℃。

2. 幼苗期

茄子的幼苗期是从第一片真叶出现到现蕾，需 50~60 天。最适温度为白天温度 22℃~25℃，夜间温度 15℃~18℃，在强光照和短日照（9：00~12：00）的情况下幼苗发育快，花芽分化早。

整个幼苗期是奠定茄子丰产基础的时期，创造适宜条件，培育适龄壮苗是茄子丰产的关键。

茄子的花芽分化一般于幼苗 3~4 片真叶展开时开始，到 7~8 片真叶展开时，幼苗已现蕾，四门斗的花芽已分化完毕。2~3 片真叶时进行分苗。分化方式是主茎分化 5~12 个叶原基后，顶端分化花芽，花芽下两个侧芽伸长生长，形成一级侧枝，侧枝分化 1~2 个叶原基后，顶端又分化花芽，其下两个侧芽在伸长生长形成二级侧枝，依次方式分化出各级侧枝。

3. 开花着果期

从茄子现蕾到果实坐住。对温度的要求是白天 25℃~30℃，夜间 16℃~20℃，15℃以下影响授粉受精，高于 35℃花器发育受阻。这一时期茄子植株由营养生长为中心向生殖生长为主的过渡时期，应适当控制水分，促进根系生长，控制秧苗生长，促进营养物质向生殖器官分配。

4. 结果期

从门茄坐果到拉秧为结果期。对温度的要求是白天 25℃~30℃，夜间 15℃~20℃，15℃以下果实生长缓慢，10℃以下生长停顿。

生长特点：植株同化产物的绝大部分供给果实生长，茎、叶的分配量则较少。

管理关键：在门茄“瞪眼”后应加强肥水管理，促进果实膨大的同时还要保持茎叶的持续生长，以防止植株早衰。

果实发育特点：茄子果实发育分为花芽分化—现蕾—开花—“瞪眼”—商品成熟—生理成熟七个历程。

一般从“瞪眼”到商品成熟需要 15~20 天，从商品成熟到种子成熟还需要 30 天左右。

三 茬口安排

设施茄子茬口安排见表 2-2。

表 2-2 茬口安排

茬次	育苗期	定植期	采收期
春早熟栽培	12 月下旬~1 月上旬	2 月下旬/3 月上旬	5~7 月份
高海拔 夏延后	3 月中下旬	4 月中下旬~5 月中旬	6~10 月份
平坝区秋延后	6 月上中旬	7 月上旬	9~12 月份

四 大棚春季茄子早熟生产技术

（一）品种选择

春季提早栽培可选用抗病、耐低温弱光、果面着色好的丰产品种。铜仁市及周边市场消费习惯均以黑茄为主，紫茄次之，优良品种有紫龙 84、紫龙 86、春秋长茄和鄂黑长茄等。

（二）培育壮苗

1. 营养土配置

营养土的配方一般为菜园土60%、腐熟有机肥30%、其他灰渣10%。菜园土应从近3年没有种过茄科作物的地块内挖取，例如，可从刚种植过豆类、葱蒜类或芹菜的地块内取土。

2. 种子处理和催芽

播种前，可对种子进行浸种和催芽处理。处理方法是先在50℃～55℃温水中浸种10～15min，自然冷却后用30℃温水浸泡6h。浸泡结束，将种皮外黏液搓洗干净，用干净纱布或湿毛巾包裹，在28℃～30℃下催芽。催芽可在恒温箱中进行，也可以利用电热毯催芽，催芽期间每天早晚冲洗种子，50%以上的种子胚芽外露即可播种。

3. 播种

苗床整平，铺上5cm厚的营养土，先浇1次透水，水渗下后撒一层过筛细潮土，随即均匀撒播种子，并覆盖0.5～1cm厚的过筛细土。幼苗刚刚出土时，还要撒上一层薄薄的细土，防止幼苗“戴帽”出土。播完后可在床面上搭小拱棚以增温保湿。

出苗前棚内保持昼温25℃以上，夜温15℃～18℃，5～7天出苗。出苗后温度白天20℃～25℃，晚上14℃～16℃，超过28℃要开棚通风，防止幼苗陡长。一般苗期不干不浇水，需要时可局部补水。幼苗长到2叶1心时即可分苗，分苗前2天苗床浇1次透水，以利于起苗。定植前7～10天开始低温炼苗。

（三）整地施肥

茄子应实行5年轮作，连作时黄萎病等病害严重。前茬以莴苣、花椰菜或叶菜类为好，基肥以有机肥为主，配施复合肥，开沟作畦，一般每亩[①]施有机肥5 000kg左右。

（四）移栽定植

茄子喜温，定植时要求棚内温度不低于10℃，10cm地温不低于12℃，相对稳定7天左右。

壮苗标准是茎粗，节间短，有9～10片真叶，叶片大，绿色，大部分现蕾。一般亩栽1 500～1 800株。早熟品种要比晚熟品种密，深沟高畦。

（五）田间管理

（1）温光调控：定植一周大棚密闭，以保温为主，促进缓苗。缓苗后，白天温度保持在28℃左右，促发新根，夜间15℃以上，晴天棚内温度超过30℃时，特别是高温高湿时，要及时通风换气。

（2）肥水管理：茄子喜肥耐肥。多施氮肥，很少引起徒长。苗期多施磷和钾，可以提早结果。盛果期根据结果和植株缺肥的表现程度，可结合中耕培土，多次追肥。每次每亩追施10～15kg尿素或复合肥。生长过程中还可用0.2%～0.3%的磷酸二氢钾液进行根外追施。可采用滴灌一体化施肥，省工省力，科学有效。

（3）植株调整：当“门茄”坐果后，把“门茄”以下侧枝除去；当“四母斗”坐稳果后，除去“对茄”以下老叶、黄叶、病叶及过密的叶和纤细枝，摘下来的枝叶要集中烧毁。低温弱光、土壤干旱、营养不足都会引起落花。在高温期，用2,4—D浓度为20～30mg/L点

---

① 1亩≈666.7m^2。

花；在低温期，用 2,4—D 浓度为 40~50mg/L 点花。

（六）采收

茄子为嫩果采收。采收早晚不仅影响品质，也影响产量。特别是门茄，如果不及时采收，就会影响对茄发育和植株生长。

茄子萼片与果实相连处的白色或淡绿色的环状带非常明显，则表明果实正在迅速生长，不宜采收。如果这条环状带已趋于不明显或正在消失，则表明果实已停止生长，应及时采收。通常，早熟茄子品种开花 20~25 天后就可采收。茄子生长期如图 2-5 所示。

图 2-5 茄子生长期

五 病虫害防控

1. 病害

茄子主要病害有绵疫病和黄萎病。茄子绵疫病主要危害果实。病菌可在土壤中越冬，通过风、雨等自然现象进行传播。发病期可用 53%金雷多米尔—锰锌 600 倍液防治。要格外注意对植株根茎底部的喷洒。茄子黄萎病在发病之初，植株下部叶片萎缩，叶片上卷；一段时间后，叶片转黄，且覆盖范围增多，直至最终植株枯萎死亡。此病害属于维管束病害，将根茎切开则会发现内部维管束呈现褐色或黑色。在发病初期，可以采用 50%甲基托布津可湿粉剂 500 倍液对其根部进行灌溉，保证植株用药 0.25kg/棵，以 7 天为周期，连续 3 次。

2. 虫害

茄子虫害主要有蓟马、蚜虫、红蜘蛛、美洲斑潜蝇。蓟马可用 10%除尽2 000倍液，48%乐期本1 000倍液，5%锐劲特3 000倍液防治；红蜘蛛可用 5%卡死克2 000倍液或 5%尼索朗 2 000倍液防治。美洲斑潜蝇可用 1.8%爱福丁2 000倍液，1.8%虫螨光2 000倍液防治。

六 栽培中常见问题及防治对策

早春茄子由于受低温等环境条件的影响，造成落花或形成畸形果，严重影响了产量和品质。

造成落花或畸形果的原因有以下 3 点：一是生长环境条件不良。早春时期，持续弱光、苗期夜温过高易形成短柱花；土壤干旱、空气干燥使花发育受阻，空气湿度过大且持续时间长影响授粉等均可导致落花。二是生长期营养不良。营养缺乏，植株长势弱，花小，花柱短易落花；营养过旺，植株徒长易落花。三是激素使用不当。使用时间过晚、浓度过大或处理时温度过高易形成畸形果。

防止落花或畸形果的措施：一是通过改善环境条件。例如，清洁棚膜以增加透光率，早揭晚盖草苫以尽量延长光照时间，地膜反光覆盖以增加近地面光照，人工补光等；适时浇水及通风以保持土壤和空气湿度适宜。二是加强水肥管理，保证养分充足供应，使植株生长健壮。三是适时激素处理。最好在开花当天或提前 1~2 天进行，PCPA（防落素）的浓度以 40~50mg/L 为宜，低温下用高浓度，温度高时降低浓度。

课后作业

一、填空

1. 茄子，为________科，________属植物。起源于________地区，古印度为最早的驯化地，一般认为________是茄子的第二起源中心。

2. 依据果型可将茄子分为________、________两种。

3. 依据果色可将茄子划分为________、________、________三种。

4. 依据第一雌花节位可将茄子划分为________、________、________三种。

5. 早熟品种________叶时出现第一雌花节位、中熟品种________叶出现第一雌花节位，晚熟品种________叶以上出现第一雌花节位。

6. 菜园土应从近________年没有种过茄科作物的地块内挖取。

7. 春季提早栽培可选用________、________、________的丰产品种。

8. 茄子________，多施氮肥。

二、单项选择题

1. 茄子的食用部位是（　　）。

A. 嫩果　　B. 老果　　C. 荚果　　D. 种子

2. 番茄催芽的温度是（　　）。

A. 20℃　　B. 22℃　　C. 25℃　　D. 28℃~30℃

3. 幼苗长到（　　）时即可分苗。

A. 1 叶 1 心　　B. 2 叶 1 心　　C. 2 叶 2 心　　D. 3 叶 1 心

4. 定植前（　　）天开始低温炼苗。

A. 7~10　　B. 5　　C. 6　　D. 4

5. 茄子应实行（　　）年轮作。

A. 3　　B. 5　　C. 6　　D. 4

6. 茄子喜温，定植时要求棚内温度不低于（　　），10cm 地温不低于（　　），相对稳定（　　）天左右。

A. 10℃、10℃、7　　B. 10℃、12℃、7

C. 12℃、12℃、7　　D. 10℃、12℃、10

三、多项选择题

1. 下面关于茄子植株描述的是（　　）。

A. 当“门茄”坐果后，把“门茄”以下侧枝除去

B. 当“四母斗”坐稳果后，除去“对茄”以下老叶、黄叶、病叶及过密的叶和纤细枝

C. 摘下来的枝叶要集中烧毁

D. 以上都不对

2. 在高温期，用 2,4—D 浓度为（　　）mg/L 点花；在低温期，用 2,4—D 浓度为（　　）mg/L 点花。

A. 20~30、40~50　　B. 20~30、30~40

C. 30~40、30~40　　D. 20~30、40~45

【任务考核】

学习任务：		班级：	学习小组：				
学生姓名：		教师姓名：	时间：				
四阶段	评价内容		分值	自评	教师评小组	教师评个人	小组评个人
任务咨询 5	工作任务认知程度		5				
计划决策 20	收集、整理、分析信息资料		5				
	制订、讨论、修改生产方案		5				
	确定解决问题的方法和步骤		3				
	生产资料组织准备		5				
	产品质量意识		2				
组织实施 50	培养壮苗		5				
	整地作畦、施足底肥		5				
	茄子定植、地膜覆盖		5				
	茄子肥水管理		5				
	茄子环境控制		5				
	茄子病虫害防治		5				
	茄子采收及采后处理		5				
	工作态度端正、注意力集中、有工作热情		5				
	小组讨论解决生产问题		5				
	团队分工协作、操作安全、规范、文明		5				
检查评价 25	产品质量考核		15				
	总结汇报质量		10				

拓展知识

茄子的嫁接过程中经常使用到的砧木有 3 种。

1. 刺茄

刺茄茎秆尖刺较多，对于黄萎病有比较好的抵抗效果。据研究，其对于黄萎病的防治效果超过 90%。是我国北方地区常用的茄子嫁接砧木，而且刺茄自身具有一定的抗寒性，因此，在秋冬时期仍然能够生长。

2. 平茄

平茄是我国最早使用的茄子嫁接砧木种类，也叫红茄。对于枯萎病的防抗也具有一定的效果，最主要的原因是其自身具有较高的存活率，因此，在茄子幼苗嫁接过程中可以提高其基本样本容量存活的数量。

3. 托鲁巴姆

该砧木可以抗黄萎、枯萎、青枯、根结线虫4种病害，其根系发达，植株长势极强，茎及叶上有少量刺，是目前最佳的砧木品种，但因受自然条件限制目前尚不能自繁。相较于前两种砧木的选择而言，其自身的存活概率较高，并且在一定程度上来说具有更加广泛的实用性。

任务三 辣椒设施栽培

【知识目标】

（1）掌握辣椒的品种类型、栽培类型与茬口安排模式等。

（2）掌握栽培辣椒管理知识；病虫害防治方法、栽培中常见问题及防治对策。

【技能目标】

（1）能进行辣椒育苗及苗期管理。

（2）能掌握辣椒的栽培及田间管理技术，进行设施内水、肥、病、虫等田间管理，达到优质、高产。

【情感目标】

（1）养成耐心、细致的习惯。

（2）具有实事求是的科学态度和团队协作精神。

（3）能积极地参与项目技能训练活动。

（4）能够主动发现辣椒栽培管理中的问题并积极解决问题。

辣椒（Capsicum annuum L.），原产于中南美洲热带地区。是我国的主要蔬菜种类之一，南北各地均有种植，也是设施生产的主要蔬菜种类。辣椒营养丰富，维生素C含量高于一般蔬菜，其具有能促进血液循环，强胃健脾，驱寒散湿等药用价值。辣椒食用方法多样，可生食、炒食、干制、腌制和酱渍等。

目前其主要栽培形式有：地膜覆盖栽培，中、小拱棚覆盖栽培，大棚覆盖栽培。各种栽培技术目前已日趋成熟，形成了山东省、河北省等地的日光温室主菜区，海南、湛江、北海等地的南菜北运基地，以及全国大生产、大市场、大流通的格局。

一 品种类型

（一）根据果实辣味分类

根据果实辣味可将辣椒分为甜椒类型、半（微）辣类型和辛辣类型。

（二）根据辣椒果实的形状分类

1. 灯笼椒类

植株高大，叶片肥厚，花大、果大，果实基部凹陷，果实为红色、黄色、紫色等，味甜，微辣或不辣。生产主栽类型品种有中椒 11 号、海花三号、中椒 4 号、冀椒 1 号、甜杂 1 号和农大 40 等。

2. 长角椒类

植株生长势强或中等，植株大小中等，稍开张，抗病力强。果实下垂，似牛角、羊角、线性，果肉厚或薄，微辣或辣，主要品种有望都羊角椒、湘研 1 号等。

3. 簇生椒类

植株高可达 1m。叶狭长，果实簇生，向上生长，果色深红，果肉薄，辣味甚强，油分高，多做干辣椒栽培，耐热，抗病毒力强。

按果实形状可分为三樱椒、子弹头两个系列。三樱椒品种主要有日本三樱椒、豫选三樱椒、大角三樱椒、新一代三樱椒、七星椒、邵阳朝天椒、天宇三号等；子弹头系列品种有高棵簇生子弹头、矮棵簇生子弹头。

4. 圆锥椒类

植株矮，果实微圆锥形或圆筒形，多向上生长，味辣，主要品种有鸡心辣、黑弹头等。

5. 樱桃椒类

叶中等大小，圆形、卵圆或椭圆形，果小如樱桃，圆形或扁圆形，红、黄或微紫色，辣味甚强，多作为观赏品种栽培，主要有樱桃辣、日本五彩樱桃椒、黑珍珠、幸运星等。优良品种有成都五彩椒、扣子椒等。

生育周期

辣椒的生育周期可分为发芽期、幼苗期、开花坐果期和结果期 4 个阶段。

1. 发芽期

辣椒发芽期是从种子萌动到第一真叶出现，一般需 15~20 天，为异养阶段。

2. 幼苗期

辣椒幼苗期是从第一真叶出现到现蕾，一般需 60~90 天，以营养生长为主。

3. 开花坐果期

辣椒开花坐果期是从现蕾到门椒坐住，这一时期以营养生长为主，向生殖生长过渡。

4. 结果期

辣椒结果期是从门椒坐住到拉秧，时间长短受栽培季节和栽培方式影响。

茬口安排

设施辣椒茬口安排见表 2-3。

表 2-3 茬口安排

茬次	育苗期	定植期	采收期
春早熟	12 月中下旬~1 月上旬	3 月中旬	5~10 月份
高海拔夏延后	3 月中下旬	4 月中下旬~5 月中旬	6~10 月份
秋延后	6 月上中旬	7 月上中旬	9~12 月份

四 大棚春季辣椒生产技术

（一）品种选择

早春栽培辣椒应选择耐低温、耐弱光、耐湿、抗病，大果型、耐贮运的品种，要求株型紧凑、适合密植，结果期长、产量高。

适宜的青椒品种有极早先锋、满分 102（大一公司），青云 2 号，超越 009、洛椒 4 号、楚秀大椒、春晓等。线椒品种有满分 308、新丰 1 号、金辣六号、湘早秀、韩国条椒系列、桂航三号等。

（二）培育壮苗

（1）辣椒苗床选择：要选择地势开阔、背风向阳、干燥、无积水和浸水、靠近水源的地方。苗床土要求肥沃、疏松、富含有机质、保水保肥力强的沙壤土。

（2）浸种催芽：辣椒种子用 55℃热水浸种 10～15min，待自然冷却后浸种 7～8h，或用高锰酸钾 500 倍液浸种 30min，可杀死种子表面病毒病、炭疽病、早疫病、枯萎病等病原菌。浸种结束后用清水淘洗干净，置于 28℃～30℃温度的恒温箱中催芽。

（3）播种：辣椒育苗期一般在 12 月中下旬至翌年 1 月上旬。播种方式有两种：一种是撒播，另一种是点播。撒播是将种子均匀地撒在苗床土上，每平方米播 8～10g；点播是将种子播在装好营养土的营养钵或穴盘中，每钵 2～3 粒种子。播种后覆盖经过消毒的细土或营养土，覆土厚度以不见种子为宜，为 1～2cm。播后浇水，浇水后对露出土面的种子要补盖营养土，防止出现“戴帽”苗。辣椒种子如图 2-6 所示。

图 2-6 辣椒种子

（4）苗床管理：苗床管理主要是温湿度管理，重点掌握“三高三低”原则：即出苗前温度高，出苗后温度低；白天温度高，夜晚温度低；晴天温度高，阴雨天温度低。

①温度管理：播种后至出齐苗，要求白天气温 25℃～30℃，夜晚 15℃～20℃，地温 15℃～18℃。苗出齐后，白天温度保持在 20℃～25℃，夜晚 10℃～15℃。苗长到 2～3 片真叶时，白天温度保持在 25℃～30℃，夜晚 15℃～20℃，定植前 7～10 天进行通风炼苗。图 2-7 和图 2-8 为辣椒幼苗。

图 2-7 辣椒幼苗（一）

②水分管理：播种前苗床浇足底水，苗期尽量不浇水，如果苗床干燥，选晴天上午进行补水，严禁床面积水，定植前 2~3 天需浇一次透水。

（三）分苗

为了培育壮苗，实现提早上市，提高辣椒产量，春季育苗需进行分苗。一般幼苗具有 2~3 片真叶展开时分苗，最迟不晚于 4 片叶。分苗选用 72 孔育苗盘，选用 3 年未种过茄科作物的肥沃沙壤土，混入 10% 的磷钾肥，配成营养土。早春气温低时，分苗床可铺设电热线加温。

图 2-8 辣椒幼苗（二）

（四）移栽定植

辣椒定植期一般在 3 月中旬。棚内移栽以气温稳定在 10℃ ~15℃ 时为宜。移栽前亩施 75~100kg 三元复合肥，含量应为 45% 以上。采用双行垄栽，垄上铺设滴灌管并覆盖地膜。栽植行距为 50cm×60cm，株距为 17~18cm。

（五）田间管理

1. 温度管理

辣椒缓苗期温度保持在 25℃ ~32℃。缓苗后温度保持在白天 25℃ ~30℃，夜间 15℃ 左右。结果期温度要求白天保持在 25℃ ~30℃，夜间 18℃ ~20℃，此期的夜间温度应保持在 15℃ 以上。

2. 水肥管理

辣椒不容易发生徒长，并且是以嫩果为产品，应早追肥，追肥后及时灌水。可通过一体化灌溉技术，及时输送辣椒挂果期所需养分，每采收一批，追施一次氮磷钾速效肥，也可混配 20% 的沼液养分。

3. 通风管理

缓苗后应加强通风，白天温度超过 25℃ 就应开口通风，夜间温室外的温度不低于 15℃ 时也应开口通风。浇水后的 2~3 天内以及叶面喷药或叶面追肥当日也应通风。

4. 二氧化碳施肥

开花结果期开始可进行二氧化碳气体施肥。春季温度高，适宜的浓度为每立方米1 200mL 左右。

5. 整枝和吊枝

（1）整枝方式一般为双杈整枝。主茎上第一次分杈下的侧枝抹掉，2 个一级侧枝分出的 4 个二级侧枝全部保留，4 个二阶分枝上再发出的侧枝只保留 1 个粗壮的枝，其余侧枝全部剪掉。整枝后，每株辣椒只保留 4 条结果枝。

（2）吊枝。进入结果期后，辣椒的结果枝容易下弯，应及时用绳吊好。每枝一条绳，将枝条均匀引向上方。

（六）适时采收

果实充分长大，果实变硬后采收。门椒、对椒应早采。生长瘦弱的植株，可提早采收青果，而对生长旺盛甚至有徒长趋势的植株，可延迟采收，控制茎叶生长。结果高峰期每 1~2 天采收 1 次。采收方法是用剪刀从果柄基部将果实剪下。

五 秋延后辣椒设施生产技术

（一）品种选择

选择抗辣椒病毒病和疫病能力强，前期耐高温，后期耐低温，在高温多湿的条件下也能连续结果，且结果期比较集中，生长速度快，果型大，外形美观的品种。

（二）培育壮苗

1. 种子处理

选择好辣椒品种后，先将种子晾晒 4h，然后用磷酸三钠溶液消毒，再用清水浸泡 8h 左右，捞出后稍晾，在 30℃室温下准备催芽。芽长约 3mm 时播种最好，如果不能及时播种，应将种子放在 8℃左右的条件下保存，尽快创造播种条件。

2. 播种育苗

可选用专用育苗基质，把育苗基质混入适量的磷钾肥、专用生物微肥和其他微量元素等加水搅拌均匀后，装入 72 孔穴盘压实后再用笔直的木板刮平即可播种。铜仁地区在 6 月上中旬播种，播种前一天将穴盘浇透底水，每穴 1 粒种子，播种后用基质覆盖种子，厚度为 1cm。播后覆盖遮阴网降温。

3. 苗期管理

辣椒一般在大棚内育苗，大棚加盖遮阳网和防虫网，待有大雨时，可将棚膜拉下并埋好，预防雨水对苗子的淋冲及雨水传播病菌。播种后将穴盘浇透水并结合喷施普力克，覆盖地膜保湿。白天温度应控制在 30℃以下，夜间温度在 18℃以下，待出苗 80%左右时就可以揭掉地膜。

出苗后，早晚快速喷水，保持基质湿润。水分管理原则为不干不洒水，浇水时间应在晴天的早晨或傍晚，洒水量以底部有明水流出即可。洒水时可根据苗情，喷洒 0.2%的复合肥液。幼苗长出 3~4 片真叶，穴盘底部见白根后，傍晚时移一次盘，将穴盘间距拉大，移后浇透水，控制秧苗徒长。

（三）定植

1. 整地

整地施足基肥。基肥以有机肥、磷肥和钾肥为主，按每亩1 500~2 000kg 腐熟的农家肥、50kg 三元复合肥、10kg 磷酸二氢钾的标准施入，可在整地作畦时施入畦沟内。一般连畦带沟 1.5m，畦面宽 1.2m，畦高 0.35~0.4m，沟宽 0.3m，做好畦面后用黑色地膜覆盖。

2. 定植

定植时间依据壮苗标准而定，以高 17cm 左右、8~10 片真叶，苗龄 30 天左右、定植为宜。采用单株种植，株距 45cm，行距 60cm。每亩栽1 800~2 000株，覆土深度以子叶下为宜。

(四) 田间管理

1. 温度管理

移栽初期，白天温度高于30℃时，将棚膜四周一直卷起，并在棚膜外覆盖遮阳网以起到通风、遮阳、降温的作用。当白天温度保持在28℃以下时，可扯掉外遮阳。10月中下旬以后棚内夜间温度低，晚间要降膜保温，白天仍要注意起膜通风，以利于植株和果实生长。当棚内夜间温度低于10℃，应加小拱棚保温。进入12月中旬后，当最低气温降到 -2℃~0℃时，大棚内需要加温，大棚膜一定要用土压紧，防止透风冻苗。

2. 肥水管理

移栽15天后施用5~10kg/667m^2 冲施肥作提苗肥，9月依照长势进行1~2次施肥，每次施用5~10kg/667m^2 冲施肥。10月上旬门椒坐果后追肥1~2次，每亩施10kg冲施肥兑水。浇水和追肥应同时进行，并结合叶面喷施磷酸二氧钾。定植后土壤保持湿润到11月上旬。11月中旬以后，土壤水分可以适当减少，见干见湿即可。

3. 植株调整

植株调整方法为摘除门椒以下的腋芽；对长势较弱的植株，也可摘除第一、第二层花蕾以促进植株生长。初霜后应摘除嫩梢、无效枝条和花蕾，以减少养分消耗，促进果实生长。秋延后辣椒开花期气温较高，易引起授粉不良或植株生长过旺而造成落花落蕾，可喷施30mg/kg水溶性防落素溶液保花保果。

(五) 采收

一般门椒要及时采收，以后的果实应长到果肉开始加厚、果形最大时采收。也可视植株和市场行情采收上市。采收时选择晴天早晨大棚内温度较低时进行采收。

 病虫害防控

1. 辣椒病害

(1) 猝倒病：棚内低温高湿时最易发病。病苗近地面茎基部呈水浸状，缢缩变细呈线条，子叶尚未凋萎，地上部因失去支撑能力而倒伏死亡。药剂防治可选用高效低毒、低残留农药，例如：55%敌克松800倍液、50%甲基托布津1 000~1 500倍液或70%百菌清可湿性粉剂800倍液或58%金雷多米尔可湿性粉剂500倍液喷雾。选择其中的任意一种，每间隔7~10天施药防治一次，连续防治2~3次。

(2) 立枯病：苗期主要病害，枯死的苗子立而不倒，因此俗称“站着死”，育苗中后期高温高湿最易发生。药剂防治同猝倒病。

(3) 灰霉病：苗期和成株期均可发生。苗期苗床内播种过密导致幼苗徒长、抗病力弱，遇湿度较大时最易发生。可用50%速克灵可湿粉1 000~3 000倍液、25%甲霜灵可湿粉800~1 000倍液等防治。选择其中的任意一种，每间隔7~10天施药防治一次，连续防治2~3次。

2. 辣椒虫害

辣椒栽培中最为常见的虫害为蚜虫与棉铃虫。蚜虫大多聚集在叶片或较为娇嫩的块茎上，对辣椒的汁液进行吸食，从而导致辣椒的整体结构被破坏。可使用吡虫啉等药物来进行防治。而棉铃虫则对辣椒花朵、果实等攻击性更强，如果辣椒的花蕾出现了问题，会引发辣椒的苞叶张开，形成不健康的黄绿色。防治方法是使用20%的灭幼脲1号溶液，农户采用喷雾的方式进行上药处理，从而达到防治的效果，保证辣椒的质量与数量。

七 栽培中的常见问题及防治措施

辣椒栽培中常见的问题是“落花、落果、落叶”（通称“落花”），它会影响辣椒的产量。其产生的主要原因：一是温度不适宜，如早春落花就是由于低温阴雨、光照不足等引起。二是氮肥施用过多，植株徒长，或栽植过密，通风透光不良，以及氮、磷素营养缺乏等栽培管理措施不当，常会引起落花、落果。三是栽培环境不利，如7~8月份遇高温、干旱，过干或过热后突遇雷雨，导致土壤水分失调，过干、高湿或涝渍均易引起落花、落果及落叶；大棚内通风不良且湿度过大时，辣椒花不能正常授粉也易脱落。四是病虫害的原因。辣椒叶枯病由下部发展而来，病害斑为灰白色；辣椒细菌性叶斑病在高温、高湿的循环环境中发生较快；辣椒粉病，发病时叶发生白粉斑，后期发展为大粉斑，导致落叶；辣椒白星病治疗太晚，会加重病情，导致叶子脱落。烟青虫、棉铃虫蛀果也易造成果实脱落。

防治措施：一是选用抗病、抗逆性（耐高温、低温等）强的优良品种，特别是杂交一代；二是加强肥水管理，氮、磷、钾配合施肥，氮肥不能过多或过少；三是合理密植，实行轮作。及时整枝，设施栽培时加强通风排湿管理，保持良好的通风透光条件；避免辣椒连作，一般按照2/3套原则进行轮作；四是早春低温季节应用40~50mg/L的防落素（PCPA）喷花，可防止落花，提高早期产量；五是加强病虫害防治。

课后作业

一、填空

1. 播种后覆盖经过消毒的细土或营养土，覆土厚度以________为宜，约为________cm。

2. 辣椒苗床温度管理应掌握“三高三低”原则：即出苗前温度________、出苗后温度________，白天温度________、夜晚温度________，晴天温度________、阴雨天温度________。

3. 辣椒缓苗期温度保持在________℃，缓苗后温度保持在白天________℃，夜间________℃左右。

4. 辣椒结果期温度要求白天保持在________℃，夜间________℃，此期的夜间温度应保持在________℃以上。

5. 辣椒整枝方式一般为双杈整枝，主茎上第一次分杈下的________抹掉，2个一级侧枝分出的4个二级侧枝全部________，4个二阶分枝上再发出的侧枝只保留________个粗壮的枝，其余侧枝全部________。整枝后，每株辣椒只保留________条结果枝。

二、单项选择题

1. 一般幼苗具有（　　）片真叶展开时分苗。

A. 2~3　　B. 1~2　　C. 3~4

2. 棚内移栽以气温稳定在（　　）℃时为宜。

A. 8~10　　B. 12~15　　C. 10~15

3. 开花结果期开始可进行（　　）施肥。

A. 化肥　　B. 二氧化碳气体　　C. 有机肥

4. 辣椒的整枝方式一般为（　　）。

A. 双杈整枝　　B. 单杈整枝　　C. 三杈整枝

三、简答题

辣椒早春栽培如何选择品种？

【任务考核】

学习任务：	班级：	学习小组：				
学生姓名：	教师姓名：	时间：				
四阶段	评价内容	分值	自评	教师评小组	教师评个人	小组评个人
任务咨询 5	工作任务认知程度	5				
计划决策 20	收集、整理、分析信息资料	5				
	制订、讨论、修改生产方案	5				
	确定解决问题的方法和步骤	3				
	生产资料组织准备	5				
	产品质量意识	2				
组织实施 50	培养壮苗	5				
	整地作畦、施足底肥	5				
	辣椒定植、地膜覆盖	5				
	大白菜肥水管理	5				
	辣椒环境控制	5				
	辣椒病虫害防治	5				
	辣椒采收及采后处理	5				
	工作态度端正、注意力集中、有工作热情	5				
	小组讨论解决生产问题	5				
	团队分工协作、操作安全、规范、文明	5				
检查评价 25	产品质量考核	15				
	总结汇报质量	10				

拓展知识

贵州地方辣椒资源的分类

依据目前通行的分类标准，贵州地方辣椒资源主要为两个栽培种类型，即一年生栽培种（Capsicum annuum L.）和多年生栽培种（C. frutescens L.）。一年生栽培种包括 var. conoides（Mill）Irish、var. longum（D. C.）Sendt、var. abberviatum Fingern、var. grossm（L.）Sendt、var. acuminatum Fingern 5 个变种。以果形、果色、果实着生方向和栽培性状为依据，将贵州辣椒分为 9 个较容易识别的类型，分别是锥形椒、指形椒、牛角椒、线椒、灯笼椒、樱桃椒、簇生椒、黄辣椒和小山椒。

1. 锥形椒类型

代表品种主要有虾子朝天椒、遵椒一号、绥阳朝天椒、绥阳团颗粒等，主要分布于整个遵义地区、铜仁地区西部和毕节地区北部，其中遵义、绥阳、湄潭、凤冈、余庆、金沙、思南、德江等地栽培较多。该类型辣椒品种为无限分枝型，主要为二叉分枝，株高70~90cm，株幅40~60cm，果长3~6cm，辣味中等偏辣。每亩干椒产量最高可达250kg以上，因为果实在小辣椒类型中相对较大，容易采收，受到广大椒农的欢迎，在遵义虾子辣椒批发市场上所占比例达45%左右，是贵州辣椒的主要栽培类型之一。

2. 指形椒类型

代表品种有绥阳小米辣、黔辣2号、黔辣3号、黔辣4号、黔辣5号、遵椒2号等，主要分布于黔北地区，其中遵义、绥阳、湄潭、凤冈、余庆等地栽培较多。该类型朝天椒品种为无限分枝型，主茎及侧枝二叉分枝，个别三叉分枝。株型高大，株高70~100cm，株幅50~70cm，果长5~10cm，单果种子数多，辣度高，香味浓。每亩干椒产量最高可达220kg以上，由于品质优良，外观好，在市场上很受欢迎，在遵义虾子辣椒批发市场上所占比例达55%左右，是贵州辣椒的主要栽培类型之一。

3. 线椒类型

代表品种有大方线椒、毕节线椒、黄平线椒、福泉线椒、独山线椒、鱼塘线椒等，分布在黔中、黔东南、黔南、毕节和铜仁等全省大部分地区，其中黄平、瓮安、大方、黔西、独山、安顺、平坝、万山等地栽培面积较大。其主要特点是果实纵径18~25cm，横径1~1.5cm，株型开展，株高80~100cm，株幅60~80cm，单株结果数50~60个，干鲜两用。味辣或微辣，香味浓，果形美观，适应范围广，特别受广大少数民族的喜爱，是贵州省分布范围最广的主要栽培类型之一。

4. 牛角椒类型

代表品种有花溪牛角椒、遵义牛角椒、道真牛角椒、独山牛角椒等。全省各地均有分布，但主要分布在黔中和黔北地区，其中贵阳花溪、平坝、务川、道真、沿河、松桃、锦屏、独山等地栽培面积较大。该类型品种植株中等，株型开展，株高60~80cm，株幅50~60cm，单株结果数30~40个，果实纵径10~18cm，横径1~2cm，辣味中等，干鲜两用，是贵州分布最广的主要辣椒类型。

5. 灯笼椒类型

主要品种为遵义灯笼椒和石阡灯笼椒，主要分布在遵义县和石阡县。主要特点是果色鲜红，果肉厚，果型大，果实纵径1~2cm，横径3~4cm，果实纵沟8~12条，植株较矮，株高30~40cm，单株结果20个左右，微辣或微甜，主要作鲜食。果实成熟后如串串灯笼，观赏性强。

6. 樱桃椒类型

代表品种有湄潭团籽等，主要分布在黔北的遵义、湄潭、凤冈、绥阳等县。其特点是果顶平圆，果实纵径2cm，横径2~3cm，果肉厚0.2~0.4cm，胎座大，种子较多，辣味重，有清香味。鲜食、加工兼用，最宜粉碎盐渍。中熟，耐瘠耐旱，适应性强，是目前黔北地区最主要的泡椒加工品种。

7. 簇生椒类型

代表性品种有遵义朝天攥、绥阳朝天攥、铜仁一簇椒、剑河朝天椒、麻江朝天椒、溶江朝天相等，主要分布在黔北、铜仁、黔东南、黔南等地。其中在剑河、台江、麻江、从江、习水等高山地区栽培面积较大。地方簇生椒类型为有限分枝，无（极少）分枝和侧枝，株高 30~120cm，单株结果 7~30 个，果实鲜红，无皱缩，味极辣，产量偏低，目前生产栽培面积相对较小，因其极辣，有驱寒的功能，主要栽培在高山地区，为当地百姓所喜爱。

8. 小山椒类型

代表品种有兴义回苑辣椒、册亨野山椒、罗甸白辣椒、赤水白辣椒、义选 1 号、义选 2 号等。主要分布在兴义、册亨、罗甸、赤水等低热河谷地带，一般为多年生。野山椒类型品种一般株型紧凑直立，抗倒伏，株高 80~100cm，果柄朝上，单株结果数 80~200 个，青熟果黄色或白色，红熟果橘红色，果面皱缩，极辣。栽培主要集中在兴义市，在辣椒产业化水平较高的遵义县等有少量栽培，目前主要用作泡椒加工。

9. 黄辣椒类型

代表品种为剑河黄辣椒，目前仅在剑河县南明镇有极少分布。黄辣椒株型开展，株高一般 50~80cm，果柄朝下，单株结果数 20~30 个，青熟果浅绿色，老熟果黄色，果面缩皱，极辣。

任卫卫等. 长江蔬菜. 2015（000）002.

技能训练 1：蔬菜育苗营养土的配置

一 实训目的

营养土的配置及消毒是蔬菜育苗成败的重要环节。通过实践，掌握蔬菜育苗营养土配置及其消毒方法。

二 材料和用具

园田土（未种过同科作物的土壤）、腐熟的有机肥、疏松物（锯末、炉渣、草炭等）、肥料（尿素、过磷酸钙、磷酸钾等）、铁锨、锄头。

三 方法步骤

（1）营养土配置：先将园田土、有机肥、疏松物捣碎过筛，然后按园田土 4~6 份，有机肥 3~5 份，疏松物 1~2 份，肥料每立方米营养土中加入尿素 0.25~0.5kg，过磷酸钙 0.5~0.7kg，硫酸钾 0.25kg 的比例将其充分混匀。

（2）营养土消毒：为防止土传病害，对营养土要消毒。可采用 0.5%福尔马林溶液喷洒营养土，拌匀后堆置，用薄膜密封 5~7 天，待药味挥发后即可使用。也可用五代合剂消毒，即用等量的五氯硝基苯和代森锌混合，1g 药混拌 2kg 营养土。

（3）铺营养土或装塑料钵：当营养土药味消散后，即可铺床土或装塑料钵。播种苗床营养土厚度一般为 5~8cm，分苗床为 8~10cm。塑料钵营养土高度以距钵口 2cm 左右为宜。

四 作业

（1）简述营养土配置的方法。

（2）简述营养土消毒方法。

技能训练2： 蔬菜浸种催芽

实训目的

通过实训，能根据不同蔬菜特性选择适宜的浸种催芽方法，学会浸种催芽技术，并能独立完成蔬菜种子的浸种催芽全过程。

材料和用具

几种有代表性的蔬菜种子，培养皿、温度计、滤纸、纱布、镊子、玻璃棒、恒温箱、电磁炉。

三 实训内容及技术操作规程

浸种催芽技术是播种前进行种子处理的一项基本技术，它能完成吸水过程，出芽整齐，为以后达到苗齐、苗壮奠定基础，也是进行其他各种种子处理方法的基础。

（一）蔬菜种子浸种

1. 浸种温度

依据浸种水温不同，可分为一般浸种、温汤浸种和热水浸种。一般浸种是用温度20℃～30℃的水浸种，这种方法不起消毒作用；温汤浸种是将种子放入55℃的温水中，不断搅拌15min，自然冷却后浸种；热水浸种是经过充分干燥的种子先用凉水湿润后，再倒入3～5倍于种子量的70℃～80℃的热水中，用两个容器来回倾倒，最初几次动作要快而猛，使热气散开和提供氧气，一直倾倒至水温下降到55℃左右时，再按温汤浸种法处理。

2. 浸种时间

浸种时间的长短由蔬菜种类、浸种水温、种子成熟度和饱满度决定。种皮吸水快、内含物吸水也快的种子需浸种时间短，如白菜、甘蓝、菜豆种子等；种皮吸水慢、内含物吸水也慢的种子需浸种时间长，如茄子；种皮吸水快、内含物吸水慢的种子需间歇浸种，如冬瓜。这些种子要避免一次浸种过长，使种皮和内含物之间形成水膜，通气不良而腐烂。有些种子种皮吸水慢、内含物吸水快，浸种前需机械处理，改善种皮的通透性，如芹菜种子、芫荽种子。

一般十字花科、豆科、葫芦科、番茄浸种时间短，菊科、茄科（除番茄）浸种时间较长，伞形科、藜科浸种时间也较长。

3. 投洗次数

种皮上附着黏质，会影响种子吸水和发芽。种子的气味，也影响种子发芽。因此，在浸种过程中要搓洗种子，不断换水，直到种皮洁净、无黏质、无气味。

4. 浸种程度

浸种程度以种子不见干心为度，浸种时间过长，种子内含物将发生反渗透。

5. 浸种操作步骤

第一步：清选种子，去除杂质、秕粒、半粒、病粒等。

第二步：选择清洁、无油污的容器，可以用玻璃、陶瓷等，最好不使用铁器。

第三步：浸泡种子，水量约为种子的 5 倍。根据不同的蔬菜种类，水温控制在 25℃～35℃，然后把清选后的种子倒入，并适当搅拌。

第四步：搓洗种子，去掉种子上残留的黏液、果肉等抵制发芽的物质，在浸泡过程中要搓洗几次。

第五步：结束浸种，并控去多余的水分。

（二）蔬菜种子催芽

1. 催芽条件

（1）温度。不同蔬菜种类，要求发芽的温度不同。总体说，耐寒性蔬菜适宜温度为 15℃～20℃，半耐寒性蔬菜适宜温度为 15℃～25℃，喜温蔬菜适宜温度为 25℃～30℃，耐热蔬菜适宜温度为 25℃～35℃。在催芽期间分三段管理：初期温度偏低，减少养分消耗；有个别的蔬菜出芽时，提高温度，促使出芽迅速、整齐；出芽后不能及时播种，应降低温度，防止幼芽徒长。

（2）水分。催芽过程中每天投洗 1～2 次，均匀补充水分，还能去除黏液和抑制种子发芽物质，利于种皮进行气体交换。

（3）氧气。每天翻 2～3 次，排出二氧化碳，补充氧气，散发大量的呼吸热，使种子受热均匀。

（4）光照。有些种子发芽时需要光照，有些不需要。根据发芽时是否需要光照，将蔬菜种子分为需光种子、嫌光种子和中光种子。需光种子在黑暗中不能发芽或发芽不良，如胡萝卜、芹菜、茼蒿、莴苣等。嫌光种子在有光条件下发芽不良，如茄果类、瓜类、葱蒜类。中光种子有光、无光均能正常发芽，如豆类。

2. 催芽程度

当发芽率达到 75%以上（伞形科 50%）时，停止催芽，等待播种。芽的长度因蔬菜种类而异，十字花科催芽时种皮容易脱落，生产上一般不催芽。

3. 催芽程序

（1）催芽。在适当的温度、湿度及良好的透气条件下进行催芽。

（2）投洗。在催芽过程中，要适当投洗几次。在播种的前 1 天，应停止投洗，以免播种时不易撒开。低温处理或变温处理时不投洗。

（3）翻动种子，每天至少要将种子翻动 2 次，使种子所受的温度、湿度和氧气条件一致。

（4）停止催芽，当约有 75%种子破嘴或露芽时，即停止催芽，等待播种。

四 注意事项

（1）浸种所用的器皿和所接触的水要求清洁、无油，否则种子容易腐烂。

（2）种皮上的黏液应搓洗干净。

(3) 浸种时每隔 5~8h 换水 1 次。

(4) 掌握浸种时间，以种子完全浸透，不见干心为止。

(5) 催芽过程中每天投洗 1~2 次，同时用力甩去种皮上的水膜，每天翻动 2~3 次。

(6) 严格掌握催芽结束时芽的长度。

(7) 种子出芽后，不能立即播种时，要将种子放在 10℃~15℃的地方蹲苗。

五 作业

(1) 记录各蔬菜种子的发芽初期、盛期和终期（以没有经过浸种催芽的种子为对照）。列表记录每天各处理种子的发芽数。

(2) 浸种的作用是什么？

技能训练 3： 番茄植株绑蔓上架、整枝技术

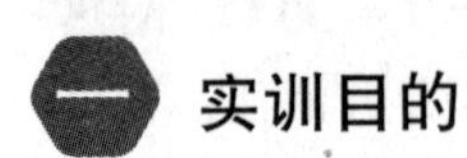

一 实训目的

通过实训，让学生会根据番茄习性和栽培方式，准确选择适宜的整枝方式，准确进行摘心、打叶、引蔓，根据植株长势，进行番茄的疏花疏果，分析落花落果原因，提出保花保果措施。

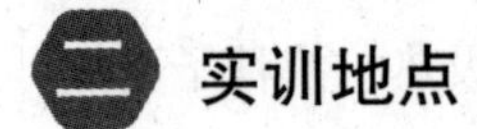

二 实训地点

校内外番茄基地。

三 材料和用具

番茄、竹竿、绳子、剪刀。

四 方法步骤

在蔬菜植物生长发育过程中，进行植株调整可平衡营养器官和生殖器官的生长，使产品个体增大并提高品质；使通风透光良好，提高光能利用率；减少病虫和机械的损伤；可以增加单位面积的株数，提高单位面积的产量。

（一）整枝

1. 单干整枝

无限生长类型品种作早熟栽培时多采用。

第一步：保留主干，陆续除掉所有侧枝。

第二步：主干上保留 3~4 穗果，顶穗果上方留 2~3 叶摘心。

2. 双干整枝

无限生长类型品种作中晚熟栽培或某些自封顶出现早的品种多采用。

第一步：除保留主干外，再留下第 1 花序下第 1 个侧枝。

第二步：除掉其余侧枝。

第三步：主干保留 4~5 穗果，侧枝留 3~4 穗果，在顶穗果上方各留 2~3 片叶摘心。

3. 改良单干整枝

第一步：除保留主干外，还保留第 1 花序下的第 1 侧枝。

第二步：主干留 3~4 穗果，侧枝留 1~2 穗果，顶穗果上面再各留 2 片真叶摘心。

第三步：其余侧枝陆续摘除。

（二）摘心

植株达到所需要的果穗数时应及时打去顶端生长点以限制生长，促进果实发育。对于有限生长型品种，须注意其过早封顶现象，当第二穗出现未打顶时，需要留下一个旁叉，以保证生产所需要的留果穗数。

（三）疏花、打叉和卷叶、老叶和黄叶

摘掉畸形花及其花絮先端部位过多的无效花。确保留干后，打去旁叉。打叉以 5~6cm 长时为宜。在生长中后期打掉植株下部的老黄叶片，以利通风透光。

（四）吊蔓、绑蔓

番茄植株高约 30cm 时开始吊蔓。绑蔓应分次进行，番茄在每穗果下面都绑一次蔓。早熟番茄品种留 2~3 序果时，一般需绑 2~3 道蔓，绑蔓时需将花絮转向外方，以防后期果实生长受阻。

五 作业

（1）简述番茄绑蔓上架、整枝的技术要点。

（2）简述番茄绑蔓上架、整枝的作用。

子项目二　瓜类蔬菜设施栽培

概述

瓜类蔬菜种类较多，分属于葫芦科的 9 个属，为一年生或多年生草本植物。其中西瓜和甜瓜食用成熟果实，冬瓜和南瓜则为嫩果和成熟果实，其他瓜类蔬菜主要食用嫩果。瓜类蔬菜多含有大量水分、蛋白质、碳水化合物及各种维生素和矿质元素，营养丰富。露地结合设施栽培，可周年供应，经济效益显著。

瓜类蔬菜在我国的栽培种类比较多，其中主要有黄瓜、南瓜、冬瓜、丝瓜、西瓜、甜瓜、苦瓜和蛇瓜等。大多为一年生草本、蔓性植物（佛手瓜为多年生），茎长，有节，节上长有卷须。叶片大，单叶互生，叶柄较长。主蔓的每个叶腋抽生侧蔓（子蔓），侧蔓又能发生侧蔓（孙蔓）。均为雌雄同株异花植物，其雌花子房下位，同子房壁一起发育成果实。苗期适当的低温可促雌花形成，从而提高产量。

瓜类蔬菜性喜温暖，不耐寒冷，生长适宜温度为 20℃ ~30℃，15℃以下生长不良，10℃以下生长停止，5℃以下开始受害。除黄瓜外，其他种类均具有发达的根系，但根的再生能力弱。幼苗经过移栽后，缓苗期长，所以通常采用直播，若育苗移栽，需采用护根措施。

二 瓜类蔬菜的分类

按照瓜类蔬菜结果习性的不同一般可分为 3 类：第一类是以主蔓结果为主，如早熟黄瓜、西葫芦等；第二类是以侧蔓结果为主，如甜瓜、瓠瓜等；第三类是主蔓和侧蔓都能结果良好，如冬瓜、南瓜、丝瓜和苦瓜等。

任务一 黄瓜设施栽培

【知识目标】

(1) 掌握黄瓜的品种类型、栽培类型与茬口安排模式等。

(2) 掌握栽培黄瓜管理知识；病虫害防治对策。

【技能目标】

(1) 能熟练操作黄瓜的栽培管理技术。

(2) 能根据黄瓜的生育特性，进行水、肥、病、虫等田间管理，达到优质、高产。

【情感目标】

能积极地参与黄瓜的生产项目技能训练活动；养成耐心、细致观察的习惯；通过团队分工协作完成黄瓜种植任务。

黄瓜（Cucumis sativus L.），别称胡瓜、刺瓜、王瓜、青瓜等，属于葫芦科甜瓜属中幼果具刺的栽培种，一年生攀缘性草本植物。起源于喜马拉雅山南麓印度北部至尼泊尔附近地区。分两路传入我国：一路是从原产地经由东南亚传入我国南部，并在华南被驯化，形成华南型黄瓜；另一路由张骞经由丝绸之路带入我国的北方地区，并经多年驯化，形成华北型黄瓜。

黄瓜多以嫩果供食，可鲜食和凉拌，还可炒食或加工盐渍、糖渍、酱渍等。黄瓜在印度有3 000多年栽培历史，而中国栽培始于2 000年前的汉代。我国各地普遍栽培，目前设施栽培蔬菜黄瓜面积最大，节能日光温室冬春茬黄瓜单产最高已突破每亩 25 000kg，而一般只有每亩5 000~8 000kg，可见增产潜力极大。

一 品种类型

根据黄瓜的分布区域及其生态学性状将其分为 6 种类型。

(1) 南亚型：分布于南亚各地，耐湿热，要求短日照。

(2) 欧美露地型：分布于欧洲及北美。

(3) 北欧温室型：分布于英国和荷兰等，耐弱光。

(4) 小型黄瓜：分布于亚洲及欧洲各地。

(5) 华南型：分布于长江以南，耐湿热，为短日型黄瓜。华南型黄瓜根系繁茂，茎粗，节间短，叶片肥厚，果实短粗，果皮较硬，刺瘤少，黑刺，分布于我国南方。

（6）华北型：分布于我国北方、朝鲜、日本等国家地区。华北型黄瓜植株长势中等，茎节细长，叶片薄，根群稀疏，果棒状、果皮薄、刺瘤密、多白刺。

生育周期

黄瓜的生育周期可分为发芽期、幼苗期、初花期和结果期 4 个阶段。

1. 发芽期

发芽期是从播种至第一片真叶出现（破心），适宜条件下需 5~10 天。此期主要是主根下扎，下胚轴伸长和子叶展平。在管理上需创造适宜的温度和湿度、促进尽快出苗；出土后适当降温以防徒长。

2. 幼苗期

幼苗期是从真叶出现到 4~5 片真叶展开，适宜条件下需 20~30 天。此期主要是幼苗的形态建成和花芽分化。管理要点是促控结合，培育适龄壮苗，即采取适当措施促进各器官分化和发育，同时控制地上部生长、防止徒长。

3. 初花期

初花期又称伸蔓期，从 4~5 真叶展开到第 1 雌花坐瓜（瓜长 12mm 左右），适宜条件下 20 天左右。初花期结束时一般株高 1. 2m 左右，已有 12~13 片叶。这一时期茎叶形成，花芽分化继续，花数不断增加，根系进一步发育。生长中心逐渐由以营养生长为主转为营养生长和生殖生长并进阶段。管理上需协调地上部生长和地下部生长的关系，以及调节营养生长和生殖生长的关系。

4. 结瓜期

结瓜期是从第一雌花坐住瓜到拉秧为止。此期所经历的时间长短因栽培方式不同有很大差别。露地 30~100 天，而日光温室冬春栽培则长达 120~150 天。这一时期，植株连续不断的开花结果，根系与主侧蔓继续生长。持续时间越长，产量越高。管理要点是平衡秧果关系，延长结果期，以实现丰产为目的。

茬口安排

1. 黄瓜设施栽培茬口安排原则

（1）要考虑茬口安排与经济效益的关系。

（2）要考虑把盛瓜期安排在气候最适宜的季节。

（3）要考虑提高保护设施的利用率。

（4）要考虑与其他蔬菜轮作倒茬，以减轻病虫累积和土壤次生盐渍化趋重等问题。

2. 栽培季节及茬口安排

设施大棚栽培：春提早栽培可在 1 月下旬左右播种，3 月上旬定植，4 月上旬至 6 月上旬收获；秋延后栽培一般以直播为主，可在 8 月下旬至 9 月上旬播种，10 月上旬开始收获，11 月下旬拉秧。

 塑料大棚早春黄瓜栽培

(一) 品种选择

(1) 抗逆性强，要求具有耐低温弱光又耐高温高湿的特点。

(2) 早熟性好，要求第一雌花节位较低，瓜码较密，单性结实能力强（节成性好）。

(3) 抗病性强，对病害的抗性或耐性不低于中等水平。

常用的品种为天津黄瓜所的津优系列，日津优 109 等。

(二) 培育壮苗

1. 种子处理

黄瓜播种前用种子体积 5 倍的 55℃ 的温水进行烫种 10～15min，不断搅拌到水温降至 30℃，搓洗种子。然后用清水洗净黏液，浸泡 4～6h，用清水漂洗几遍，然后用纱布或毛巾包好，放在 25℃～28℃催芽 1～2 天，催芽期间每天早晚冲洗种子和包种子的毛巾，待种子 70% “露白” 时播种。

2. 配制育苗用营养土

黄瓜的营养土应选用近 3～5 年内没有种过瓜类蔬菜的园土或大田土与优质腐熟有机肥混合，有机肥占 30%，土和有机肥混匀过筛。每立方米营养土再加入复合肥 500g、多菌灵或甲基托布津 50～80g，过筛后装入营养钵即可。也可直接用商品育苗介质直接育苗。

3. 适时播种

贵州地区黄瓜的播种期为 1 月下旬或 2 月初，可在大棚内育苗，用营养钵或穴盘，内装营养土，浇透水，水透后在每个营养钵或穴盘内播种子 1 粒，上覆 1cm 厚药土，覆盖地膜，保温保湿。

4. 苗期管理

黄瓜播种后用地膜密封 2～3 天，当有 2/3 的种子子叶出土时，揭掉地膜。苗期尽量少浇水，防止高温、高湿出现高脚苗。

(1) 温度管理：出苗后，播种至出苗，一般白天气温应控制在 25℃～30℃，夜温保持在 22℃～25℃。出苗后温度降低，白天气温应控制在 20℃～25℃，夜温控制在 13℃～16℃，定植前 7～10 天，进行炼苗，减少浇水，增加通风量和时间，白天温度保持 20℃～25℃，夜间温度保持 12℃～14℃。

(2) 水分管理：一般在播种前或移苗时浇透水。苗床干旱缺水应进行补水。

壮苗标准是苗龄 35 天左右，株高 15～20cm，3 叶 1 心，子叶完好，节间短粗，叶片浓绿肥厚，根系发达，健壮无病。

(三) 定植

1. 整地施肥

施肥应以有机肥为主，化肥为辅。施肥量为优质基肥5 000kg/667m^2，饼肥 150～200kg/667m^2。2/3 粗肥撒施，其余 1/3 作畦后沟施。基肥撒施后，深翻地 30～40cm，土肥混匀、耙平，按 1. 2m 宽作畦。

2. 适时定植

棚内 10cm 地温连续 3～4 天稳定在 12℃以上时，方可定植。若定植后扣小拱棚或者地膜，

可在 10cm 地温稳定在 10℃左右时定植。

定植要选择晴天上午进行。畦面铺设滴灌带，覆盖地膜后，按照株距 28~30cm 栽苗，每畦栽两行，每亩定植3 300~3 500株。

（四）田间管理

（1）缓苗期管理：定植后一周内要密闭保温，中午棚温不超过 28℃不放风，地温最低要保持 12℃以上，以利于发生新根。遇到寒潮可在畦面扣小棚，或在大棚四周盖草帘。

（2）初花期的管理：从缓苗到根瓜坐稳为初花期。此期主要是控秧促根，控制浇水和实行大温差管理，防止地上部分徒长，促进根系发育。若土壤干燥也应浇小水，但基本不追肥。白天控制温度 25℃~30℃，午后棚温降至 20℃~25℃时盖膜，夜间保持 10℃~13℃。根瓜开始伸长时追施肥水，可用冲施肥随浇水冲施。

（3）结果期管理：一般 5~7 天浇一次水，每次浇水结合追施少量化肥，硫酸铵 20kg 或硝酸铵 15kg/667m^2。加强放风、排湿、减少叶片结露时间，白天相对湿度控制在 65%左右，夜间不超过 85%。盛果期可进行根外追肥，常用尿素、磷酸二氢钾等混合液，浓度为 0.3%~0.5%。

（4）植株调整：当黄瓜苗 7 片叶左右时及时吊蔓，摘除侧枝、卷须，砧木萌发的侧枝要及时摘除。雌花过多或出现花打顶时要疏去部分雌花，对已分化的雌花和幼瓜也要及时去掉。进入结瓜中后期及时落蔓，落蔓后每株要保留 15~16 片绿色叶片。落蔓时摘除卷须及化瓜，并疏掉部分雌花。小黄瓜生长期长，栽培时不用摘心，顶心折断缺失时可从下部选 1~2 个侧枝代替。管理中注意及时清除老叶、黄叶和病叶。

图 2-9　黄瓜雄花

（五）采收

一般雌花开放后 6~10 天，瓜长 10~18cm，横径 2.5cm 即可采收。采收时用剪刀剪断瓜柄，轻拿轻放，分类包装。瓜秧基部的头茬瓜，要适时早摘、摘净，以防晚摘坠秧，徒耗营养，影响上部挂果。初果期 2~3 天采收一次，盛果期每天早晨采收一次，严格掌握采收标准，避免漏采。

五　秋延后黄瓜设施生产技术

（一）品种选择

选用耐热、抗寒、丰产性好、抗病性强、结瓜性能较好的早中熟品种。

（二）培育壮苗

秋延后番茄在铜仁地区的播种适期一般为 7 月中下旬至 8 月上旬。播种过早，苗期赶上秋季高温多雨，病害严重，前期产量虽高，但与露地秋黄瓜同时上市，既不利于延后供应，也影响产值。播种过晚，生长后期气温急剧下降，影响中后期产量，降低产值。穴盘选用50~72孔的塑料穴盘，把育苗基质装入穴盘后浇透水，再点播种子，每穴点播1~2粒种子，盖种后再盖上地膜保湿。也可采用漂浮育苗减少人工浇水，减轻劳动强度，增加育苗的保险系数。

育苗前期需采取遮阳降温措施，如用遮阳网或喷施遮阳降温涂料等措施降温等。

（三）定植

前茬作物收获后，应及时清除残枝落叶，减少病虫害，并施足底肥，以农家肥料掺入磷酸二氨或复合肥，每亩30kg，肥土均匀混合深翻作畦。低洼地多采用高畦，便于排水保苗，一般做成130cm畦，种植两行，畦高10cm。

（四）田间管理

（1）高温期：从播种到9月上、中旬，黄瓜正处在幼苗期至根瓜共长阶段。此时，高温多雨，除棚顶扣膜外，四周敞开大通风，起到凉棚降温防雨作用。下雨时可将薄膜放下来，雨停后立即打开，并注意及时排水防涝，防止畦内积水，造成根系窒息而死。雨后天晴及时浇水，起到凉爽灌溉的作用。

（2）温和期：从9月上旬至10月上旬，是秋延后大棚黄瓜生长最旺盛时期。白天要加强通风换气，棚内温度白天控制在25℃~30℃，夜间控制在15℃~18℃，外界气温15℃以上时，不能关通风口。进入结瓜期，肥水供应要充足，一般是以水带肥，化肥和粪稀交替使用，化肥以尿素、酸酸二氨为主，但要小水勤浇，肥料要勤施少施，严禁大水漫灌。在这个阶段还可以进行叶面喷肥，特别是连续阴雨天，跟外追肥可保证植株生长发育的需要，其配方为0.5%尿素，0.3%磷酸二氢钾及各种营养素，如绿风95、喷施宝。

（3）低温期：进入10月中旬后，外界气温逐渐降低，此时随着气候的变化，逐渐减少放风量。白天保持25℃左右；夜间维持在15℃左右，低于13℃时，夜间不留风口，封闭大棚，保证足够的温度，满足黄瓜生长的需要，尽量延长生长期是管理的关键。特别要注意初霜的侵袭。天津地区一般在10月下旬迎来第一次霜冻。这个阶段黄瓜生长缓慢，对肥水的要求相对减少，为降低棚内湿度，严格控制浇水，一般10~15天浇一次。

（五）植株调整

前期温度高，植株生长快，应及时引蔓上架，防止相互缠绕遮光。当秧苗长至30cm即可上架，最好用撒裂膜或吊绳代替架材，既节省材料，省工省力，又不影响通风透光。一般在20~25节时摘心，以利回头瓜的产生，并及时打掉底部老黄叶和病叶。对于侧蔓，一般10节以下的要尽早除去，防止养分分散，上面的侧蔓留一条瓜，瓜上留一叶摘心，最后一个瓜上留2~3片叶摘心。

（六）采收

及时采收，进行分级、包装、标识销售。根瓜尽早采收，防止坠秧。生长旺盛时期要一天一摘，10月中旬后可两天一摘。

六 病虫害防控

黄瓜的常见病害主要有病毒病、霜霉病、白粉病、炭疽病等。病毒病用20%病毒A可湿性粉剂400倍液进行叶面喷施，7~10天喷1次，连喷2~3次。霜霉病主要使用杜邦克露800~1 000倍液或75%百菌清可湿性粉剂600~700倍液防治。白粉病用25%的三唑酮（粉锈宁）可湿性粉剂2 000倍液防治。炭疽病用65%代森锰锌500~800倍液、80%炭疽福美可湿性粉剂800倍液来防治。

防治措施：黄瓜害虫分地下害虫和地面害虫，如地老虎、蝼蛄、蛴螬、瓜芽、白粉虱和蓟马等害虫。地下害虫可以使用联苯菊酯、辛硫磷、敌百虫、氧化乐果、乐果等药剂防治；地上害虫可以使用虫螨净、吡虫啉、氯氟氰菊酯、啶虫脒、毒死蜱、阿维菌素、溴氰菊酯、噻嗪酮等高效低毒广谱性杀虫剂。

七 栽培中的常见问题及防治对策

1. 早春黄瓜化瓜现象

黄瓜的雌花不继续生长发育，逐渐变黄而萎缩干枯，叫作化瓜。品种单性结实能力差；栽培密度过大；温度过高或过低；连续阴雨天，昼夜温差小；水分、肥料供应不足等原因都可能导致春黄瓜早期化瓜。减少化瓜的措施主要有：①选择长春蜜刺、新泰密刺等单性结实好的优良品种；②保持温度适宜，如白天温度20℃~35℃；夜间温度10℃~20℃；③加强水肥管理，及时整枝引蔓，改善通风透光条件。

2. 秋黄瓜后期早衰现象

秋黄瓜后期早衰的主要原因是大棚延后栽培后期，气温降低，黄瓜病害加重，抗逆性减弱。可通过以下措施进行防治：一是保温防寒。当最低气温降至10℃时，用农膜或遮阳网在离棚顶20~30cm处拉一层天膜，昼揭夜盖；遇寒潮时，另在棚外四周围起草毡。二是熏烟治病。当发现有霜霉病或炭疽病后，晴天可以揭膜喷药，阴雨天则用45%百菌清烟熏剂按250g/667m^2在傍晚点燃，闭棚一夜，每隔7天熏一次。三是增施CO_2。晴天上午9：00~10：00当棚内温度高于18℃时，进行人工CO_2施肥；阴雨天或棚内气温低于15℃时不施用。施后要闭棚1.5~2h，才能通风。

课后作业

1. 黄瓜别称胡瓜、刺瓜、王瓜、青瓜等，属于________科________属中幼果具刺的栽培种，一年生________草本植物。

2. 黄瓜播种后用地膜密封2~3天，当有________子叶出土时，揭掉________。苗期尽量少浇水，防止高温、高湿出现________。

3. 黄瓜壮苗标准是苗龄35天左右，株高________cm，________叶________心，子叶完好，节间________，叶片浓绿肥厚，________，健壮无病。

4. 当棚内10cm地温连续3~4天稳定在________以上时，方可定植。定植要选择________进行。定植后一周内要________。

5. 当黄瓜苗________片叶左右时，及时________，摘除________、________，砧木萌发的侧枝要及时摘除。

6. 黄瓜采收时用剪刀剪断________，轻拿轻放，分类包装。瓜秧基部的________，要适时早摘、摘净，以防晚摘________，徒耗营养，影响上部瓜果。

7. 简述黄瓜设施栽培选择品种的原则。

【任务考核】

学习任务：	班级：	学习小组：				
学生姓名：	教师姓名：	时间：				
四阶段	评价内容	分值	自评	教师评小组	教师评个人	小组评个人
任务咨询 5	工作任务认知程度	5				
计划决策 20	收集、整理、分析信息资料	5				
	制订、讨论、修改生产方案	5				
	确定解决问题的方法和步骤	3				
	生产资料组织准备	5				
	产品质量意识	2				
组织实施 50	培养壮苗	5				
	整地作畦、施足底肥	5				
	黄瓜定植、地膜覆盖	5				
	黄瓜肥水管理	5				
	黄瓜环境控制	5				
	黄瓜病虫害防治	5				
	黄瓜采收及采后处理	5				
	工作态度端正、注意力集中、有工作热情	5				
	小组讨论解决生产问题	5				
	团队分工协作、操作安全、规范、文明	5				
检查评价 25	产品质量考核	15				
	总结汇报质量	10				

拓展知识

水果黄瓜栽培技术

水果黄瓜属葫芦科一年生蔓生植物，植株全雌性，节节有瓜，瓜长 12~15cm，无刺，直径约 3cm，风味浓，口感好，清香脆甜，颜色深绿，光滑均匀，美观好看。水果黄瓜以保护地栽培为主，适于秋冬加温温室、冬春温室及春大棚种植。植株具有一节多瓜特性，生长势旺，坐果能力强，耐霜霉、白粉、枯萎病，丰产潜力很大，单茬亩产可在10 000kg 以上，每年可种植 2~3 茬。

一、品种选择

选丰产抗病、品质和商品性俱佳的品种，最好是全雌型单性结瓜品种，如京研迷你 1 号、京研迷你 2 号、戴多星和香冠王等。

二、育苗

1. 育苗时间

根据水果黄瓜的生育特性及本地的实际情况，育苗时间在 2 月中下旬较为适宜。

2. 苗床

锯末、煤渣任选一种作为苗床的填充物，将选好的填充物过筛，加入适量的水，在 100℃的温度下进行杀毒，10min 之后捞出控水。使填充物的湿度达到 60%~70%即可，然后把填充物均匀地铺在苗床内，厚度 20~25cm。

3. 播种

育苗室内苗床温度在 25℃~30℃时进行播种，把种子均匀撒在苗床上，覆盖 1~2cm 厚的沙壤土，加盖薄膜，保持湿度。播种后室温始终保持在 30℃左右。

4. 移栽

（1）营养土的配制。营养土的配方较多，视条件而定，原则是要保证营养土有一定的肥力，土质疏松，通气性良好。选择土壤肥沃、前茬没有种过瓜的园土，过筛，再加入发酵过的农家肥，粪与土的比例是 4∶6，如果肥力不足可加速效氮肥，每立方米营养土加 0.5kg 的尿素，不宜多用，以免烧根，尿素和营养土充分拌匀。为防治苗期病害，在营养土中可加入杀菌剂。营养土湿度达到 60%左右时，堆成堆，用薄膜盖上，保持 2~3 天。

（2）装袋。选择口径为 5~7cm、高 10cm 的塑料钵或纸袋，装入配制好的营养土。

（3）移栽。播种后 7 天左右即可出苗，出苗后揭掉薄膜，当第一片真叶出现至展平时即可移栽入营养袋，移栽后棚内温度始终保持在 28℃以上，但不能超过 35℃，夜间温度不能低于 15℃。

三、定植

定植前，翻整土地，根据具体条件，267m^2 的温棚施圈肥 2~3t 和过磷酸钙 40~50kg，然后翻地打畦。畦宽 1.3m，每畦栽两行，行距 40~50cm，株距 20~25cm。在 3 月 20 日前必须挖穴定植，此时瓜苗已达到 6~7 片真叶。

四、肥水管理

定苗时浇一次定苗水，待幼苗开始缓苗发根时，应再浇 1 次缓苗水。此后暂停浇水，多次中耕，减少水分蒸发，促使幼苗发根、长壮。待根瓜的瓜把变粗见长时，再恢复浇水。随着天气的逐渐变暖，浇水量可逐渐加大，以适应水果黄瓜生长发育的需要。同时结合浇水进行施肥，浇水与施肥要交替进行，农家肥与化肥交替使用。前期追肥以农家肥为好；盛瓜期以后可多施化肥，267m^2 的温棚每次可施尿素 5~10kg。

五、枝蔓管理

当黄瓜苗约 7 片叶时，植株易倒伏，此时需插架或吊绳。吊绳更方便，先在棚两端的立柱上系铁丝，使铁丝绷紧，再往铁丝上吊绳，每株吊绳 1 根。接着绑蔓，根据情况每周进行 1 次。如有侧蔓，可在侧蔓上留 1 个瓜并在瓜上留 1 片叶摘心。在生育后期，摘除植株下部的老黄叶，以利通风透光，减少病害。

六、采收

水果黄瓜生长迅速，从播种到商品瓜采摘约 45 天，一般根部不留瓜，把幼瓜及时摘除，以利于植株生长，因为秧长得越壮，瓜的生长速度越快，不会影响采收上市时间。前期商品瓜亦应提早采收，以提高前期产量。

七、病害防治

水果黄瓜秋季病虫害较春季严重，常发生霜霉病、细菌性角斑病、立枯病、蚜虫、瓜绢螟等。春季常发生霜霉病、病毒病、蚜虫等。霜霉病在发病初期及时喷杜邦克露1 500倍液、甲霜锰锌500倍液等，5~7天一次，2~3次后更换药剂防治；细菌性角斑病在发病初期喷可杀得2 000倍液防治；立枯病常在苗期发生，及时喷甲基托布津800~1 000倍液；瓜绢螟喷农地乐2 000倍液防治、阿维菌素防治；病毒病重点防治蚜虫。

任务二 西葫芦设施栽培

【知识目标】

（1）掌握西葫芦品种类型、栽培类型与茬口安排模式。

（2）掌握西葫芦栽培管理知识与技术要点。

【技能目标】

（1）能熟练操作西葫芦的栽培管理技术。

（2）能根据西葫芦的生育特性，进行水、肥、病、虫等田间管理，使之达到优质、高产。

【情感目标】

（1）养成耐心、细致的习惯。

（2）具有实事求是的科学态度和团队协作精神。

（3）能积极地参与项目技能训练活动。

（4）能够主动发现西葫芦栽培管理中的问题并积极解决问题。

西葫芦（Cucurbita pepo L.），别名美洲南瓜，是南瓜属中的一个栽培种。原产于北美洲南部，现分布于世界各地，欧美普遍栽培，19世纪中叶传入我国。西葫芦富含维生素C、葡萄糖等营养物质，具有很高的营养价值。西葫芦还有清热利尿、除烦止渴、润肺止咳、消肿散结、瘦身、改善皮肤颜色，补充肌肤养分等功效。多以嫩果炒食或做馅，种子可加工成干香食品。

西葫芦适应性强，容易栽培，过去以露地和小拱棚覆盖栽培为主。近十几年来，日光温室和塑料大棚栽培面积发展很快，设施西葫芦栽培面积在瓜类蔬菜中排名仅次于黄瓜。

品种类型

西葫芦有四种类型。

（1）花叶西葫芦。又名阿尔及利亚西葫芦，我国北方地区普遍栽培。蔓较短，直立，分枝较少，株形紧凑，适于密植。叶片掌状深裂，狭长，近叶脉处有灰白色花斑。主蔓第5~6节着生第一雌花，单株结瓜3~5个。瓜长椭圆形，瓜皮深绿色，具有黄绿色不规则条纹，瓜肉绿白色，肉质致密，纤维少。

（2）无种皮西葫芦。无种皮西葫芦的种子无种皮，为以种子供食用的品种。植株蔓生，蔓长1.6m，第一雌花着生于第7~9节，以后隔1~3节再出现一朵雌花。瓜短柱形，嫩瓜可做蔬菜。老熟瓜皮橘黄色，单瓜重4~5kg。

（3）绿皮西葫芦。绿皮西葫芦的植株蔓长3m，粗2.2cm。叶心脏形，深绿色，叶缘有不规则锯齿。第一雌花着生于主蔓第4~6节。瓜长椭圆形，表皮光滑，绿白色，有棱6条。一般单瓜重2~3kg。

（4）长蔓西葫芦。长蔓西葫芦植物匍匐生长，茎蔓长2.5m左右，分枝性中等。叶三角形，浅裂，绿色，叶背多茸毛。主蔓第9节以后开始结瓜，单株结瓜2~3个。瓜圆筒形，中部稍细。

生育周期

西葫芦的生育周期可分为发芽期、幼苗期、初花期和结果期4个阶段。

1. 发芽期

从种子萌动到第一片真叶出现为发芽期。需5~7天。种子发芽适宜温度为25℃~30℃，13℃可以发芽，但很缓慢。

2. 幼苗期

从第一片真叶显露到4~5片真叶长出是幼苗期，大约需25天，30℃~35℃发芽最快，但易引起徒长。

3. 初花期

从第一雌花出现、开放到第一条瓜（即根瓜）坐瓜为初花期。从幼苗定植、缓苗到第一雌花开花坐瓜一般需20~25天。棚内温度一般保持22℃~25℃最佳。

4. 结果期

从第一条瓜坐瓜到采收结束为结果期。在日光温室其结果期可长达150天。结果期需要较高温度，一般保持22℃~25℃最佳。根系生长的最低温度为6℃，根毛发生的最低温度为12℃。夜温8℃~10℃时受精果实可正常发育。

茬口安排

设施西葫芦茬口安排见表2-4。

表2-4 设施西葫芦茬口安排

栽培方式	播种期	定植期	收获期
大棚地膜小拱棚	12月中下旬	1月中下旬	3月上旬
地膜小拱棚覆盖栽培	2月下旬	3月下~4月上旬	5月上旬~6月中旬
大中棚春提前栽培	2月下旬	3月下旬	4月下旬~6月中旬
大中棚秋延后栽培	8月上旬	8月下旬	9月中旬~10月下旬

早春西葫芦栽培

（一）品种选择

生产上早春西葫芦栽培应选择早熟丰产、节间粗短、瓜码密、耐寒、耐湿、耐低温和抗病性强的品种。优良品种有改良绿虎、翡翠绿 1068、春丽、万盛丰宝等。

(二) 培育壮苗

西葫芦早春栽培育苗多采用温室大棚育苗，苗龄 30 天左右，生理苗龄 3~4 叶。

1. 适期播种

早春大棚栽培的播种适期为 12 月中下旬，适宜定植期为 1 月中下旬。

2. 浸种催芽

播种前 3~5 天，将种子置于干净的容器中，用 50℃~55℃的温水浸种 10~15min 以杀死种子表面的病菌，再在 20℃~30℃的温水中浸种 4h。捞出后控干水分，用潮湿的毛巾或纱布包裹，在 28℃~30℃的条件下催芽，种子破嘴露白后即可播种。

3. 配制营养土

取 3 份肥沃的 4 年内没种植过瓜类的田园土，1 份腐熟的圈肥，加入少量的木柴灰和锯末，再喷洒 50%多菌灵，混合均匀过筛，装进营养钵，浇足水分。

4. 播种育苗

选择在晴朗的上午进行播种。将催好芽的种子平放到营养钵中央，胚芽向下，全部种子播完后覆盖 2cm 厚的营养土，覆土过深或过浅都会影响出苗的整齐与健壮。覆土后洒少量水。苗床上搭建小拱棚以提高地温。

5. 幼苗管理

出苗前要适当提高苗床的温度，促使幼苗尽快出土。白天床温 25℃~28℃，夜温 12℃~15℃，地温 16℃~18℃。当秧苗第 1 真叶展平后，可进行一次倒苗，同时要适当放风。定植前可加强通风，降低床温锻炼幼苗，增强幼苗的抗逆性。白天床温控制在 15℃~22℃，夜间温度在 8℃~12℃。培育出 3~4 真叶时就可以带土移栽定植。

(三) 定植前准备

1. 整地施肥

早春茬大棚西葫芦生育期较长，为满足西葫芦生育期间对肥料的要求，要施足基肥，精细整地，促进西葫芦高产。施肥以有机肥为主，一般每亩施腐熟有机肥2 000kg、饼肥 75kg、复合肥 40kg、草木灰 80kg。将肥料均匀撒于地面，深翻 30cm，整平地面。之后开沟作畦，宽 130cm，畦间沟宽 30cm。畦面上浇灌足够的水造底墒，待水渗透后覆盖地膜，地膜宜在定植前 7~10 天铺好。

2. 定植

选择晴天上午进行定植，以利于缓苗。定植苗要选择植株大小一致、生长势旺、无病虫害的苗。健壮幼苗的形态标准是：幼苗矮壮，叶色浓绿，子叶平展肥大，两片子叶健全，根系发达。

定植时在畦面上用打孔机按株距 70cm 进行破膜打孔，单行种植，每亩种植1 000株左右。把苗坨植入孔中并使苗坨稍露出畦面再覆土封口，将瓜苗扶正，使苗坨面与破膜保持平行。定植后，小水浇灌，切不可浇大水，否则地温降低，植株缓苗慢，缓苗期长。若 1 月中下旬定植，可搭建小拱架以提高温度，促进缓苗。

图 2-10 西葫芦育苗

（四）田间管理

1. 缓苗期管理

西葫芦缓苗期要保持高温、高湿，促进缓苗，白天温度 25℃～30℃，夜间温度 18℃～20℃，不超过 30℃不放风。缓苗后要促根控秧，防止植株徒长，白天温度 20℃～25℃，超过 25℃时放风，20℃左右关闭风口，夜间温度在 10℃～15℃，根瓜开始膨大时，适当提高温度，白天温度在 23℃～28℃，夜间保持温度 12℃～17℃，最低温度达到 11℃以上。春季温度较高时要加大放风量。

2. 人工授粉

西葫芦不能单性结实，在早春大棚内必须进行人工授粉。授粉一般在上午 8：00~11：00 进行，温度低时花粉少，利用激素处理可防止落花，常用的激素是 2,4-D，处理时间是在早晨 8：00~10：00，春季浓度 25～30mg/kg，涂在刚开的雌花花柱基部和花冠基部，也可涂在幼瓜上，但不要涂到植株的茎叶上。为了防止重复处理，在 2,4-D 中加入红色颜料。

图 2-11 西葫芦雌花

3. 肥水管理

西葫芦根瓜膨大时及时浇水，浇水时可顺水冲施化肥，每亩施入磷酸二氢钾 15~20kg。在根瓜普遍采收，第 2 条瓜膨大时进行第二次追肥，每亩追施尿素 20kg 左右，以后每 10 天左右进行一次追肥，或隔一水追肥一次。

（五）采收

西葫芦以食用嫩瓜为主，达到商品瓜要求时进行采收，长势旺的植株适当多留瓜、留大瓜，徒长的植株适当晚采瓜。长势弱的植株应少留瓜、早采瓜。根瓜尽量提早采收，最大不超过 250g，以后陆续采收，最大不超过 500g。采收最好在早晨进行，采收时不要损伤主蔓，瓜柄尽量留在主蔓上。采收时，用左手托住瓜身，右手用剪刀剪掉果柄，果柄长留 1cm 左右。

图 2-12　西葫芦结果期

图 2-13　西葫芦果实

图 2-14　西葫芦包装

 病虫害防控

（一）主要病害

1. 病毒病

主要危害西葫芦叶片、全株及果实，叶片表现花叶，呈现绿色深浅相间的花斑，植株矮化，心叶成鸡爪状，叶片丛生变小。病果表皮产生瘤状突起，果实小。

防治措施：①选择适宜播期，人为避开高温干旱，将生产季节提前或推迟，减轻发病。②消灭虫源：病毒病为蚜虫等昆虫传播，一旦发现蚜虫应及时消灭，并消除栽培地块周围的杂草，减少虫源。③以加强栽培管理为主，药剂防治为辅，播种前用10%磷酸三钠浸种20min，然后水洗、浸种催芽，或用55℃温水浸种40min，发病初期喷0.2%~0.3%磷酸二氢钾或尿素，提高植株抗病性，并加强肥水管理，减轻病害的发生发展。也可喷抗病毒病的药剂，如抗毒剂1号水剂250~300倍液，或20%病毒A可湿性粉剂500倍液，或1.5%植病灵乳剂800~1 000倍液，或细胞分裂素600倍液喷雾，每10天1次，连续喷洒2~3次。

2. 白粉病

主要发病部位在西葫芦叶片，也浸染叶柄及瓜蔓。发病初期叶片正面和背面产生白色近圆形小粉斑，逐渐向外缘扩展，成为边缘不明显的大片白粉区，直至整个叶片布满白粉；后期病斑呈灰白色，叶片枯黄、发脆，但不脱落。白粉病的发生与温湿度有关，湿度大，温度在16℃~24℃时，病害易发生流行。

防治措施：①加强栽培管理：注意田间通风透光，降低空气湿度。加强肥水管理，防止植株徒长，增强抗病性。②药剂防治：发病初期及时用药，可喷施5%粉锈宁1 000~1 500倍液，或农抗120水剂浓度200倍液或福美胂500~600倍液，或敌菌酮胶悬剂600倍液，或75%百菌清可湿性粉剂600倍液，7~10天1次，连续喷洒2~3次。

（二）虫害

西葫芦的虫害主要包括蚜虫和温室白粉虱。

1. 蚜虫

危害西葫芦的蚜虫为瓜蚜，又称腻虫或蜜虫等。蚜虫分有翅、无翅两种类型，体色为黑色，以成蚜或若蚜群集于西葫芦叶背面、嫩茎、生长点和花上，用针状刺吸口器吸食植株的汁液，使细胞受到破坏，生长失去平衡，叶片向背面卷曲皱缩，心叶生长受阻，严重时植株停止生长，甚至全株萎蔫枯死。蚜虫为害时排出大量水分和蜜露，滴落在下部叶片上，引起霉菌病发生，使叶片生理机能受到障碍，减少干物质的积累。

防治措施：以药剂防治为主，可用20%速灭杀丁（杀灭菊酯）2 000~3 000倍液，40%菊杀乳油4 000倍液喷布，2.5%溴氰菊酯乳油2 000~3 000倍液，21%灭杀毙乳油4 000倍液喷洒。目前，在保护地内用北京产杀瓜蚜1号烟剂，每亩0.5kg，熏蒸一夜，早晨通风，防效达98%以上，效果最佳。

2. 白粉虱

成虫和若虫吸食植物汁液，被害叶片褪绿、变黄、萎蔫，甚至全株枯死。此外，由于其繁殖力强，繁殖速度快，种群数量庞大，群聚危害，并分泌大量蜜液，严重污染叶片和果实，往往引起煤污病的大发生，使蔬菜失去商品价值。

防治措施：应以预防为主，培育无虫苗，注意与非寄主作物轮作，种植前采用敌敌畏温

室熏烟。当每株成虫0.5~1头时，采用天王星3 000~5 000倍液与扑虱灵2 000~3 000倍液混用喷雾防治。结合防治潜叶蝇，挂黄板诱杀成虫。有条件的地方，还可引进丽蚜小蜂进行生物防治。

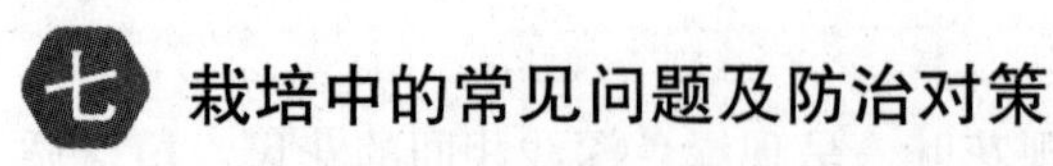

七 栽培中的常见问题及防治对策

设施西葫芦栽培过程中容易出现化瓜现象，即在刚坐下的瓜纽或长到一定大小的幼瓜生长停止，变黄萎缩，最后干枯而死或脱落。

化瓜原因：花粉发育不良；授粉受精不良。

防治措施：培育壮苗；适时整枝、疏瓜，减少养分消耗；根据植株长势采收，保持秧果生长平衡；及时进行人工授粉或激素处理。

课后作业

1. 西葫芦的类型有________、________、________、________四种。

2. 生产上早春西葫芦栽培应选择________，________，瓜码密，________，耐湿，耐低温和________的品种。

3. 出苗前要适当提高苗床的温度，促使幼苗尽快出土。白天床温________，夜温________，地温16℃~18℃。

4. 当西葫芦长有________叶时就可以带土移栽定植。定植前加强________，去小拱棚________，培育壮苗，使其适应定植，提高幼苗________。

5. 选择晴天上午进行定植，以利于缓苗。定植苗要选择植株大小________、生长________、无病虫害的苗。健壮幼苗的形态标准是：幼苗________，叶色浓绿，子叶________，两片子叶健全，________。

6. 西葫芦不能单性结实，在早春大棚内必须进行________。授粉一般在________进行。

【任务考核】

学习任务：		班级：	学习小组：				
学生姓名：		教师姓名：	时间：				
四阶段	评价内容		分值	自评	教师评小组	教师评个人	小组评个人
任务咨询5	工作任务认知程度		5				
计划决策20	收集、整理、分析信息资料		5				
	制订、讨论、修改生产方案		5				
	确定解决问题的方法和步骤		3				
	生产资料组织准备		5				
	产品质量意识		2				

续表

组织实施 50	培养壮苗	5				
	整地作畦、施足底肥	5				
	西葫芦定植、地膜覆盖	5				
	西葫芦肥水管理	5				
	西葫芦环境控制	5				
	西葫芦病虫害防治	5				
	西葫芦采收及采后处理	5				
	工作态度端正、注意力集中、有工作热情	5				
	小组讨论解决生产问题	5				
	团队分工协作、操作安全、规范、文明	5				
检查评价 25	产品质量考核	15				
	总结汇报质量	10				

拓展知识

西葫芦无土栽培技术

西葫芦又叫美洲南瓜，富含维生素 C 和葡萄糖，采用无土栽培技术栽培，简单、实用、高效。

一、建造有机无土栽培设施

（一）有机基质的准备

将食用菌废渣用清水充分清洗 3 次后堆沤，薄膜盖严堆焙，夏季不少于 60 天，冬季不少于 120 天，堆焙温度达到 70℃，至少翻堆 1 次，将其腐熟。堆腐成熟后，晒干破碎，全部通过 1cm 的筛，再按菇渣：珍珠岩：细煤渣=4：1：4 的比例拌匀，堆焙 15 天消毒灭菌准备入槽。

（二）基质的酸碱度和盐分含量的调节

（1）酸碱度的调节。基质的 pH 应在 6~6.9，高于 6.9，则加入磷酸进行调节。

（2）含盐量的调节。基质盐分含量如以重量法，则应在 150mg/kg 以下，如超过，则用清水冲洗后，再入槽。

（3）无土栽培槽的建造。利用日光温室进行栽培。用红砖在温室内垒成内径 48cm 的南北向栽培槽，槽北距墙 80cm 作走道，槽框高 30cm，槽距 72cm。砌好后在槽基部铺上一层薄膜，膜上铺上排水管。将炉渣平铺于槽内，高度刚好没过排水管为宜。在炉渣上面铺上无纺布：防止细碎基质落到栽培槽底部，影响浇水透气性。$1m^3$ 基质中加入 2kg 有机无土栽培专用肥，10kg 消毒鸡粪，混匀后填槽，深约 25cm，略低于槽边缘 2~3cm。最后用地膜覆盖 7 天左右即可移栽瓜苗。温室内修 $2m^3$ 的蓄水池，建相应的滴灌系统。

二、品种的选择

选用生长势强、早熟、耐低温的品种，一般采用早青、绿箭等品种。

三、无土嫁接育苗

在移栽前 40 天左右开始播种育苗，育苗时注意消毒、灭菌。育苗宜用育苗盘，再用 12cm×13cm 的育苗钵进行移植。

1. 催芽

播种前，首先将西葫芦和黑籽南瓜种子用温汤处理，55℃的温水浸泡 15min，再在 30℃温水中浸泡 4~6h，搓洗掉种皮上的黏液，用清水投洗几遍，晒干种皮。用 1%的高锰酸钾浸种 20~30min，以防病毒病。再用湿纱布或湿毛巾包起，放在 25℃~30℃处催芽。当大部分种子露出白尖，胚根长至 0.5cm 时即可播种。

2. 播种

用育苗盘无土育苗。按草炭∶蛭石为 2∶1 配好育苗基质，$1m^3$ 基质中加入 5kg 消毒鸡粪和 0.5kg 蛭石复合肥，混匀后填入 50 孔吸塑盘。苗盘浇足水后每孔点入 1 粒种子，上覆蛭石 1.5cm。出苗前温度保持 28℃~30℃，出苗后降温，白天温度保持 20℃~25℃，夜间温度 12℃~15℃。

3. 嫁接育苗

砧木与接穗苗子叶展平后即可进行靠接法嫁接，嫁接苗栽入 12cm×13cm 的育苗钵（基质配制同育苗盘）。钵内浇足水，插拱盖膜，以遮光保湿，保持相对湿度 95%左右，温度保持白天 25℃~28℃，夜间 20℃左右。3 天后逐渐见光，5 天撤去覆盖物，10 天左右嫁接苗愈合好后接穗断根，保持白天温度 20℃~23℃，夜间温度 12℃~15℃，经常检查，看苗浇水，保持基质湿润。约 30 天，苗 3 叶 1 心时即可定植。

四、定植

定植在上午 9：00 以前或下午 17：00 以后进行。

定植前先将基质翻匀整平，每个栽培槽均进行大水漫灌，使基质充分吸水。水渗后，按每槽两行调角扒坑定植，基质略高于苗坨。株距 45cm，亩定植1 500株。栽后轻浇。

五、栽培管理

（一）肥水管理

定植后 7~10 天浇 1 水，保持基质湿润；坐果后需水量增加，晴天每天上午浇 1 次，每次 20min。

定植后 20 天进行追肥，此后每隔 10 天追肥 1 次，每次每株追专用肥 10g，坐果后每次每株 25g。肥料均匀埋入离根 10cm 处的基质中，随后浇水。冬春季室内进行 CO_2 气体追肥，可提高植株抗逆性和产量。

（二）温、湿度及光照管理

1. 温度控制

定植后，棚内温度保持白天 20℃~25℃，夜间 12℃，温度过高要适当通风。开花坐果后提温，白天温度在 25℃~28℃，夜间温度在 12℃~15℃。果实膨大期，白天在 28℃左右，夜间 13℃左右，昼夜温差保持 15℃左右。

2. 湿度控制

在温度适宜的条件下，室内应加强通风，进行气体交换，降低空气湿度，以减轻病害的发生。湿度控制在 65%~70%为宜。

3. 光照控制

瓜类蔬菜喜光，栽培期间只要保证正常室温，应尽量让植株多见光。

（三）植株调整与授粉

1. 植株调整

植株调整一般包括吊蔓、整枝、摘心、摘叶、打杈等工序。苗8~9片叶时，用尼龙绳将植株吊起，令主蔓绕绳向上直立生长，及时摘除侧芽、侧枝、卷须及病残老叶。授粉后疏掉部分雌花，全部雄花，也可疏果，减少养分的消耗。当瓜蔓长到预计的高度时即可进行摘心，主蔓瓜采收后，再利用倒蔓的回头瓜来提高产量。

2. 授粉

雌花开后，可进行授粉。授粉在早晨进行，每天的7：00~9：00进行人工授粉。人工授粉的具体步骤：摘下雄花，去掉花瓣，用雄蕊的花药涂抹在雌蕊的柱头，1朵雄花可以为3朵雌花授粉。也可用20~30mg/kg的防落素涂抹雌花柱头，以提高坐果率。

六、采收

采瓜要及时，宜在清晨进行，用专用刀来剪切瓜蔓，防止交叉感染，传播病菌。

七、病虫害防治

主要的虫害有瓜蚜、红蜘蛛、白粉虱等小害虫；病害主要有白粉病、病毒病。特别是在栽培后期白粉病较重，应注意防治。

八、拉秧、清毒

当瓜秧植株出现衰老现象，结出的果实大部分为畸形果，产量也明显下降时应立即拉秧。对无土栽培槽内停止供水肥，将植株拔出，并远离栽培槽附近作统一处理。拉秧后应对无土栽培槽进行消毒、喷药或栽种非葫芦科作物，如葱、蒜等可杀菌杀虫的作物。

任务三 苦瓜设施栽培

【知识目标】

（1）描述苦瓜品种类型、栽培类型与茬口安排模式。

（2）总结苦瓜栽培管理知识与技术要点。

【技能目标】

（1）能熟练操作苦瓜的栽培管理技术。

（2）能根据苦瓜的生育特性，进行水、肥、病、虫等田间管理，达到优质、高产。

【情感目标】

（1）能积极地参与苦瓜的设施栽培项目技能训练活动。

（2）通过团队协作，能够针对苦瓜栽培管理中出现的问题提出可行的解决方法。

苦瓜（Momordica charantia L.），又名癞瓜、癞葡萄、锦荔枝等。苦瓜含有蛋白质、脂肪、淀粉、钙、磷、铁、胡萝卜素、维生素 B_2、维生素 C、维生素 B_1 等成分。苦瓜所含的维生素 B_1，是瓜菜类蔬菜中最高的，具有预防和治疗脚气病、促进乳汁的分泌和增进食欲等作用。苦瓜所含的维生素 C 是菜瓜、甜瓜、丝瓜的 10~20 倍，具有防治坏血病、保护细胞膜和解毒、防止动脉粥样硬化、抗癌、提高机体应激能力、预防感冒、保护心脏等作用。苦瓜中含有类似胰岛素的物质，其降低血糖的作用很明显，是糖尿病患者理想的康复佳蔬。苦瓜还含有脂蛋白成分，可提高机体免疫功能，有抗病毒的作用。苦瓜中含有生理活性蛋白，有利于皮肤新生、伤口愈合，经常食用可使皮肤细嫩柔滑。

图 2-15　苦瓜

一　品种类型

苦瓜的类型，按嫩果颜色划分，有青皮苦瓜和白皮苦瓜两种。青皮苦瓜苦味较浓，以南方栽培较多；白皮苦瓜苦味较淡，以北方栽培较多。按果实形状可分为长圆锥形、短圆锥形和长圆筒形等。其中圆锥形苦瓜以南方分布较多，北方地区一般栽培长圆筒形。按果实大小分，有大型苦瓜和小型苦瓜两大类，现在我国各地栽培的苦瓜大都属于大型苦瓜类型。

二　生育期

苦瓜的生长发育过程可分为发芽期、幼苗期、抽蔓期和开花结果期。整个生长期需 100~200 天。

1. 发芽期

苦瓜发芽期是从种子萌动至子叶展开为止，适宜条件下需 5~10 天。发芽期主要完成种子本身的营养转化、胚根萌发和出土等一系列复杂过程，需要适宜的温度、土壤湿度和氧气条件。发芽期在栽培上应给予适宜的温度和湿度以促进出苗。

2. 幼苗期

苦瓜从第 1 对真叶初现至第 5 片真叶展开，开始抽出卷须为幼苗期。在 20℃~25℃的适宜温度下需 25 天左右。此期生长缓慢，节间短，茎直立，叶片小，绝对生长量较小，但花芽和新叶分化较多，管理上主要采取控温措施培育的适龄壮苗。

3. 抽蔓期

从幼苗开始发生卷须到植株雌花开始现蕾，需 7~10 天。如条件适宜，则现蕾早，抽蔓期较短。此期茎由直立生长转向蔓性生长，植株由营养生长为主转向生殖生长和营养生长并举。管理上要促进根系生长，同时要促进坐果，适当控制浇水，以防“跑秧”现象的发生。

4. 开花结果期

苦瓜从植株现蕾至生长结束为开花结果期，此期的长短与栽培水平和栽培条件有关，露地栽培一般为 50~70 天，在保护地中栽培可达 150 天以上。此期生长量大，营养生长与生殖生长同时进行，生产上应以平衡秧果关系为中心。开花初期，应减少空气相对湿度，减少浇水。进入果实发育时期，应加大肥水管理，防止植株脱水缺肥，造成早衰。

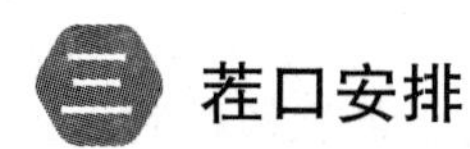

三 茬口安排

大棚春提前茬：采用温室育苗，播种期在2月上中旬，定植期在3月中下旬，上市时间在5月上旬至6月中旬。

大棚秋延后茬：7月下旬~8月初播种，9月下旬~11月上旬采收。

四 大棚春季苦瓜栽培技术

（一）品种选择

选择抗病性强、耐低温、色嫩绿、无刺瘤、瓜直个大、高产耐贮、商品性状符合市场需求的品种，如绿星和白珍珠。

绿星是传统苦瓜经过多次杂交试验改良而成的，兼具高产和抗病性强的品种；极早熟，单瓜重350~450g，瓜条顺直长棒形，刺瘤丰满、排列整齐，瓜把钝圆，瓜色翠绿，果实整齐度极好，商品率极高；根系特别发达，植株生长势强，主侧蔓均能结瓜，采收期长，亩产可达20 000kg以上；适合长途运输，品质上乘，是国内外蔬菜客商青睐的理想品种。白珍珠生长性强，适应性广，抗逆性强，珍珠瘤，瓜白里透绿，有光泽，瓜长25cm，横径7.5cm左右，单瓜重约450g；瓜形美观，早熟、高产，商品性好。

（二）培育壮苗

1. 播种育苗

播种前要进行种子消毒，用50℃~55℃温水浸种10~15min，边浸边搅拌，待水温降至室温后继续浸10~12h，然后置于25℃~30℃催芽约48h，种子“露白”后，将种子播于大棚内的营养土块或营养钵中，播种后覆盖地膜，30%的种子出芽后，改地膜覆盖为大棚+小拱棚覆盖，苗期苗床温度尽可能保持在25℃，晴天注意通风排湿，注意保持营养钵土的湿润，但不能积水，幼苗长至3~5片真叶时定植。

2. 土壤选择

苦瓜耐肥而不耐瘠，宜选排灌方便、向阳、土层深厚肥沃、疏松的沙壤土或黏壤土，忌与瓜类连作。

3. 肥水管理

每亩施5 000kg腐熟有机肥，氯化钾15kg，过磷酸钙50kg，肥料的60%作基肥，40%作追肥。苦瓜幼苗期不耐浓肥，苗期以清施淡肥为主，在进入旺盛生长前，追施一次肥料，在结果盛期追施2~3次肥料，盛果期后追施1~2次过磷酸钙，以延长采收期。

（三）定植

当苦瓜幼苗长至4~5片真叶时，棚内地温达到12℃~25℃即可栽植。定植前施入基肥，耕翻平整土地，按160~170cm开厢，定植行穴距（60~65）cm×（50~60）cm，每穴1株，每亩栽800~900株，栽苗深度以幼苗子叶平露地面为宜。定植后浇足定根水（但不能积水）覆盖地膜，如果温度低，可以加上小拱棚。

（四）田间管理

1. 温度管理

定植后2~3天关棚，提高棚温，促进缓苗。缓苗至开花前，棚温维持在20℃~25℃，高于27℃通风降温。开花结果期棚温白天维持25℃~30℃，夜间保持12℃~15℃。

2. 植株调整

当幼苗长到30~50cm时插杆吊绳，从棚上拉中绳，用小竹竿将绳固定于苦瓜植株附近，使苦瓜缠绕吊绳向上生长。

苦瓜分枝力强，将主蔓0.6~1.5m以下的侧蔓全部去掉，当主蔓伸长到一定高度后，留下2~3个健壮的侧蔓与主蔓一起上架。其后产生的侧蔓有瓜就保留，蔓长打顶，无瓜则将侧蔓去掉。同时，要均匀绑蔓，摘除卷须和多余雄花，剪除细弱或过密的枝蔓，减少遮光。在苦瓜的整个生长过程中，尤其后期结果期，要注意摘除老叶、病叶，有利于通风透光，并及时放下挂钩使苦瓜植株下沉。

3. 授粉

大棚栽培苦瓜，缺少传粉的昆虫，需要人工授粉来保花保果。人工授粉的适宜时间是上午开花后3~4h内。授粉时，选晴天上午9：00前，采摘盛开的雄花，去掉花瓣，将花药轻轻在雌花的柱头上涂抹一下，使花粉均匀布满雌花的柱头。人工授粉的坐果率比较高，瓜形好，但比较费工，当温室内的温度偏低时，坐果率也不高。目前，生产上主要采用的是激素保花法，即在开花的当天用2,4-D涂抹花柄或用防落素喷花。2,4-D重复抹花容易引起药害，抹花时要在激素中加入适当的红土或滑石粉作为指示剂。另外，2,4-D对苦瓜的茎叶也能够产生药害，使叶片发生皱缩，因此抹花时不要把2,4-D滴落到叶片上。苦瓜坐果后要及时进行疏花疏果，每节保留一个发育良好的幼瓜，多余的瓜以及畸形瓜、病瓜要及早摘掉。

（五）采收

为了确保苦瓜的商品性和增加结果量以提高产量，应采收中等成熟的果实。一般开花后12~15天为适宜采收期，应及时采收。

采收时宜掌握以下采收标准：青皮苦瓜果实上的条状和瘤状粒迅速膨大并明显突起，有光泽，顶部的花冠变干枯、脱落；白皮苦瓜除上述特征外，果实的前半部分明显由绿色转为白绿色，表面呈光亮感，为采收适期。

五 病虫害防控

（一）苦瓜的病害

1. 猝倒病

危害症状：猝倒病在苦瓜幼苗出土不久最易发生。初时幼苗幼茎基部呈水浸状，而后病部变淡褐色，幼苗近地面处明显缢缩，子叶尚未凋萎而倒伏。土壤温度低，湿度大时有利病菌的生长与繁殖，所以一般夜晚凉爽、白天光照不足、苗床湿度大时发病严重。

防治措施：①苗床消毒：种植前用70%五氯硝基苯与50%福美双于植沟中进行土壤消毒处理。②药剂防治：可用72.2%霜霉威盐酸盐750倍或用灵·代森或58%甲霜灵·代森锰锌或75%百菌清600倍或32%甲霜·恶霉灵300倍液喷于幼苗基部。

2. 炭疽病

危害症状：苦瓜瓜条、叶片及茎蔓均可发病。瓜条上病斑圆形或不规则形，初时淡黄褐色，后期变红褐色至淡褐色，稍凹陷。叶片病斑圆形或不规则形，灰褐色至棕褐色，略湿腐。茎蔓上病斑长圆形，褐色、凹陷，有时龟裂。

防治措施：①选用抗病品种，并进行种子消毒。②重病地与非瓜类蔬菜进行轮作。③避免偏施、过施氮肥，增施磷、钾肥和中微量元素肥，同时适当控制灌水，雨后要排除积水。④及时摘除病叶、病枝和病瓜，并要保持田间通风透光良好。⑤药剂防治：于发病前用25%咪鲜胺1 500倍喷施预防；发病时用10%苯醚甲环唑1 500倍或32.5%嘧菌酯·苯醚甲环唑喷施。

3. 褐斑病

危害症状：主要危害苦瓜叶片。初时在叶片上产生褐色圆形小斑点，后逐渐扩展为近圆形或不规则形，黄褐色，周围常有褪绿晕圈。当环境条件适宜时，病斑迅速扩大连接成片，最终整叶干枯。

防治措施：①选择地势较高、排水良好的地块种植。②及时搭棚、整枝和摘叶，改善田间通风透光条件。③基肥以有机肥为主，追肥要氮、磷、钾结合，并喷瓜菜用叶面肥。④适时灌水，雨后及时排除田间积水，注意控制田间湿度。⑤重病地要实行轮作。⑥药剂防治与炭疽病相同。

4. 白粉病

危害症状：苦瓜叶、叶柄和茎均可发病。叶片发病，叶正面、背面初期产生白色小粉点，扩展后为圆形、近圆形稀疏白色粉斑，随病情发展粉斑连片，叶面布满一薄层白粉。病重时，叶片逐渐变黄，最后干枯，使整株生长及结瓜受阻，生育期大大缩短。叶柄、茎蔓发病，病部长满稀疏白粉。

防治措施：①选用抗（耐）病品种。②合理密植，及时搭棚、整蔓和摘叶，增强植株通风透光。③采用配方施肥，增施（喷施）中微量元素肥。④适度灌水，不使土壤过湿。⑤药剂防治：于发病前用32.5%嘧菌脂苯醚甲环唑或百菌清喷施预防；发病后用10%苯醚甲环唑1 500倍液或用80%硫黄干悬浮剂600倍或25%三唑酮可湿性粉剂1 000倍交替喷施。

5. 病毒病

危害症状：病株叶片上呈现黄绿相间的花叶，植株矮小，尤以顶部幼嫩茎叶症状明显。新叶不舒展，叶面皱缩，产生黄绿斑驳（俗称鸽子藤），后期黄斑变为坏死斑。早期发病，瓜苗生长不良，节间短缩，从下部叶片往上黄枯。

防治措施：①选用抗（耐）病品种。②进行种子消毒。③实行轮作（有条件的最好实行水旱轮作）。④生长期定期叶面喷施瓜菜用叶面肥，促进生长及壮苗抗病。⑤及时防治蚜虫、蓟马和白粉虱，防止传染。⑥发现病株及时拔除、烧毁，并喷施好普700倍预防。⑦药剂防治：发病初期及时进行药剂防治，可用2%宁南霉素300倍或马啉胍·乙酸铜1 500~2 000液喷施。

（二）苦瓜的虫害

1. 瓜蚜、蓟马和白粉虱

危害症状：成虫和若虫均栖息在苦瓜嫩茎、嫩梢或叶背吸取液汁，受害叶片褪色、变黄、卷缩，植株生长受到抑制，并传播病毒病。

防治措施：用噻虫嗪或阿维吡虫啉或阿维啶虫脒1 000倍喷杀。

2. 瓜实蝇

危害症状：瓜实蝇俗称蜂仔，成虫以产卵管刺入苦瓜幼瓜表皮内产卵，幼虫孵化后即钻进瓜内取食，受害瓜先局部变黄，而后全瓜腐烂变臭，大量落瓜。即使瓜无腐烂，刺伤处凝结着流胶，畸形下陷，果皮硬实，瓜味苦涩，品质下降。该虫在我国已成为瓜果的重要虫害。

防治措施：①食物诱杀。在瓜果开花、刚开始长小瓜的时候，每亩用盛放瓜实蝇害虫食物诱剂“针蜂一号”诱捕器12~15个，且外围密度大，内堂密度小进行诱杀，或用红糖、醋、香蕉皮、万灵粉，按2∶1∶10∶1的配比做毒饵诱杀。②用性诱剂1支+安保2包+红糖100g冲30水喷杀。③药剂防治：用4.5%氯氰菊酯1 000倍液喷杀。因成虫出现期长，需3~5

天喷一次，连续 2~3 次。

课后作业

1. 苦瓜的类型，按嫩果颜色分为________和________两种。按果实大小分为________和________两大类型。

2. 大棚春季苦瓜栽培品种选择________、________、色嫩绿、________、爪直个大、________、商品性状符合市场需求的品种。

3. 当苦瓜幼苗长至________片叶时，棚内地温达到________即可栽植。

4. 定植后 2~3 天关棚，提高________，促进________，缓苗至开花前，棚温维持在________，高于 27℃通风降温。开花结果期棚温白天维持________，夜间保持 12℃~15℃。

5. 当幼苗长到 30~50cm 时________，从棚上拉中绳，用小竹竿将绳固定于苦瓜植株附近，使苦瓜缠绕吊绳向上生长。苦瓜分枝力强，将主蔓 0.6~1.5m 以下的________全部去掉，当主蔓伸长到一定高度后，留下________个健壮的侧蔓与主蔓一起上架。

6. 大棚栽培苦瓜，缺少传粉的昆虫，需要________来保花保果。目前生产上主要采用的是激素保花法，即在开花的当天用________涂抹花柄或用防落素喷花。苦瓜坐果后要及时进行________，每节保留一个发育良好的幼瓜，多余的瓜以及________、________要及早摘掉。

7. 简述苦瓜如何进行整枝。

【任务考核】

学习任务：		班级：	学习小组：				
学生姓名：		教师姓名：	时间：				
四阶段	评价内容		分值	自评	教师评小组	教师评个人	小组评个人
任务咨询 5	工作任务认知程度		5				
计划决策 20	收集、整理、分析信息资料		5				
	制订、讨论、修改生产方案		5				
	确定解决问题的方法和步骤		3				
	生产资料组织准备		5				
	产品质量意识		2				
组织实施 50	培养壮苗		5				
	整地作畦、施足底肥		5				
	苦瓜定植、地膜覆盖		5				
	苦瓜肥水管理		5				
	苦瓜环境控制		5				
	苦瓜病虫害防治		5				
	苦瓜采收及采后处理		5				
	工作态度端正、注意力集中、有工作热情		5				
	小组讨论解决生产问题		5				
	团队分工协作、操作安全、规范、文明		5				
检查评价 25	产品质量考核		15				
	总结汇报质量		10				

拓展知识

苦瓜的保健功效

苦瓜中含有丰富的维生素C，每100g苦瓜含有56mg的维生素C。苦瓜中含有丰富的苦味甙和苦味素，苦瓜素被誉为“脂肪杀手”，它能使摄取脂肪和多糖减少。苦瓜中含有类似胰岛素的物质——多肽-P。苦瓜还含有一种蛋白脂类物质，具有刺激和增强动物体内免疫细胞吞食癌细胞的能力，它可同生物碱中的奎宁一起在体内发挥抗癌作用。

苦瓜的保健功效具体如下：

（1）清热益气：苦瓜具有清热消暑、养血益气、补肾健脾、滋肝明目的功效，对治疗痢疾、疮肿、中暑发热、痱子过多、结膜炎等病有一定的功效。

（2）保护机体：苦瓜具有预防坏血病、保护细胞膜、防止动脉粥样硬化、提高机体应激能力、保护心脏等作用。

（3）抗癌：苦瓜中的有效成分可以抑制正常细胞的癌变和促进突变细胞的复原，具有一定的抗癌作用。

（4）美容肌肤：苦瓜能滋润皮肤，还能使皮肤白皙、保湿，特别是在燥热的夏天，可以尝试敷上冰过的苦瓜片。

此外，苦瓜还具有降血糖、降血脂、预防骨质疏松、调节内分泌、抗氧化、抗菌及提高人体免疫力等药用和保健功能。

技能训练1： 蔬菜播种育苗技术

一 实训目的

通过实训，掌握蔬菜作物的播种方式及其播种方法。

二 材料和用具

各种蔬菜种子、做好的畦、农具。

三 方法步骤

1. 湿播法

播种前先浇足底水，待水完全下渗后播种，然后覆土。

（1）撒播。在整好的畦面上，先浇足底水，待水完全下渗后，用细筛筛一层细土，填平床面凹处，之后均匀撒播种子，覆土。然后覆盖塑料薄膜进行保温保湿（冬春季）或覆盖遮阳网遮阳（夏秋季）。此法适合于绿叶菜类播种和茄果类、瓜类蔬菜育苗。

（2）条播。在整好的畦面上，按一定的行距和深度开沟，然后沿沟浇足水，待水渗下后播种，然后平沟覆土，保温保湿或遮阴降温。

（3）点播。在整好的畦面上，按一定的行距、穴距及深度开穴。然后按穴浇透水，待水渗下后播种、覆土。

2. 干播法

其播种方式分为撒播、条播、穴播。与湿播法不同之处在于干播法在播种之前不浇水；播种稍深一些；播后轻度按压，使种子与土壤紧密接触，以利于种子吸水；出苗之前若土壤太干，可浇小水。

四 作业

(1) 简述蔬菜播种方法。

(2) 简述蔬菜各种播种方法操作要点。

技能训练 2: 瓜类蔬菜嫁接技术

一 实训目的

通过本次实训，学习掌握瓜类蔬菜嫁接育苗技术，以便更好地应用于生产。

二 材料与用具

1. 黄瓜苗

黄瓜苗包括 3 种：第一片真叶展开的苗、子叶由黄变绿的苗、子叶平展的苗。

2. 南瓜苗

需第一片真叶展开的苗。

3. 用具

刀片、竹签、嫁接夹等。

三 概念

(1) 嫁接：把要繁殖的植物的枝或芽接到另一种植物体上，使它们结合在一起进行生长或繁殖的方法。

(2) 嫁接育苗。嫁接育苗是利用嫁接技术培育蔬菜幼苗。

目前，嫁接育苗技术主要用于瓜类蔬菜的生产，尤以黄瓜、西瓜为主，以预防枯萎病的发生，同时增强根的吸收能力，提高黄瓜的耐寒性，提早定植，提高产量和产值。

四 实验步骤方法

1. 靠接法

靠接法又称“舌接”“舌靠接”“靠插接”。靠接法嫁接的嫁接苗后期去夹断根工作烦琐，接口处愈合不牢固，但靠接苗对外界不良环境的抵抗力较强。因此，靠接法仍是目前被采用的主要嫁接方法之一。

(1) 砧木的准备：靠接法砧木应比接穗晚播 3~5 天，第一片真叶半展开，下胚轴长度在 6~7cm 为嫁接适期。嫁接时先用刀片或竹签剔掉砧木的生长点，在子叶下方 1cm 处呈 30°~45°角向下斜切一刀，切口长度 0.5cm 左右，深度要达到下胚轴粗的 1/2 左右，切面平滑。

（2）接穗的准备：接穗应比砧木早播 3~5 天，当子叶充分展开、真叶显露时为嫁接适期。接穗的削法与砧木相反，在距生长点 1.5cm 处向上斜切，深度为下胚轴粗度的 3/5~2/3，切口平滑，切口长度为 0.5~0.6cm。切口不可过长，过长容易在断根后产生不定根，愈合较缓慢，且嫁接后期易折断。

（3）嫁接：将接穗切口插入砧木下胚轴的切口，使二者紧密结合，从接穗的一方用嫁接夹固定，使嫁接夹夹板平面与切口平面垂直。

（4）断根：靠接后 10~15 天伤口基本可以愈合好，从接穗外部表现来看，其第一片真叶已展开，需进行断根。在断根前 1 天捏扁接穗的胚轴，破坏其维管束，第二天在接口以下 1cm 处下刀断根。断根以后，视接口愈合程度酌情去掉嫁接夹。

2. 顶插接法

顶插接法又称“斜插接法”“插接法”。顶插接要求嫁接后管理条件严格，但后期伤口愈合牢固，不易折断，现被广泛采用。

（1）竹签的制备。选竹织针或竹片削成单面半圆锥形竹签或双面楔形竹签。楔形面要求平滑，长度为 0.5~0.6cm。竹签直径视接穗粗度以及砧木粗度而定，一般直径为 0.1~0.2cm。

（2）砧木以及接穗的准备。砧木比接穗早播种 3~5 天，当砧木苗高 6~7cm，第一片真叶半展开、宽度不超过 1cm 时为嫁接适期。此时瓜苗心叶刚刚显露，子叶展平。嫁接时用竹签剔去砧木生长点，然后用竹签从一侧子叶基部中脉处向另一侧子叶下方胚轴内穿刺，到竹签从胚轴另一侧隐约可见时为止。扎孔深 0.4~0.5cm，不要马上拔下竹签，接穗的削面通常视竹签的情况而定。如果是单平面竹签，接穗就应削成单平面；如果是楔形竹签，接穗就削成楔形，在距子叶 0.5~1cm 处以 30°角斜切，切口长度为 0.4~0.5cm。

（3）相互嫁接。拔出竹签，立即将接穗插入孔中，使接穗平面与竹签平面吻合。接穗子叶方向与砧木子叶方向呈交叉状。

3. 接后管理

（1）所需设施。为给嫁接苗创造良好的环境条件，冬春季苗床应设置在日光温室、塑料薄膜拱棚等保护设施内。苗床上还应架设塑料小拱棚，并备有苇席、草帘、遮阳网等覆盖遮光物；若地温低，苗床还应铺设地热线以提高地温。秋延后栽培的蔬菜，苗期多处于炎热的夏季，幼苗嫁接后，应立即移入具有遮阴、防雨、降温设施的苗床内，精心管理。

（2）温度。嫁接后适宜的温度有利于愈伤组织的形成和接口快速愈合。多数试验认为，嫁接苗愈合的适宜温度，瓜类蔬菜为白天 25℃~28℃，夜间 18℃~22℃；温度过高或过低，均不利于接口愈合，并影响成活率。

（3）湿度。嫁接成活之前，保持较高的空气湿度，防止接穗萎蔫，是关系到嫁接成败的关键。一般嫁接后 7 天内，空气相对湿度应保持在 95%以上。一般瓜类蔬菜密闭时间 3~4 天，以后逐日增加通风量和通风时间，但仍应保持较高的空气湿度，每日中午喷雾 1~2 次，直至完全成活，恢复常规育苗湿度管理。

（4）光照。嫁接后为避免阳光直晒秧苗，引起接穗萎蔫，应适当遮光。一般嫁接后3~4天内全天遮光，以后早晚在小棚两侧透散射弱光，并逐渐增加透光时间，8~10天成活后，恢复正常光照管理。若采用靠接法，成活后对接穗断根，断根后应适当遮光2~3天。以后应逐渐增加透光量和透光时间，嫁接苗成活后及时给予正常的光照条件。嫁接后若遇阴雨天气，也可不遮光。

（5）注意防病。应加强嫁接苗的防病管理。在嫁接前12天对接穗、砧木喷药，嫁接过程中对用具、手指消毒，嫁接后愈合期内也应喷药1~2次，一般结合喷雾进行，可用800~1 000倍的百菌清或1 000~1 500倍的甲基托布津等。嫁接苗成活后，还应根据砧木抗病种类和具体情况，按常规方法防治苗期病虫害。

五 作业

（1）每人用两种嫁接方法各接4株，分组进行管理。

（2）根据个人嫁接操作体会以及嫁接成活情况，总结这两种嫁接方法的优缺点，说出自己的见解。

子项目三　豆类蔬菜设施栽培

豆类蔬菜为豆科一年生或二年生的草本植物，栽培中常见的有菜豆、豇豆、豌豆、甜豌豆、蚕豆、扁豆、刀豆、毛豆、荷兰豆、藜豆和四棱豆。

豆类蔬菜营养丰富，蛋白质含量高，同时含有丰富的脂肪、糖类、矿物盐和多种维生素。豆类蔬菜具有食用多样性，主要以豆荚和嫩豆粒供食用，风味鲜美。豆类蔬菜还可以利用种子生产芽菜，如传统的豆芽菜以及新型高档的豌豆芽苗菜。

豆类蔬菜的贮运需要注意：在高温条件下，由于呼吸强度很强，豆荚里的籽粒会迅速生长，豆荚纤维化程度增加并逐渐老化，品质降低，严重者失去食用价值，所以豆类是很难保鲜的一类蔬菜，如果采用低温贮藏，一般可贮藏2~3周，无冷藏条件的则最多贮放7天。

豆类蔬菜均为直根系，根系发达，但易木栓化，受伤后再生能力差，生产上宜采取直播或护根育苗。植株较耐旱，不耐盐碱，要求土壤肥沃，排水和通气性良好，pH在5.5~6.7为宜。豆类蔬菜忌连作，宜与非豆科作物实行2~3年轮作。除豌豆、蚕豆属长日照作物，喜冷凉气候外，其他均属短日照作物，喜温暖，不耐寒冷。多数豆类对光照长度要求不严格。

任务一 菜豆设施栽培

【知识目标】

（1）描述菜豆品种类型、生物学、栽培类型与茬口安排模式。

（2）熟悉菜豆栽培管理知识与技术要点。

【技能目标】

（1）能熟练操作菜豆的播种育苗、覆土、间苗、分苗和定植技术。

（2）能根据菜豆的生物学特性，进行水、肥、病、虫等田间管理，使之达到优质、高产。

【情感目标】

（1）能积极地参与菜豆栽培管理活动，通过团队协作完成菜豆设施栽培项目。

（2）养成耐心、细致的习惯，能够主动发现菜豆栽培管理中的问题并积极解决问题。

菜豆（Phaseolus vulgaris L.），是豆科菜豆属一年生草本植物，别名四季豆、芸豆、玉豆等。原产美洲，16~17世纪传入中国，现在我国各地普遍栽培。菜豆的嫩荚和老熟种子均可食用，以嫩荚鲜食为主，也可干制和速冻。

菜豆根系发达。茎蔓生、半蔓生或矮生，被短柔毛或老时无毛。初生真叶为单叶，对生，以后的叶为三出复叶，近心脏形。总状花序，蝶形花，有数朵生于花序顶部的花；花萼杯状；花冠白色、黄色、紫堇色或红色；多自花传粉，少数异花传粉。荚果带形，长10~30cm，形状直立或稍弯曲，每荚种子4~8粒，种子长椭圆形或肾形，白色、褐色、黑色或有花斑，种脐通常白色；千粒重0.3~0.7kg。

菜豆的嫩荚及老熟种子均含有丰富的营养。按照茎的生长习性，可分为矮生品种和蔓生品种。在我国，蔓生品种栽培面积最大，一般城郊蔬菜基地多有种植，主食嫩豆荚；矮生品种栽培面积小，供应期短，主要在城市近郊分布，对丰富淡季蔬菜有一定作用。

 品种类型

1. 蔓生型

蔓生型菜豆也叫“架豆”，须攀附在固定物体上生长。顶芽为叶芽，属于无限生长类型。主蔓长达2~3m，节间长，每个茎节的腋芽均可抽生侧枝或花芽，陆续开花结荚，成熟较迟，产量较高，品质好。生产中常用的品种有四川省成都市的红花青壳四季豆、白花肉豆角，湖南省龙爪豆、九节鞭，江西省九江市梅豆，南昌市金豆，广州省中花玉豆、12号菜豆、超长四季豆、秋抗6号、秋紫豆等。

2. 矮生型

矮生型菜豆又称“地豆”或“蹲豆”，植株矮而直立，株高40~60cm。一般主茎长至4~

8节时，顶芽形成花芽，不再继续生长，从各叶腋发生若干侧枝，侧枝生长数节后，顶芽形成花芽，开花封顶。生育期短，早熟，产量低。较优良的品种有美国的供给者、优胜者、推广者，新西兰3号，日本的无筋四季豆，以及我国四川省黄荚三月豆、湖南省园荚三月豆等。

3. 优良品种

（1）红花青壳四季豆：植株蔓生，花红色，三出复叶，叶片绿色；播种至采收80天左右，嫩美绿色、质脆、品质好，抗病力强，一般亩产1 500kg。适合重庆地区低山、丘陵、河谷地区春季栽培，也可用于低山地区秋季反季节栽培。反季节栽培亩产1 000kg左右。

（2）芸丰623：植株蔓生，长势中等，叶绿色；白花，第一花序着生在3~4节。嫩荚淡绿色，圆长，平均荚长23cm，单荚重16g。品质优良，风味好，较抗炭疽病，中度感锈病。

（3）春丰2号：植株蔓生，长势旺，侧枝2~3个，茎绿色，花白色，嫩荚黄绿色，长20cm左右。单株结荚30~40个。种子黄色，肾形，无花纹。品质优，耐盐碱，抗锈病能力较差。

（4）双青玉豆：植株蔓生，长势旺，花白色，每花序结3~4荚，荚长15~17cm，条形，绿色，抗逆强，耐热，耐旱，一般亩产1 500kg。适宜春秋种植。

（5）紫龙架豆：植株蔓生，长势旺，花浅紫色，每花序结荚3~5荚，荚长18~22cm，棒条形，紫红色，抗逆性强，耐热，耐旱，一般亩产1 600kg。

（6）超级架豆王：植株蔓生，长势旺，分枝较多；花冠白色，嫩荚长圆条形，浅绿色。单荚重约18g，荚长25cm以上，每荚种子数7~8粒，种粒之间间隔较大。嫩荚纤维极少，鲜嫩、味甜、品质佳。

（7）沙克莎。无蔓，生长势中等，株高40cm；花浅黄色，豆荚长14cm，较直，绿色；每荚种子5~6粒，肾形，浅白黄色；叶片浅绿色，荚嫩脆，纤维少；品种早熟，品质好，一般亩产950kg。适合河谷和丘陵地区采用地膜覆盖早春栽培。

（8）美国供给者。无蔓，生长势中等，株高50~60cm，花紫红色，三出复叶，叶片绿色，4~5个分枝；早熟，播种至采收55~60天，嫩荚绿色、质脆、纤维少、品质佳；一般亩产1 000kg。适合河谷和丘陵地区采用地膜覆盖早春栽培。

二 生育周期

菜豆的生育周期分为发芽期、幼苗期、抽蔓期和开花结果期4个时期。

1. 发芽期

从种子萌动到第一对真叶出现，需10~14天。对温度的要求是发芽的最低温度为8℃~10℃，适温为20℃~25℃。

2. 幼苗期

从第一对真叶出现到有4~5片真叶展开，需20~25天。第一对真叶健全可以促进根群发展和顶芽生长。幼苗末期开始花芽分化，在适宜的温度、光照和水肥条件下花芽分化早、数量多、质量好。对温度的适应性稍广，其生育适温为18℃~20℃。

3. 抽蔓期

从4~5片真叶展出到开花，需15~20天。

4. 开花结果期

从开花到采收结束，需45~70天。开花结荚期生育适温为18℃~25℃，若低于15℃或高于30℃，宜产生不稔花粉，引起落花、落荚现象。

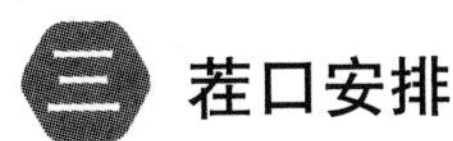

三 茬口安排

在我国，除菜豆在无霜期很短的高寒地区为夏播秋收外，其余南北各地均春、秋两季栽培，并以春季露地栽培为主。科学安排茬口，菜豆从播种到采收需要 50~70 天，采收期一般为 30~50 天。如果能再促使新枝返秧，则采收期可以超过 100 天。春季露地播种，多在断霜前几天，低温稳定在 10℃时进行；秋冬茬栽培菜豆，8 月中下旬或 9 月初直播，于 11~12 月采收；冬春茬栽培，多在 11 月中下旬在温室中直播或育苗，于 2 月上旬至 6 月采收；越冬茬栽培，在 10 月上中旬播种，1 月上中旬始收，6 月底拉秧；长江流域露地春季播宜在 3 月中旬~4 月上旬，早春栽培可提前 1~2 个月播种，华南地区一般在 2~3 月份，华北地区在 4 月中旬至 5 月上旬，东北在 4 月下旬~5 月上旬播种。秋播，长江流域多在 7~8 月份，华南地区 8~9 月份。目前，很多地区利用塑料大棚和日光温室进行反季节栽培，保证了菜豆的周年生产和供应。设施栽培菜豆的茬口安排见表 2-5。

表 2-5 长江流域不同覆盖早春熟栽培的播种、定植和采收时期

覆盖方式	播种期	定植期	收获期
大棚+小拱棚+地膜+草帘	1 月中旬~1 月下旬	2 月上旬~2 月中旬	3 月中旬~4 月中旬
大棚+小拱棚+地膜	1 月下旬~2 月上旬	2 月中旬~2 月下旬	3 月下旬~4 月下旬
大棚+地膜	2 月上旬~2 月下旬	2 月中旬~3 月中旬	4 月中旬~5 月中旬

四 菜豆设施栽培技术

（一）品种选择

根据各地的消费习惯，选择适销对路的高产、优质的菜豆品种。菜豆的塑料大棚春提前栽培多选择早熟、连续结荚率高、商品性好、丰产性好、产量高、抗病性强的蔓生菜豆品种，如芸丰、丰收 1 号、老来少、春丰 4 号等；短生菜豆可选择优胜者、供给者等品种。

（二）整地施肥

1. 土壤选择

四季豆根系虽发达，但再生能力弱，因此对土壤条件的要求比其他豆类高。要选择土壤深厚，保水保肥力强，透气性好，排灌方便的中性或微酸性土壤，这有利于根系生长和根瘤菌生活，并且可以减少病虫害。

2. 清园及棚室消毒

前茬作物收获后，及时清园并进行棚室消毒。深翻并精细耕地，结合整地，每亩施入腐熟有机肥3 000~4 000kg，磷酸二铵 20~25kg 或过磷酸钙 30kg，磷酸钾 20~25kg 或草木灰 100~150kg。深翻后做成高 15~20cm，宽 1~1.2m 的小高畦，覆盖白色地膜以提高地温。

（三）培养壮苗

1. 种子处理

选用粒大、饱满、无病虫的新菜豆种子进行播种。播种前先将种子晾晒 1~2 天，为了防止种子带菌，播种前可用种子重量 0.2%的 50%的多菌灵可湿性粉剂拌种，或用 0.3%的福尔马林 100 倍液浸种 20min 后，用清水冲洗干净后播种。可用根瘤菌拌种，参考用量为每亩

50g，以促进根瘤形成，再用清水洗净后播种。

2. 育苗

菜豆的育苗营养土可选用商品基质或者自配，自配的配方是园土、腐熟的有机肥过筛后混匀，$1m^3$粪土加入1kg磷酸二铵、30kg炉灰或20kg蛭石，适量多菌灵，搅拌均匀即可。

3. 播种

给菜豆育苗盘装满营养土并灌足水分，待水分完全下渗后点播种子，每钵点种2粒，深度2~3cm，覆盖好营养土后置于小拱棚内或用地膜覆盖。用地膜覆盖的，出苗时要即时揭膜，以防烧苗。

4. 移栽

当菜豆幼苗有2~4片真叶、苗龄30~40天时即可移栽，一般在棚内气温稳定在0℃以上，10cm地温稳定在10℃以上后定植。移栽前一天浇足水，移栽时幼苗和营养土坨整体拔出置于大田挖好的穴中，每穴2株，覆土栽植，移栽时要大小苗分开。先移栽后浇水，再覆膜，并把幼苗引出膜外。

图2-16 菜豆幼苗

(四) 田间管理

1. 温度管理

早春温度偏低，增温保温是管理的主要任务。定植后，使棚内温度白天保持25℃~28℃，夜间保持15℃~20℃。缓苗后白天20℃~25℃，夜间不低于13℃。随着外界气温升高，适当通风降温，满足菜豆对温度的要求，防治徒长。开花期温度，白天保持20℃~25℃，夜间在15℃~20℃为宜。结荚期，外界气温不断升高，应加大通风，防止高温高湿引起落花落果。

2. 查苗补苗

定植幼苗成活后，要及时查苗补缺。定植后要控水蹲苗并及时中耕，以提高地温。开花之前中耕3次。根系周围浅中耕，行间中耕可适当深些。结合中耕，适当进行培土，以促进根基部侧根萌发生长。

3. 肥水管理

菜豆水肥管理应掌握“苗期少、抽蔓期控、结荚期促”的原则。

定植后一般不浇水；缓苗后可少量浇1次缓苗水；开始抽蔓时，结合搭架灌一次水；第一花絮开花期一般不浇水，防止枝叶徒长而造成落花落荚。若土壤墒情良好，可一直到坐荚后浇水、施肥。如果土壤过于干旱或植株长势较弱，可在开花前浇一次小水并追施提苗肥，$1hm^2$追施尿素75~112.5kg。当第一花絮豆荚4~5cm长时及时浇水，一般每隔7~10天浇水一次，使土壤保持田间最大持水量的60%~70%。浇水后注意通风排湿。

菜豆结荚期为重点追肥时期，要重施氮肥并配合磷、钾肥。一般在结荚初期和盛期结合浇水各追肥1次，每次追施三元复合肥225~300kg，$1hm^2$也可施入300kg尿素或硫酸铵并配合适当磷、钾肥。结荚后期，植株长势逐渐衰弱时，可适当追肥，以促进侧枝再生和潜伏芽开花结荚。整个结荚期间叶面喷施0.3%~0.4%的磷酸二氢钾或0.1%的硼砂和钼酸铵3~4次，可延长采收期，提高产量。

矮生种生长发育早，能早起形成豆荚，一般不易徒长，应在结荚前早灌水、施肥。

4. 植株调整

当菜豆植株开始抽蔓（主蔓长30~50cm）时，及时搭人字架或吊绳引蔓。人工引蔓时，尽量使茎蔓均匀分布在支架上，不让茎蔓缠绕花序及豆荚，影响开花结荚。引蔓上架宜在下午进行，以免茎含水多容易折断。当主蔓接近棚顶时打顶，以防止长势过旺使枝蔓和叶片封住棚顶，影响光照，同时可避免高温危害。结荚后期，植株逐渐衰败，需及时剪除老蔓并逐次摘除植株下部的病、老、黄叶，以改善通风透光条件。

（五）适时采收

蔓生菜豆播种后60~80天开始采收，可连续采收30~45天或更长；矮生菜豆播种后50~60天开始采收，采收时间15~20天。一般嫩荚采收在开花后10~15天进行，加工用嫩荚可适当提前采收。采收标准是豆荚由扁变圆，颜色由绿转淡，外表有光泽，种子略显露。一般结荚初期和结荚后期2~3天采收一次，结荚盛期每1~2天采收1次。采收过早，产量低；采收过迟，纤维多，品种差，且容易造成落花落荚。采收时要注意保护花絮和幼荚。

采收时，要严格执行农药安全间隔期。采收后剔除病荚、虫荚、畸形荚，进行分级、包装。

图2-17 菜豆花

图2-18 菜豆

五 病虫害防治

菜豆病虫害防控按照“预防为主，综合防治”的植保方针，坚持“以农业防治、物理防治、生物防治为主，化学防治为辅”的原则。主要病害有锈病、枯萎病、炭疽病、灰霉病、细菌性疫病等；主要虫害有蚜虫、红蜘蛛、潜叶蝇、白粉虱等，其防治方法如下。

（1）选用抗病优良品种，严格进行种子消毒，培育无病虫壮苗。

（2）农业防治：与非豆科作物实行 3 年以上轮作；清洁田园，拔出病株，摘除病叶，及时清洁田园；对保护地栽培要创造适宜的生育环境，通过放风和辅助加温，调节不同生育时期的适宜温度和降低棚室内的空气湿度。应用生物药剂，2%农抗 120 的 150~200 倍液喷雾防治炭疽病、灰霉病，农用链霉素、新植霉素4 000~5 000倍液防治细菌性病害。

（3）物理防治：悬挂黄板（25cm×30cm）诱杀蚜虫、美洲斑潜蝇、白粉虱成虫，安置于植株上方 10~15cm 处，设 450~600 块/hm^2；安装频振式杀虫灯诱杀害虫每 2~3hm^2 安置 1 盏杀虫灯（220V，15W），离地高度 1.2~1.5m，行间覆盖条状银灰色膜，驱避蚜虫、飞虱等害虫。

（4）化学防治应符合《农业合理使用准则》（GB/T 8321）（所有部分）和《农药安全使用规范总则》（NY/T 1276—2007）的要求。禁用剧毒、高毒农药，锈病用 25%三唑酮可湿性粉剂1 000~1 500倍液，或 50%硫悬浮剂 200~300 倍液喷雾防治。

（5）防治炭疽病：育苗期苗床用 50%多菌灵加 50%福美双 10g/m^2，加干土拌匀，撒于床面；定植时，再用多菌灵加福美双，每1 000株用药 500g，加干土拌匀，撒于穴内。发病初期，用福美双 500 倍液，或 80%代森锰锌可湿性粉剂 600~800 倍液，或 75%百菌清可湿性粉剂 600~800 倍液，喷 1~3 次。

（6）防治细菌性疫病：在发病初期，用 77%氢氧化铜可湿性粉剂、27%碱式硫酸铜悬浮剂 600 倍液，或 60%代森锌可湿性粉剂 400~600 倍液，每 7 天左右交替用药，连喷 3 次。

（7）灰霉病发病初期可用 50%腐霉利可湿性粉剂1 000倍液，或 50%异菌脲可湿性粉剂1 000倍液，或 50%乙烯菌核利可湿性粉剂1 000倍液，或 40%双胍辛烷苯基磺酸盐1 500倍液等喷雾防治。

（8）防治红蜘蛛：用 1.8%阿维菌素1 500~2 000倍液，或 20%哒螨灵 3 000 倍液，或 73%克螨特乳油2 500~3 000倍液喷雾。

（9）防治蚜虫：可用 20%吡虫啉可湿性粉剂2 000倍液，或 20%吡虫啉可溶剂2 500~5 000倍液，或 25%噻虫嗪水分散粒剂5 000倍液喷雾。

（10）防治潜叶蝇：可用 1.8%爱福丁乳油6 000倍液，或 40%阿维·敌乳油1 000倍液，或 52%氯氰·毒死蜱乳油1 500倍液，或 1.8%爱福丁乳油2 000倍液喷雾。

（11）防治白粉虱：用 10%噻嗪酮乳油1 000倍液，或 25%灭螨猛乳油1 000倍液，或 2.5%联苯菊酯乳油3 000倍液，或 2.5%高效氯氟氰菊酯乳油3 000倍液，或 20%甲氰菊酯乳油 2 000倍液喷洒。

栽培中常见问题及防治对策

1. 落花落荚

菜豆的花芽分化数和开花数都较多，但结荚率很低，仅占花芽分化数的 4%~10.5%，占开花数的 20%~35%。

落花落荚产生的原因主要有以下几方面：一是营养不良。菜豆初花期，营养生长和生殖生长同时进行，花序得不到足够的营养；开花中期，花序、花与荚同时生长，争夺养分造成营养不均；生育后期，植株衰弱也易引起落花。二是环境不良。例如，开花结荚期，温度高于30℃或低于15℃就会影响授粉而引起落花；开花期遇雨或高温干旱影响授粉而导致落花；光照不足，光合产物少，导致花器发育不良而落花。三是栽培管理不当。例如，早期偏施氮肥，使营养生长过旺，花芽分化受限；肥料不足，造成营养不良；栽植密度过大，整枝不及时造成通风透光不良；初花期浇水过早，使植株提早进入营养生长和生殖生长并进阶段，加剧了茎叶生长和开花结荚间争夺养分的矛盾；采收不及时，豆荚消耗过多养分；病虫害严重等，这些均会引起落花落荚。

防止落花落荚的措施包括以下几项：一是选择抗性强、坐荚率高的优良品种。二是适时播种，利用保护设施或合理间套作改善小气候条件，减轻或避免高低温障碍。三是要加强田间管理，保证营养生长与生殖生长的平衡。如合理密植，及时插架引蔓，适当施用氮肥并增施磷钾肥，花期控制浇水，及时整枝打顶，及早预防和防治病虫害，及时采收嫩豆荚。四是在花期喷施5~25mg/L的萘乙酸或2mg/L的对氯苯氧乙酸（俗称防落素）减少落花落荚。

2. 果荚过早老化

菜豆果荚老化的原因主要包括：一是品种因素。例如，无纤维束型品种如丰收1号等不易老化，纤维束型品种如法引2号等易老化。二是环境因素。例如，超过31℃或日均温超过25℃的高温等最易引起果荚老化，另外，营养不良和水分缺乏也会促进纤维形成。

防止果荚过早老化的措施：一是选择抗老化品种；二是适期播种，避免在高温季节结荚，同时加强水肥管理；三是在果荚老化前及时采收。

课后作业

一、简答题

1. 简述菜豆植物学、生长发育周期、对环境条件的要求特点。
2. 菜豆的病虫害有哪些？如何防治？
3. 菜豆栽培中常见问题及防治对策是什么？

二、填空题

1. 菜豆的塑料大棚春提前栽培多选择________、________、商品性好、________、________、________的蔓生菜豆品种。
2. 菜豆水肥管理应掌握“________、________、________”的原则。
3. 菜豆定植后要________并及时________，适当进行培土，以提高地温，促进根基部________萌发生长。
4. 菜豆根系木栓化程度高，根的再生能力差，育苗时必须用________。
5. 菜豆植株主蔓长30~50cm时开始引蔓上架，引蔓上架宜在________进行。
6. 在栽培豆类蔬菜时氮肥的施用量较少，是因为有________，能________。

【任务考核】

学习任务：		班级：	学习小组：			
学生姓名：		教师姓名：	时间：			
四阶段	评价内容	分值	自评	教师评小组	教师评个人	小组评个人
任务咨询 5	工作任务认知程度	5				
计划决策 20	收集、整理、分析信息资料	5				
	制订、讨论、修改生产方案	5				
	确定解决问题的方法和步骤	3				
	生产资料组织准备	5				
	产品质量意识	2				
组织实施 50	培养壮苗	5				
	整地作畦、施足底肥	5				
	菜豆定植、地膜覆盖	5				
	菜豆肥水管理	5				
	菜豆环境控制	5				
	菜豆病虫害防治	5				
	菜豆采收及采后处理	5				
	工作态度端正、注意力集中、有工作热情	5				
	小组讨论解决生产问题	5				
	团队分工协作、操作安全、规范、文明	5				
检查评价 25	产品质量考核	15				
	总结汇报质量	10				

拓展知识

食品安全知识之菜豆

食用未烧熟煮透的菜豆会导致食用者中毒，一年四季均可发生，以夏季、秋季为多。

一、四季豆中毒的原因

四季豆又名菜豆、芸豆或芸扁豆。四季豆中毒，在食物天然毒素中毒中较常见，一年四季均可发生，以秋季下霜前后较为常见。

四季豆引起中毒可能与品种、产地、季节和烹调方法有关。根据中毒实际调查，烹调不当是引起中毒的主要原因，多数为炒煮不够熟透所致。未煮熟的四季豆中含有皂素，皂素对消化道黏膜有强刺激性；另外，未煮熟的四季豆含有凝聚素，具有凝血作用。

菜豆中毒的潜伏期多在 1h 左右，一般不超过 5h，主要为胃肠炎症状，如恶心、呕吐、腹痛和腹泻，也有头晕、头痛、胸闷、出冷汗、心慌、胃部烧灼感等，病程一般为数小时或1~2天，一般程度的中毒可自愈，严重者需就医治疗。

二、四季豆中毒预防措施

预防菜豆中毒最有效的措施是烧熟煮透，要加热至菜豆失去原有的生绿色，食用时无豆腥味，不能贪图色泽或脆嫩的口感而减少烹煮时间。烹调时，要使所有菜豆均匀受热。四季豆最好红烧，使之充分熟透，以破坏其中所含的毒素。凉拌也需煮透，以失去原有的生绿色，食用时无生味和苦硬感。

注意：菜豆不能用开水焯一下就凉拌，更不能用盐拌生食；炒食不应过于贪图脆嫩，要充分加热使之彻底熟透。

任务二 豇豆设施栽培

【知识目标】

（1）描述豇豆品种类型，生物学、栽培类型与茬口安排模式。

（2）熟悉菜豇豆栽培管理知识与技术要点。

【技能目标】

（1）能熟练操作豇豆的播种育苗、覆土、间苗、分苗和定植技术。

（2）能根据豇豆的生物学特性，进行水、肥、病、虫等田间管理，使之优质、高产。

【情感目标】

（1）养成耐心、细致、严谨的习惯。

（2）具有实事求是、团队协作、勇于创新的科学态度。

（3）能积极地参与项目技能训练活动。

（4）能够主动发现豇豆栽培管理中的问题并积极解决问题。

豇豆［Vigna unguiculata（LINN.）WALP.］，又名豆角、长豆角、带豆、裙带豆、线豆角等，豇豆属豆科一年生草本植物，起源于热带，现在我国南北各地普遍栽培。豇豆以嫩荚为食用器官，营养丰富。可鲜食亦可加工。

南方栽培的豇豆以蔓性为主，矮性次之。豆科一年生缠绕草本植物，小叶3，顶生小叶菱状卵形，长5~13cm，宽4~7cm，顶端急尖，基部近圆形或宽楔形，两面无毛，侧生小叶斜卵形；托叶卵形，长约1cm，着生处下延成一短距。萼钟状，无毛；花冠淡紫色，长约2cm，花柱上部里面有淡黄色须毛。荚果线形，下垂，长可达40cm。花果期6~9月。豇豆的嫩豆荚和豆粒味道鲜美，食用方法多种多样，可炒、煮、炖、拌、做馅等。嫩豆荚可炒食，也可凉拌，还可用于加工腌泡、速冻、干制、保鲜菜，加工成罐头等，是加工出口创汇的优良原料。干种子还可以煮粥、煮饭、制酱、制粉。

品种类型

（一）按用途分类

豇豆按用途分为粮用豇豆和菜用豇豆两种类型。

菜用豇豆按熟性分为早熟、中熟、晚熟三种；按蔓性分为蔓生、半蔓生和矮生三种；按荚果颜色分为青荚、白荚和紫荚三种类型。

（1）青荚豆：又叫青豆角。茎蔓较细，叶片较小，叶色浓绿。荚果细长，绿色或浓绿色。嫩荚肉较厚，质脆嫩。采收期较短，产量稍低。较能忍受低温，但耐热性稍差，适于春季、秋季栽培。主要优良品种有广东省的铁线青、细叶青、竹叶青、大叶青，浙江省的青豆角等。

（2）白荚豆：又称白豆角。茎蔓较粗大，叶片较大而薄，绿色。荚果较肥大，浅绿或绿白色，肉薄质地较疏松，种子容易显露。热性较强，产量较高，适宜夏季、秋季栽培。主要地方优良品种有广东省的长生白、金山白，浙江省的白豆角等。

（3）紫荚豆：又称紫豇豆。茎蔓较粗壮，茎蔓和叶柄间有紫红色，叶较大，绿色。荚果紫红色，较粗短，嫩荚肉质中等，容易老化，采收期较短，产量较低。耐热，多在夏季栽培。主要地方优良品种有广东省的西园红，上海市、南京市等地的紫豇豆。

（二）按荚果长短、质地和食用部分分类

按豇豆荚果长短、质地和食用部分的不同可分为 3 个栽培种，即普通豇豆（简称豇豆）、饭豇豆及长豇豆。

1. 普通豇豆

普通豇豆是我国分布最广、变异最多的一类，约占资源的 80%。植株多为蔓性型。荚长 8~22cm，嫩荚时直立上举，种子多为肾形，全国各地均有分布。普通豇豆也有部分作为菜用栽培。

2. 饭豇豆

饭豇豆植株较矮小。荚长在 18cm 以下，向上直立生长。种子小，椭圆形或圆柱形，百粒重一般在 10g 以下。主要分布在我国的云南、广西等地，约占总数的 5%。饭豇豆属硬荚种，食用籽粒，作粮用栽培。

3. 长豇豆

长豇豆多为蔓生，植株缠绕。荚长 20~100cm，肉质，下垂，成熟时荚壳皱缩。种子长肾形。长豇豆在我国分布很广泛，数量仅次于普通豇豆。长豇豆为软荚种，荚长肉厚，作蔬菜栽培的主要是这一种类。

近年种植的品种主要有汕头美绿豆角、琼豇 1 号、琼豇 2 号、丰收王、大丰收、红灯笼、神农 1 号、神农 5 号等。

生育周期

豇豆的生育周期与菜豆基本相似。

生育期的长短，因品种、栽培地区和季节不同差异较大，蔓生品种一般 120~150 天，矮生品种 90~100 天。

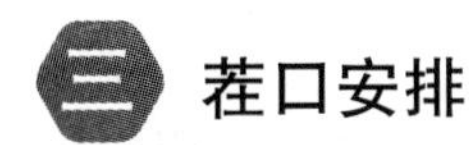

三 茬口安排

豇豆在我国长江流域分春季栽培和夏秋季栽培。春季露地播种，多在 3~5 月份播种，秋季栽培多在 7~8 月份进行。春提早栽培于 2 月下旬至 3 月下旬。

播种育苗，3 月下旬至 4 月下旬定植，5~8 月份收获。华南地区可于春季、夏季、秋季分期播种，以延长供应期。广东省、云贵高原和闽南地区可于 10 月份至翌年 2 月份播种育苗，12 月份至翌年 4 月份收获。春提早栽培，2 月中旬，进行育苗移栽；越夏栽培，5 月上旬，采用直播；秋延后栽培，7 月上中旬直播。

豇豆纯作栽培较多。蔓生品种可与大蒜、早甘蓝套种，或与早熟茄子隔畦间作，也可借用春露地早熟黄瓜架点秋豇豆。矮生豇豆因有一定的耐阴能力，可与玉米等作物间作。

四 早春大棚豇豆栽培技术

（一）品种选择

早春大棚栽培豇豆多选择早熟丰产、耐低温、抗病、株型紧凑、豆荚长、商品性好的蔓生品种。如之豇 28-2、之豇特早 30、之豇翠绿、宁豇 1 号等。

（二）播种育苗

豇豆在棚内 10cm 低温稳定通过 10℃ 时即可播种。直播一般按株行距（25～30）cm×65cm 穴播，每亩播3 000～4 000穴，每穴播 3～4 粒，播种深度约 3cm。出苗后间去弱、小、病苗，每穴留苗 2～3 株。

为了达到早播种、早上市的目的，早春大棚豇豆可在设施内利用营养钵、纸钵或营养土块进行护根育苗。选用粒大、饱满、无病虫的新种子。将晒过的种子投入 90℃ 的热水中烫种 0.5min 后，立即加入冷水降温，在 25℃～30℃ 的温水中浸泡 4～6h，捞出稍晾干后播种。播种前先浇足底水，每钵点播种子 3～4 粒，覆土 2～3cm，覆盖地膜保温。出苗前白天温度保持 30℃左右，夜间 25℃左右。子叶展开期降温 10℃左右，子叶展开后通风降湿，保持苗床 20℃～25℃。整个苗期一般不浇水。定植前 7 天加大通风量，降温炼苗。苗龄 20～25 天，幼苗具 3 片真叶时即可定植。

图 2-19 豇豆幼苗

（三）整地定植

豇豆定植前提早 20～25 天扣棚以提高地温。早春大棚豇豆产量高，结荚期长、需肥量较大，应施足基肥。豇豆对磷、钾肥反应敏感，磷、钾肥不足，植株生长不良，开花结荚少，易早衰。整地时结合深翻，$1hm^2$施入腐熟的有机肥75 000kg，过磷酸钙 750kg，草木灰1 500～2 250kg 或硫酸钾 225～300kg。

豇豆栽培应采用宽窄行，宽行 70cm，窄行 50cm，株距 30cm。定植时先浇水后栽苗，幼苗尽量带土。$1hm^2$栽植45 000穴左右，每穴 2～3 株。

（四）定植后的管理

1. 温度管理

豇豆定植后闭棚升温，促进缓苗。缓苗后，棚内白天温度保持在 25℃～30℃，夜间温度在 10℃～15℃。开花坐荚后随气温增高，应逐渐加大通风量，夜间温度保持在 15℃～20℃。当外界温度稳定通过 20℃以上时撤除棚膜，转入露地生产。

2. 水肥管理

豇豆易出现营养生长过盛的问题，因此，管理上应采取促控结合的措施，前期防治茎蔓徒长，后期避免早衰。浇水的原则是前期宜少、后期要多。坐荚前以控水中耕保墒为主，并适当蹲苗。浇定植水和缓苗水后加强中耕。现蕾期若遇干旱，浇 1 次小水；初花期不浇水，以控制营养生长；当第一花絮坐荚后浇第一次水；植株中、下部的豆荚伸长时浇第二次水；以后视墒情 10 天左右浇 1 次水。整个开花结荚期保持土壤湿润，浇水掌握"浇荚不浇花，干花湿荚"的原则。

施肥的原则是在施足基肥的基础上，适当追肥。前期一般不追肥，如苗情不好，可于苗期和抽蔓期略施尿素和稀粪水；植株下部花絮开花结荚期，$1hm^2$随水追施磷酸二氢胺或尿素 112. 5kg；中部花絮开花结荚期，$1hm^2$追施三元复合肥 225kg；上部的花絮开花结荚期，$1hm^2$追施磷酸二氢胺或硫酸钾各 75kg；盛花期叶面喷洒 0. 1%的硼砂、0. 1%的钼酸铵或 0. 3%磷酸二氢钾 2～3 次，具有明显增产效果。

3. 植株调整

蔓生豇豆在主蔓长 30cm 左右时及时搭人字架。主蔓第一花絮以下萌生的侧芽及时抹掉，保证主蔓粗壮。主蔓第一花絮以上每个叶腋中花芽旁混生的叶芽应及时打掉，如果没有花芽而只有叶芽时，留 2～3 片叶摘心，以促进侧枝上的第一花序形成。主蔓接近棚顶时及时摘心，以控制生长，促进侧枝开花结荚。

合理的整枝是豇豆高产的主要措施：

（1）抹底芽：主蔓第一花序以下萌生的侧蔓长到 3～4cm 时打掉，以保证主茎粗壮，促进主蔓花序开花结荚。

（2）打腰枝：主蔓第一花序以上各节位上的侧枝，留 1～3 叶摘心，保留侧枝上的花序，增加结荚部位。第一花序以上所生弱小叶芽全部摘除，促进同节位的花芽生长。第一次产量高峰过后，叶腋间新萌发出的侧枝也同样留 1～3 节摘心，留叶多少视密度而定。

（3）主蔓摘心：主蔓长至 15～20 节，高 2～2. 3m 时摘心封顶，以控制株高，并促下部侧枝形成花芽。顶端萌生的侧枝留一叶摘心。

（4）摘老叶：生长盛期，底部若出现通风透光不良，易引起后期落花落荚，可分次剪除下部老叶。

（五）采收

豇豆在开花后 12~15 天为嫩荚采收期，结荚初期和后期 3~4 天采收一次，盛果期应每天采收。采收时，不要损伤其他花芽及嫩荚，更不能连花絮一齐摘掉。豇豆花如图 2-20 所示，豇豆如图 2-21 所示。

图 2-20　豇豆花

图 2-21　豇豆

五　病虫害防治

无公害豇豆上发生的病虫害主要包括锈病、白粉病、炭疽病、白粉虱、蚜虫和美洲斑潜蝇等。防治上要坚持预防为主、综合防治的原则，尽量选择农业防治、生物防治等方式，以降低对环境的污染，必要时可以选择符合要求的药剂辅以化学防治。

1. 农业防治

及时将病虫株拔除并移至田外清理干净。选择非豆类作物进行轮作，一般轮作周期至少要达到 3 年。

2. 物理防治

用防虫网将大棚的放风口封闭起来，以起到防虫等效果。另外，在大棚内悬挂涂上 1 层机油的黄板，诱杀白粉虱、蚜虫等，每隔 7~10 天清理黄板 1 次，并重新涂抹 1 层机油继续诱杀，效果较为明显。还可以在大棚内安装杀虫灯、黑光灯等，对叶蛾等害虫诱杀效果较好。

3. 生物防治

利用害虫的天敌捕杀害虫。一般在杀虫时，有针对性地选择杀虫剂，避免对天敌产生危害。如在大棚内释放一定密度的丽蚜小蜂，对白粉虱有明显的控制效果。也可以选择一些生物药剂对病虫害进行防治，如在细菌性疫病的防治上，可选择喷施 100 万 U 新植霉素粉剂 3 500倍液；在白粉病、灰霉病的防治上，可选择喷施 0. 8%~1. 2%农抗武夷菌素 200 倍液等。

4. 化学防治

在白粉病的防治上，选择 20%~30%三唑酮可湿性粉剂 800~1 200倍液进行喷雾处理，安全间隔期控制在 20 天以上。在疫病防治上，于发病初期用 56%~60%甲霜灵锰锌可湿性粉剂

400~600 倍液进行喷雾处理，安全间隔期至少要达到 1 周。在锈病防治上，选择 70%~80%百菌清可湿性粉剂 500~700 倍液进行喷雾，安全间隔期至少达到 2 周以上。在白粉虱防治上，选择适宜浓度的吡虫啉药剂进行喷雾处理。在蚜虫防治上，选择 2%~3%联苯聚酯乳油 1 800~2 200倍液进行喷雾。在美洲斑潜蝇的防治上，在虫卵大量孵化的时期，选择 8%~12%灭蝇胺悬浮剂2 800倍液等进行喷雾处理。

 栽培中的常见问题及防治对策

1. 伏歇

“伏歇”是指在豇豆生产中第一次产量高峰过后植株早衰，出现叶色发黄、落叶、新根少、开花结荚较少，产量下降等严重问题。这种现象一般出现在伏天，因此常称为“伏歇”。

伏歇产生的主要原因有 4 个：①播种过晚，第一个产量高峰期过后，抽出一些花枝没有多少荚，生长受到抑制，不可能出现第二个产量高峰。②第一个产量高峰期消耗了大量养分，肥水补充不及时，造成脱肥、脱水，植株早衰，不能发出较多的新枝，导致结果停止。③环境因素：在豇豆生长过程中，如果前期生长顺利，到了后期遭遇高温多雨的气候，田间积水过多，导致土壤通透性较差，使根系生长受限或受损，降低吸收能力，造成落叶现象，没有能力发新枝和开花结荚。④整枝不当：在植株生长时，如果整枝摘心不及时，会导致植株徒长，消耗大量的养分，造成伏歇现象。

防治措施包括以下几项：

（1）适时播种：豇豆的播种时间较长，一般在秋季凉爽时期结荚，所以播种时间要控制好，要根据植株的生育期而定，使其有较长的时间结荚，在结荚前积累足够的养分。另外，播种时要注意密度，不宜播种过密，以免影响植株的通风透光性，否则也会造成伏歇现象。

（2）施肥：豇豆本身具有固氮菌，所以氮肥的施用量要控制，不宜过多，施肥时适当的补氮即可，并增施磷钾肥，使植株生长健壮，能满足后期生长所需。一般在幼苗期和采收期要各追肥一次肥料，幼苗期每亩追施 15kg 的硫酸铵，采收期可追肥稀薄粪尿肥，防止植株早衰。

（3）加强田间管理：在豇豆生长后期，要注意水分的控制，只需保持土壤湿润即可，而夏季是高温多雨的季节，这时要加强田间排水防涝措施，以免积水过多，影响根系，以后要及时松土除草，增加土壤的通透性。

（4）实行整枝摘心：在植株主蔓第一花序下的侧枝生长到 3cm 时，要及时打掉，而第一花序上的侧枝则要留叶掐尖，一般留一叶，而到了生长中后期，留取两叶，这样可利用侧枝开花结荚，提高产量。而当主蔓生长到有 15~20 个茎节时，对其掐尖，促进其侧枝抽出，通过这样整枝摘心，可避免伏歇现象发生。

2. 早期落叶

在豇豆采收盛期，有时会因大量落叶致使光合作用减弱，生长势衰减，最终导致产量下降。有时春季豇豆在出苗或定植后也会发生落叶现象。春豇豆苗期落叶的原因是：早春低温导致根系发育不良，生长受到抑制；定植质量不高，缓苗时间长，使幼苗底叶变黄脱落；幼苗出土后遇低温、干旱等不利条件，子叶的营养供应不足而导致落叶。采收盛期落叶的原因是：多雨或干旱造成内涝、营养不足而脱肥以及病虫的危害。

防治措施：播种不宜过早；加强结荚期的水分管理；开始采收后合理追肥；及时防治病虫害。

课后作业

一、简答题

1. 简述豇豆植物学、生长发育周期、对环境条件的要求特点。
2. 豇豆的病虫害有哪些？如何防治？
3. 豇豆栽培中的常见问题及防治对策是什么？
4. 简述豇豆春季提早栽培技术要点。

二、填空题

1. 豇豆按荚果颜色分为________、________和________三种类型。
2. 早春大棚豇豆可在设施大棚内利用________、________或________进行护根育苗。
3. 整个开花结荚期浇水掌握“________、________”的原则。
4. 蔓生豇豆在主蔓长 30cm 左右时及时________。主蔓第一花序以下萌生的侧芽及时________，保证主蔓粗壮。主蔓接近棚顶时及时________，以控制生长，促进侧枝开花结荚。
5. 豇豆对________肥反应敏感，施肥不足，植株生长不良，开花结荚少，易早衰。

【任务考核】

学习任务：	班级：	学习小组：				
学生姓名：	教师姓名：	时间：				
四阶段	评价内容	分值	自评	教师评小组	教师评个人	小组评个人
任务咨询 5	工作任务认知程度	5				
计划决策 20	收集、整理、分析信息资料	5				
	制订、讨论、修改生产方案	5				
	确定解决问题的方法和步骤	3				
	生产资料组织准备	5				
	产品质量意识	2				
组织实施 50	培养壮苗	5				
	整地作畦、施足底肥	5				
	豇豆定植、地膜覆盖	5				
	豇豆肥水管理	5				
	豇豆环境控制	5				
	豇豆病虫害防治	5				
	豇豆采收及采后处理	5				
	工作态度端正、注意力集中、有工作热情	5				
	小组讨论解决生产问题	5				
	团队分工协作、操作安全、规范、文明	5				
检查评价 25	产品质量考核	15				
	总结汇报质量	10				

拓展知识

问题一：豇豆营养失调的诊断。

豇豆营养不足，植株生长缓慢瘦小，叶小茎细，花荚量少，后期易出现脱肥早衰，产量低。前期氮肥过多，茎叶徒长，易落花落荚，发生空蔓现象。

问题二：泡豇豆的制作。

（1）坛子要保持绝对干净。

（2）烧大半坛子的开水，放入花椒、鲜姜、粒盐、泡椒，放凉。

（3）将洗净的豇豆再用粒盐搓一遍。

（4）放入坛子，水漫过豇豆为好。

（5）盖上坛盖（碗），用水密封。

（6）7 天后即可食用。

（7）放花椒、鲜姜、泡椒等，以自己的口味适量即可，盐既不能放太多也不能放太少，少了菜会坏。

问题三：豇豆日光温室越冬茬栽培肥水管理的要点。

（1）浇缓苗水后，进行中耕蹲苗。

（2）控制浇水，直至结荚以后方可浇水，并随水冲追人粪尿、过磷酸钙。待植株下部的果荚伸长，中上部的花序出现时，再浇一水，以后掌握浇荚不浇花，见湿见干的原则，大量开花后开始每隔 10~12 天浇 1 次水。

（3）每采收两次，随水追施一次速效肥或人粪尿。

（4）冬季由于通风少，温室内 CO_2 浓度较低，可追施 CO_2 颗粒肥或气肥，一般于开花后晴天每天上午 8：00~10：00 追施，施后 2h 适当通风。豇豆生长后期植株衰老，根系老化，为延长结荚，可用磷酸二氢钾进行叶面喷施。

任务三 豌豆设施栽培

【知识目标】

（1）描述豌豆品种类型，生物学、栽培类型与茬口安排模式。

（2）熟悉菜豌豆栽培管理知识与技术要点。

【技能目标】

（1）能熟练操作豌豆的播种育苗、覆土、间苗、分苗和定植技术。

（2）能根据豌豆的生物学特性，进行水、肥、病、虫等田间管理，使之达到优质、高产。

【情感目标】

（1）养成耐心、细致、观察的好习惯。

（2）具有实事求是、团队协作、勇于创新的科学态度。

（3）能积极地参与项目技能训练活动。

（4）能够主动发现豌豆栽培管理中的问题并积极解决问题。

豌豆（Pisum sativum L.），豆科一年生攀援草本植物，高 0.5~2m。全株绿色，光滑无毛，被粉霜。叶具小叶 4~6 片，托叶心形，下缘具细牙齿。小叶卵圆形；花于叶腋单生或数朵排列为总状花序；花萼钟状，裂片披针形；花冠颜色多样，随品种而异，但多为白色和紫色。子房无毛，花柱扁。荚果肿胀，长椭圆形；种子圆形，青绿色，干后变为黄色。花期 6~7 月，果期 7~9 月。

豌豆原产地中海和中亚细亚地区，是世界重要的栽培作物之一。种子及嫩荚、嫩苗均可食用；种子含淀粉、油脂，可作药用，有强壮、利尿、止泻之效；茎叶能清凉解暑，并作绿肥、饲料或燃料。

 品种类型

1. 栽培豌豆种类

栽培豌豆包括 3 个变种：粮用豌豆、菜用豌豆和软荚豌豆。

（1）粮用豌豆。粮用豌豆又名寒豆、雪豆、麦豆等。硬荚（剥壳型荚），种皮光滑，颜色较深。

（2）菜用豌豆。菜用豌豆由粮用豌豆演化而来，以鲜豆粒供作蔬菜食用，或用于速冻和制罐。菜用豌豆还可采收嫩梢供食用，因此常称为食苗豌豆或豌豆尖、龙须菜等，其嫩梢鲜嫩、肥厚、质地柔滑、营养丰富、风味极佳。食苗豌豆主要分布在长江以南地区。

菜用品种依食用部位又可分食荚（嫩荚）、食苗（嫩梢）、食嫩籽粒和芽菜（嫩芽）类型。

（3）软荚豌豆。软荚豌豆又名荷兰豆，是在菜用豌豆的基础上选育而成的。其荚软（糖型荚），成熟时不开裂；种皮皱缩，颜色较浅；幼荚鲜嫩香甜、口感清脆、营养丰富，可作鲜菜食用，也可速冻或制罐。软荚豌豆仅有 400 多年的栽培历史，在发达国家栽培极其普遍，如美国的豌豆种植面积中 90%是软荚豌豆。

我国的软荚豌豆和食苗豌豆主要分布在长江以南地区。近年来，华北、东北和西北地区也在发展。

2. 分类

（1）依植株生长习性分类：矮生品种一般株高 15~80cm，半蔓生品种株高为 80~160cm，蔓生品种株高为 160~200cm。

（2）依荚果组织分类：①硬荚种：荚壁内果皮有厚膜组织，成熟时此膜干燥收缩，荚果开裂，以食用鲜嫩籽粒为食。②软荚种：果荚薄壁组织发达，嫩荚、嫩粒均可食用。

（3）依种子外形分为圆粒和皱粒两种。皱粒种成熟时糖分和水分较多、品质好。

（4）依种皮颜色可分为绿色、黄色、白色、褐色和紫色等。

（5）依成熟期可分为早熟、中熟、晚熟品种。

豌豆品种以嫩荚、嫩梢、嫩籽粒、干籽粒采收合为一体最为理想，但一般难以兼顾。目前，食荚豌豆都是专用型的，属于软荚变种。

食苗豌豆也有些专用品种。虽然粮用、菜用品种均可采收嫩梢，但从产量和品质方面看，仍以食苗豌豆专用品种为最好，而从降低成本看，则以粮用品种较适宜。芽用豌豆品种通常以小粒（千粒重 150g 左右）光滑品种为宜。

 生育周期

豌豆蔓生品种的生育周期包括种子发芽期、幼苗期、抽蔓期和开花结荚期。各期历时分

别为10天左右、10～15天、20～30天、80～90天。

豌豆的生育特点是根系生长与茎叶生长同步。幼苗期根系生长较缓慢，花芽开始分化时达到高峰期，开花前根系长势迅速减弱，豆荚发育时稍有增强，结荚期趋于停止。

在幼苗期和抽蔓期，茎蔓开始伸长并陆续发生侧枝。长日照、气温低（10℃左右）时，侧蔓发生较早且多。气温较高时（15℃～20℃），侧蔓发生晚，上位分枝较多。种子低温处理后，多数品种分枝变少。

在开花结荚期，茎蔓继续生长。种子萌动后低温长日下可以提早抽出花序。

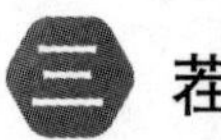

茬口安排

1. 栽培季节

豌豆较耐寒不耐热，露地栽培季节：幼苗耐寒力较强并且可以适应较高温度，但结荚期不耐炎热干旱，因此，露地栽培应将其开花结荚期安排在温度为15℃～20℃的季节里，以便盛夏前或寒冬前收获。

在南方各省大多秋播春收，少数地方如成都市还可夏秋播种而冬季收获。

在华北地区大多春播夏收，也可夏播秋收；西北和东北大部分地区仅能春夏播种夏秋收获。

2. 栽培茬口

春提前栽培一般在1月播种，2月中下旬定植，4月下旬~6月上中旬采收嫩荚。

秋延后栽培一般在7月中下旬播种，8月定植，9月中旬~11月中采收嫩荚。

冬茬一般在10月中下旬直播，翌年春4月上中旬采收。

3. 轮作与连作

豌豆忌连作，应实行4~5年甚至8年的轮作。连作减产的主要原因：①根系分泌有毒物质。②根分泌的有机酸累积影响根瘤菌生长发育。③连作病虫为害加重。

四 豌豆设施栽培技术

（一）品种选择

宜选用耐寒性强、抗病、产量较高、品质较好的豌豆品种。一般可选种以嫩豆供食的嫩豆粒型（硬荚种）及以嫩荚供食的软荚型品种。

优良品种包括以下五种。

（1）甜脆：植株矮生，株高约40cm，茎直立，1～2个分枝。花白色，单株结荚10～12个，荚圆棍形，荚长7～8cm，直径1.2cm，单荚重6～7g。嫩荚淡绿色，质地脆嫩，味道甜蜜，每荚有种子6~7粒，成熟时千粒重200g左右，早熟，播后70天左右开端收嫩荚，适于华北、东北、华东、西南地区种植。

（2）草原31：植株蔓生，株高1.4～1.5m，分枝少。花白色，单株结荚10个左右，荚长14cm，宽3cm，每荚有种子4～5粒，成熟时千粒重250～270g，对日照反应不敏感，全国大部分地区均可栽培。适应性强，较抗根腐病、褐斑病。

（3）京引8625：植株矮生，株高60～70cm，1～3个分枝。荚圆柱形，荚长约6cm，宽1.2cm，嫩荚肉厚，质地脆嫩，品格极佳，每荚有种子5～6粒，成熟时种子绿色，千粒重200g左右，适应性强，采收期长。

（4）灰豌豆：植株矮生，茎直立，中空。种子圆形，灰绿色，外表略粗糙，上有褐色花斑，千粒重 140g 左右。20℃～25℃下播后 2 天可出苗，幼苗长势强，10 天后可长到约 15cm。叶嫩质脆，品格极佳，对温度适应性广，在低温、高温均可栽培，本品种适宜进行豌豆苗的集约化生产。

（5）中豌 8 号：株高约 50cm，茎叶淡绿色，斑白色，硬荚，花期集中。籽粒黄白色，种皮光滑，圆球形。单株结荚 7～11 个，荚长 6～8cm，宽 1.2cm，厚 1cm，每荚有种子 5～7 粒，干豌豆千粒重 180g 左右，鲜青豆千粒重 350g 左右，青豆出粒率 47%左右，早熟，亩产青荚 400～500kg，抗干旱、抗寒性强。适于华北、东北、西北地区种植。

（二）选择播期

早春茬大棚栽培在 2～3 月播种，4～5 月收获。为了争取时间，宜用地膜覆盖，促进早出苗。

（三）播种育苗

1. 制作苗床

春茬早熟豌豆多用育苗移栽法。营养土由肥沃田园土 6 份、优质有机肥 4 份过筛后掺匀而成。每立方米土中加入过磷酸钙 6～8kg、尿素 0.5～1kg、草木灰 4～5kg。

2. 播种

大棚春早熟栽培宜采用干种子直播，防止温度过低造成烂种。播种前用 40%盐水选种，除去上浮不充实的或遭虫害的种子。播种前晒种 8～10h，可用石灰水浸种或拌种，进行种子消毒。剔除胚芽不全、无胚芽、出苗力弱的种子，提高种子的出苗率，确保做到苗齐、苗匀、苗壮。

还可以浸种催芽，水温 30℃左右，浸泡 1～2h，捞出后用湿布包好，在 25℃～28℃条件下催芽。播种时每个营养钵或营养土放 2～3 粒种子，然后覆盖 4～6cm 厚的潮湿营养土。

3. 苗期管理

播种后畦面覆盖薄膜保墒增温。早播或温度低时，畦上可支小拱棚，必要时夜间再盖草苫保温。播种后室内温度保持 15℃～18℃，使出苗整齐，出苗后揭去薄膜，适当降温至 10℃～15℃。

（四）选地施肥

1. 选地

豌豆栽培要选地势平坦、灌排方便、前一年未种过豆类作物的田块，要求土壤含较高有机质，沙壤土和黏土均可。

2. 施肥

一般每亩施腐熟有机肥 5 000kg、过磷酸钙 25～30kg、氯化钾 20～25kg 或草木灰 100kg。

3. 作畦

早春雨水多，要做深沟高畦，一般畦高 20～25cm，畦宽 1m 左右，畦沟宽 30～40cm。

（五）定植

豌豆苗龄一般 30～35 天，当大棚内最低气温稳定在 4℃时即可定植。单行定植的 1m 宽的畦栽 1 行，隔畦间作的 1m 宽的畦栽两行，株距 15～18cm；双行定植的 1.5m 宽的畦栽两行，株距 21～24cm。开沟定植，沟深 12～14cm，栽后灌水。用小高畦栽培的，每畦栽两行，穴距 18～20cm，栽苗后用土封好定植孔。

（六）田间管理

1. 温度管理

定植后一周内密闭棚膜不通风，保持棚温 20℃～25℃，以促进缓苗。若遇到寒流、霜冻、大风、雨雪天气，应采取临时增温措施，如在大棚四周围草苫。缓苗后及时通风降温，排除湿气，白天温度控制在 18℃～20℃，防止幼苗徒长。以后视天气状况逐渐加大通风量。由于植株现蕾前外界温度尚低，下午要及早关闭棚膜，使棚内温度保持在 10℃以上。4 月中下旬可放大风，夜晚闭风。5 月中旬以后，可日夜大通风。整个开花结荚期白天温度保持 15℃～20℃，夜间温度在 12℃～16℃，空气湿度 80%左右。结荚期若温度超过 26℃，虽然果荚生长快，采收早，但品质大大降低，产量也减少。4 月下旬～ 5 月初始收嫩荚，采收期长达 40～50 天。

2. 水肥管理

播后如遇干旱，须及时浇水，促进出苗。定植后底水适宜时，一般到现蕾前不需浇水、施肥，但要及时中耕培土 2～3 次。现蕾后浇水并追肥，亩用复合肥 15～20kg，并且浅中耕 1 次。开花坐荚后对水分敏感，进入水肥大量需求期，干旱要适当浇水，多雨要清沟排涝，保持土壤中等湿度，防止水分过多或过干，引起落花落荚。一般 10 天左右浇 1 次水，隔水追 1 次肥。每次浇水后，要加大放风量，以减少病害的发生。坐荚期喷施 1%～3%的过磷酸钙或 0.1%～0.3%磷酸二氢钾溶液等。

3. 支架与整枝

蔓生或半蔓生植株抽蔓后及时插架，用细竹竿或细树枝等插“人”字架，每两行为一架，及时引蔓。当苗高 20cm 左右时，定期检查，防止倒伏。大棚内豌豆植株往往枝繁叶茂，生产上要进行整枝并适当疏除密枝和弱枝。

豌豆开花如图 2-22 所示，豌豆开花期如图 2-23 所示。

图 2-22　豌豆开花

图 2-23　豌豆开花期

（七）采收

早春大棚豌豆成熟后，要及时采收上市，否则便失去早栽的意义。采收标准是：采收嫩豆的，须在豆粒充分饱满，豆荚由深绿变为淡绿时采收，一般在开花后 15~18 天可采收；采收嫩荚的，须在嫩荚充分肥大，鲜重最大，籽粒开始发育时采收，一般在开花后 12~15 天可采收。

豌豆嫩豆荚如图 2-24 所示，老豆荚及豌豆粒如图 2-25 所示。

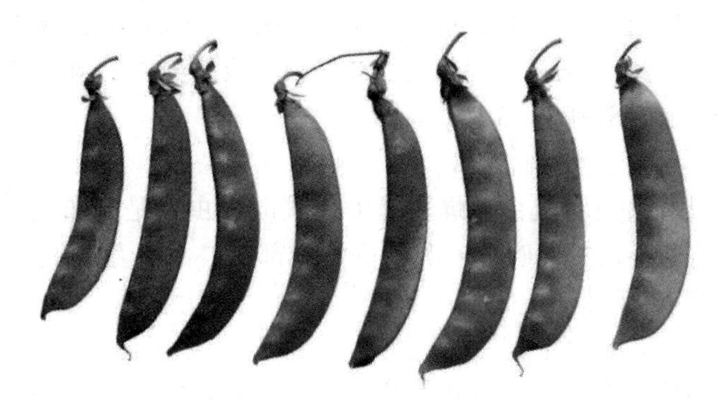

图 2-24　豌豆嫩豆荚

图 2-25　老豆荚及豌豆粒

五　病虫害防治

1. 根腐病

发病症状：豌豆幼苗至成株均可发病，以开花期染病多，主要为害根或茎基部，病株叶片先发黄，后逐渐向中、上部发展，导致全株变黄枯萎。主、侧根部分变为黑褐色或呈土红色，根瘤和根毛明显减少，造成植株矮化、茎细，叶枝呈萎蔫或枯萎状。

发病原因：病菌经土壤、病残组织及种子传播蔓延，经种皮和侧根侵入，易与枯萎病混淆。一般干旱年份发病重。

防治措施：

农业防治：选用抗病品种，如甘肃的贡井选、麻豌豆、小豆 60、小豆 704 等。

药剂防治：用种子重量 0. 25%的 20%三唑酮乳油拌种，或用种子重量 0. 2%的 75%百菌清可湿性粉剂拌种，均有一定效果。

2. 白粉病

发病症状：发病初期豌豆叶面为淡黄色小斑点，扩大成不规则形粉斑，严重时叶片正反面均覆盖一层白粉，最后变黄枯死。发病后期粉斑变灰，并长出许多小黑粒点。

防治措施：发病初期用25%粉锈宁可湿性粉剂2 000~3 000倍液，或70%甲基托布津可湿性粉剂1 000倍液，或50%多菌灵可湿性粉剂500倍液，或波美0.2~0.3度石硫合剂等喷雾防治，每隔10~20天喷1次，连喷2~3次。

3. 黑潜蝇

危害症状：豆秆黑潜蝇是双翅目潜蝇科黑潜蝇属的害虫，是分布范围很广的蛀食害虫，主要为害豆科作物，从初孵幼虫经叶脉、叶柄的幼嫩部位蛀入主茎，蛀食髓部及木质部。若防治不及时，将造成严重减产。

防治措施：

农业措施：适当调整播期，错开成虫产卵盛期，以减轻危害。

药剂防治：施用药剂为40%乐果，或40%氧乐果，或50%杀螟松，或45%辛硫磷乳油，均需兑水1 000倍液，亩施药液75kg。

4. 潜叶蝇

危害症状：豌豆潜叶蝇属双翅目，潜叶蝇科，又称油菜潜叶蝇，俗称拱叶虫、夹叶虫、叶蛆等，是一种多食性害虫，有130多种寄主植物。在蔬菜中主要危害豌豆、蚕豆、茼蒿、芹菜、白菜、萝卜和甘蓝等。

防治措施：

农业防治：蔬菜收获后，及时清除田间残株落叶、杂草，烧毁或沤肥，以减少田间虫口基数。

化学防治：选择残效短、易于光解、水解的药剂。此外，由于幼虫潜叶为害，所以用药必须抓住产卵盛期至孵化初期的关键时刻。施用灭杀毙（21%增效氰马乳油）800倍液，或2.5%溴氰菊酯或20%氰戊菊酯2 500倍液，或10%溴马乳油2 000倍液，或10%菊马乳油1 500倍液，或1.8%虫螨光和1.8%害通杀3 000~4 000倍液喷雾。在防治适期喷药均能收到较好的防治效果。

课后作业

一、简答题

1. 栽培豌豆的类型有哪些？
2. 依植株生长习性将豌豆分为哪些品种？
3. 栽培豌豆的生长发育分为哪些周期？
4. 豌豆对环境条件的要求是什么？
5. 简述日光温室豌豆栽培技术要点。
6. 豌豆栽培中的常见问题及防治对策是什么？

二、填空题

1. 不属于豌豆设施栽培正常茬口的是________。
2. 豌豆是________植物，低温长日照促进花芽分化。
3. 豌豆栽培不可以________。

4. 栽培豌豆的品种类型有________、________和________。
5. 豌豆开花和结荚时雨水多或土壤湿度大，容易造成________现象。

【任务考核】

学习任务：		班级：	学习小组：				
学生姓名：		教师姓名：	时间：				
四阶段	评价内容		分值	自评	教师评小组	教师评个人	小组评个人
任务咨询 5	工作任务认知程度		5				
计划决策 20	收集、整理、分析信息资料		5				
	制订、讨论、修改生产方案		5				
	确定解决问题的方法和步骤		3				
	生产资料组织准备		5				
	产品质量意识		2				
组织实施 50	培养壮苗		5				
	整地作畦、施足底肥		5				
	豌豆定植、地膜覆盖		5				
	豌豆肥水管理		5				
	豌豆环境控制		5				
	豌豆病虫害防治		5				
	豌豆采收及采后处理		5				
	工作态度端正、注意力集中、有工作热情		5				
	小组讨论解决生产问题		5				
	团队分工协作、操作安全、规范、文明		5				
检查评价 25	产品质量考核		15				
	总结汇报质量		10				

拓展知识

豌豆喜欢的光照条件

豌豆大多数品种为长日照作物，延长光照时间能提早开花，相反则延迟开花。因此在初夏日照渐长时开花结荚良好，而在短日照条件下则分枝较多，节间缩短。一般北方品种对日照长短的反应比南方品种敏感，红花品种比白花品种敏感，晚熟品种比早中熟品种敏感。从北方往南方引种时，生育期延长，应引早熟品种，切不可引晚熟品种。但也有些在江南地区栽培的豌豆品种对日照长短要求不严，在较长或稍短的日照下都能开花结荚。

豌豆的整个生育期都需要充足的阳光，尤其是开花结荚期，充足的光照可以促进开花坐荚和荚果的发育。如果植株群体密度过大，株间相互遮光严重，花荚就会大量脱落。栽培上一般采用宽窄行播种或进行间套作等措施。创造合理的群体结构，使株间通风透光良好，增加叶片的受光面积，来提高豌豆的结荚率。冬季棚室栽培往往有光照不足的问题，需要采取一些措施来增加光照强度，提高棚室栽培的产量和质量。

技能训练1： 整地作畦技术

实训目的

通过实训，使学生学会整地作畦的方法，并能根据不同蔬菜特性选择适宜的播种期和播种方法，能独立完成蔬菜播种育苗全过程。

材料和用具

锄头、铁锹、各种菜豆类蔬菜种子、床土、卷尺、盆。

实训内容及技术操作规程

土壤翻耕之后，要进行整地作畦。作畦的目的主要是控制封保的含水量，便于灌溉和排水。同时对土壤温度和空气条件也有一定的调节作用。通过农具的物理机械作用，改善土壤的耕层结构和地面状况，协调土壤中水、气、肥、热等因素，为蔬菜播种出苗、根系生长创造条件。整地作畦的好坏不仅直接影响播种、定植的质量，而且也会影响到作物以后的生长和发育。

（1）深耕与净地：翻耕深度在25~30cm，每年至少一次。

（2）浅耕：翻耕深度在18~20cm，每季（茬）生产开始前必须进行的土壤耕作。

（3）净地：铲除杂物，如草、作物秸秆、砖石瓦块等。

（4）施肥：根据所要栽培蔬菜的要求及土壤肥力，确定施肥量，满足作物生长、培肥地力的要求。施肥方式为撒施、条施、穴施。

①撒施：是将肥料均匀撒于田面或撒后耕作的施肥方法。一般基肥多作撒施。

②条施：在植物行间或近根处开沟，将肥料施入沟内，然后盖土。

③穴施：在根周围挖穴，将肥料施入穴内，然后盖土。

（5）翻地：施完肥后，翻地松土，使肥料与土壤充分混合，并使土壤表面基本达到水平。

（6）作畦：畦面宽一般为1.2~1.5m，要求深沟高畦。

①高畦：畦面稍高于地面，畦间形成畦沟。这种畦的优点是方便排水，增加水分蒸发，减少封水分含量降低表土温度，有利于提高地温。

②沟畦：畦面低于地面，畦间走道比畦面高的栽培形式。栽培大白菜、结球甘蓝、萝卜、瓜类、豆类一般垄作，冬季保护地栽培瓜果类蔬菜也多实行垄作。

（7）地膜覆盖：地膜覆盖方式有高垄地膜覆盖栽培，畦面平整、覆盖地膜、压膜土、垄沟。

四 注意事项

（1）耕地深度要适宜，不漏耕，不要将生土翻上来。

（2）作畦要求土壤细碎，清除畦内土块，土壤松紧适度，作畦后应保持土壤疏松透气，适当镇压，避免土壤过松，浇水后湿度不均匀。避免畦面不平，低洼积水，畦面龟背状。

（3）播种床面要平整，否则浇水不均匀，覆土厚度不一致，导致出苗不齐、不全、不一致。

（4）覆土厚度达到要求，且厚薄一致，否则容易出现戴帽、出苗不齐等现象。

五 作业

（1）作畦质量有什么要求？

（2）分析作畦与哪些因素有关。

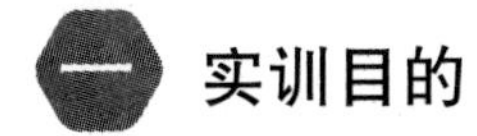

技能训练2： 蔬菜的直播技术

一 实训目的

通过蔬菜直播实践，掌握蔬菜直播技术及其直播方法。

二 材料和用具

各种蔬菜种子、做好的畦、农具。

三 方法步骤

用种子直播的主根较深，侧根发生较多且范围较广，不仅能分布于土壤表层，也能向土壤底层发展，吸收面积较大。

1. 直播前准备

精细整地，做到土细、沟直、畦平，适宜播种。畦面宽1～1.2m，按沟宽与沟深0.25～0.3m开好直沟、中间横沟和四周边围沟。

2. 精选良种、适时早播

选择产量、熟期、抗性等综合性状优良的蔬菜品种，集中连片，规模化、集约化种植。用种子直播一定要选择肥大饱满、种皮光滑无暇、生命力强的种子，质量好的种子是培育壮苗的基础。质量好的种子，应该是充分成熟的，并妥善保存。蔬菜种子大小差别很大，小粒种子千粒重1g左右，大粒种子千粒重达1 000g以上。活力强的种子，发芽整齐，出苗一致，产量高。

3. 种子处理

一是晒种。为促进种子发芽，幼苗健壮生长，使蔬菜早熟、产量高、抗病能力强，在直播前需进行晒种、浸种、消毒、催芽处理。可在晴朗天，将待播种的种子在太阳下晾晒2~3天，以杀死附在种子表面上的部分病菌，还能提高种子的生活力，促进种子发芽整齐。二是浸种。种子的萌发需经历吸水后才会萌动并发芽。通过浸种，可加快发芽，减少播种后种子在土壤中的时间，减少病虫害感染的机会，同时还可结合浸种，进行种子消毒，提高发芽率。浸种的容器不能沾油污，否则油污会附着在种子表面或漂浮在水面，造成种子缺氧窒息，失去发芽能力。浸种时间一般为4~6h，最长不超过12h，即可完成吸水过程，提高水温（40℃~60℃）可使种子吸水加快。三是消毒。为杀死或钝化附着在种子表面甚至内部的病菌或病毒，可将种子放入90℃~95℃的水中5~7s，但必须是干燥的种子才能用这种方法处理，否则会将种子杀死。四是光照。光能影响种子发芽，蔬菜种子分为需光种子、嫌光种子和中光种子3类。需光种子发芽需要一定的光，在黑暗条件下发芽不良，如莴苣、紫苏、芹菜、胡萝卜等；嫌光种子要求在黑暗条件下发芽，有光时发芽不良，如苋菜、葱、韭菜及其他一些百合科蔬菜种子；大多数蔬菜种子为中光种子，在有光或黑暗条件下均能正常发芽。五是适当水分。蔬菜种子发芽要求一定的土壤湿度，不同蔬菜种子发芽要求的湿度不同。在适合湿度范围内，种子发芽迅速，发芽率高。一般种子24h即可出芽，如果土壤太湿容易造成种子腐烂，太干会造成苗芽干枯。

4. 播种日期

主要根据蔬菜种类、气候条件、栽培方式和收获时间等因素确定。主要原则是在气候条件适宜时安排蔬菜的旺盛生长期和器官形成期。

5. 播种方法

（1）撒播：将种子均匀地撒在畦表面上，并根据种子的大小覆盖一定厚度的土壤，适合密植。如快速生长的绿叶蔬菜、小萝卜、韭菜和洋葱苗。

（2）穴播：按需调用。种植时，首先根据行距和株距打开洞，每穴播种1粒或多粒种子。播种后覆盖土壤。特别是已经发芽的种子。这种方法适用于生长季节长，营养面积大的蔬菜，如大白菜、大萝卜、甜瓜、豆类等。

6. 播种深度

它与种子大小，土壤质地，种子萌发，土壤温度和湿度等有关。播种深度是种子直径的5~7倍。

7. 直播种量计算

播种量是由种子的净度、发芽率、成苗率及定植时秧苗的大小决定的。为了保证苗数，需有30%~50%的安全系数。播种量的确定按下式计算：

播种量(g) = 种植密度 × 每穴粒数 / 每克粒数 × 纯度(%) × 发芽率(%)

在生产实际中，播种量应视土壤质地松硬、气候冷暖、病虫草害、雨量多少、种子大小、播种方式（直播或育苗）、播种方法等情况，适当增加0.5~4倍。

8. 覆土

覆土厚度依种子大小、气候条件和土壤性质而定，一般为种子横径的2~5倍，如甘蓝，0.5cm为宜。总之，在不妨碍种子发芽的前提下，以较浅为宜。土壤干燥，可适当加深。秋季、冬季播种要比春季播种稍深，沙土比黏土要适当深播。为保持湿度，可在覆土后盖稻草、地膜等。种子发芽出土后撤除或开口使苗长出。

四 注意事项

（1）播种床面要平整，否则浇水不均匀，覆土厚度不一致，导致出苗不齐、不全、不一致。

（2）播种前底水要浇充足、均匀。

（3）播种前精选种子，消毒处理种子。

（4）种子撒播要均匀，密度一致。

（5）覆土厚度达到要求，且厚薄一致，否则容易出现戴帽、出苗不齐等现象。

五 作业

（1）简述直播种子的处理方法。

（2）简述蔬菜各种直播方法操作要点。

（3）播种前的准备工作包括哪些内容。

技能训练 3： 蔬菜幼苗移栽技术

一 实训目的

了解、熟悉蔬菜播种前准备工作、蔬菜幼苗移栽的过程。

二 实训地点

校内实训大棚。

三 材料和用具

铁锹、挖锄、地膜、肥料、蔬菜幼苗。

四 方法步骤与技术要点

（1）清理棚室。清理前茬种植后的枯枝腐叶及田间杂草等。

（2）翻地（微耕机）。翻耕土壤，使土壤疏松透气。

（3）作厢。按 1.5m 开厢（包沟），一般厢面宽 1.2m，沟距 30cm，厢沟深 25~30cm，厢面整平后浇透水。

（4）施肥。每厢开 2 条沟，沟深 10cm 左右，将腐熟的有机肥施入后埋沟。

（5）铺地膜。由一人拽住地膜轴，另外一人拿着地膜一端从畦的一端向另一端拉放。地膜必须拉紧铺平无皱褶，等地膜与该种植行齐平后，膜的四周用土压紧压实。

（6）起苗（拔苗）。

在育苗床上育苗，起苗前 1~2 天灌一次透水，以便第二天起苗时土壤湿度适宜，便于操作和不易散坨。

起苗时必须先开出头，然后再按顺序进行，同时将幼苗按质分类，挑出弱苗、病苗集中处理掉。起苗时小心操作，避免断苗伤根。运苗和撒苗时注意拿苗要稳，轻拿轻放，避免散坨，撒苗前算好每畦定植所需苗量，均匀散开，以方便定植且不浪费幼苗。

(7) 栽苗。栽植前按照不同种类蔬菜的株行距打孔，瓜类宜浅，茄果类要深些，徒长苗更宜深栽。

定植时植株的排列方式通常有“对棵栽”和“插花栽”两种。“对棵栽”即两行之间的植株两两相对，便于插架，常在大架栽培时使用；“插花栽”为两行之间的植株各个错开，形成“拐子苗”。一般定植绿叶菜类，如油菜、生菜时，常进行“插花栽”或在密植时使用，以利于通风透光。

栽植时有一穴 1 棵或一穴 2 棵之分。定植后在地头假植一部分幼苗，以备补苗。

(8) 浇水与覆土。摆好幼苗，灌水，待水下渗后，覆土，使幼苗直立，对于过长的幼苗可以使之按顺风方向倾斜栽培，以防风吹折秧苗。

定植后 3~4 天应及时到田间查看，发现有死苗、折苗现象，应及时取假植苗进行补苗移栽。

定植 7 天后，灌一次缓苗水，可以穴灌，也可顺垄沟灌。

五 作业

简述蔬菜幼苗移栽技术要点。

子项目四　白菜类蔬菜设施栽培

概述

白菜类蔬菜在植物学分类上属于十字花科芸薹属，主要包括大白菜、结球甘蓝、花椰菜、叶用芥菜和茎用芥菜等。

白菜类蔬菜起源于温带地区，喜欢冷凉湿润气候，耐热性差；喜欢充足的阳光，适宜在月均温 15℃~18℃的季节里生长；多数为二年生作物，需要低温通过春化阶段，长日照通过光周期。

这类蔬菜的根系浅，利用深层土壤水肥能力较弱，同时它们还有很大的叶面积，蒸腾旺盛，要求较高的土壤湿度（70%~80%）；需肥量大，特别需要较多的氮肥，在叶球、球茎形成期需要较多的钾肥。它们有相同的病虫害，尤其是病毒病、霜霉病、软腐病危害严重，注意轮作换茬。虫害主要是菜蚜和菜螟，要采用综合防治措施。

 白菜类蔬菜的分类

白菜类蔬菜是指十字花科中以柔嫩的叶球、叶丛、嫩茎、花球为产品的一大类蔬菜。生长期间需要冷凉湿润的环境条件；为二年生植物，第一年形成叶丛或叶球产品器官，第二年抽薹开花结实。

白菜类蔬菜根据植物学分类法可分为芸薹属、甘蓝属和芥菜属。

（1）芸薹属。芸薹属包括白菜亚种、结球白菜亚种和芜菁亚种。

①白菜亚种的蔬菜有普通白菜变种、乌塌菜变种、菜薹变种、薹菜变种和京水菜变种等。

②结球白菜亚种的蔬菜有散叶变种、半结球变种、花心变种和结球变种等。

③芜菁亚种的蔬菜有芜菁。

（2）甘蓝属。甘蓝属的蔬菜有结球甘蓝（变种）、羽衣甘蓝、花椰菜、青花菜、赤球甘蓝、皱叶甘蓝、抱子甘蓝、球茎甘蓝和芥蓝等。

（3）芥菜属。芥菜属的蔬菜包括根用芥菜（大头菜）、茎用芥菜（榨菜）、叶用芥菜、薹用芥菜、子芥菜（芥末）和芽芥菜（儿菜）6 种。叶用芥菜的蔬菜有大叶芥（春不老）、花叶芥、皱叶芥、包心芥和分蘖芥（雪里蕻）等。

任务一 大白菜设施栽培

【知识目标】

（1）描述大白菜品种类型、栽培类型与茬口安排模式。

（2）总结大白菜栽培管理知识与技术要点。

【技能目标】

（1）能熟练操作大白菜的播种育苗、覆土、间苗、分苗和定植技术。

（2）能根据大白菜的生育特性，进行水、肥、病、虫等田间管理，使之达到优质、高产。

【情感目标】

（1）养成耐心、细致的习惯。

（2）具有实事求是的科学态度和团队协作精神。

（3）能积极地参与项目技能训练活动。

（4）能够主动发现大白菜栽培管理中的问题并积极解决问题。

大白菜（Brassica pekinensis rupreht.），别名结球白菜，原产我国，栽培历史悠久。叶球硕大，柔嫩，耐贮，味道清鲜适口，营养丰富，是我国各地冬春季节供应的主要蔬菜。除秋季种植外，还可以在春季、夏季、早秋种植，在某些地区可以达到周年生产和供应。

品种类型

（一）变种类型（见图 2-26）

1. 散叶变种

散叶变种属原始类型，叶片披张，不形成叶球，耐寒和耐热性较强。主要品种有北京仙鹤白、济南白菜等。

2. 半结球变种

植株高大直立，顶生叶抱合成叶球，但结球内部空虚不充实，呈半结球状态，耐寒性较强，生育期短，一般为 60~80 天。现在主要分布在我国东北、西北、河北和山西北部等寒冷地区。主要品种有辽宁大锉菜、山西大毛边等。

3. 花心变种

叶球较发达，但球顶不闭合，球尖向外翻卷，翻卷部分颜色较淡，形成所谓的花心，耐热性强，生育期一般为 60~80 天。主要分布在长江下游，北方多做秋季早熟栽培和春季栽培。主要品种有北京翻心白、翻心黄、丹东花心菜、济南小白心等。

4. 结球变种

叶发达，形成坚实的叶球，是大白菜的高级类型，也是目前栽培的主要品种。

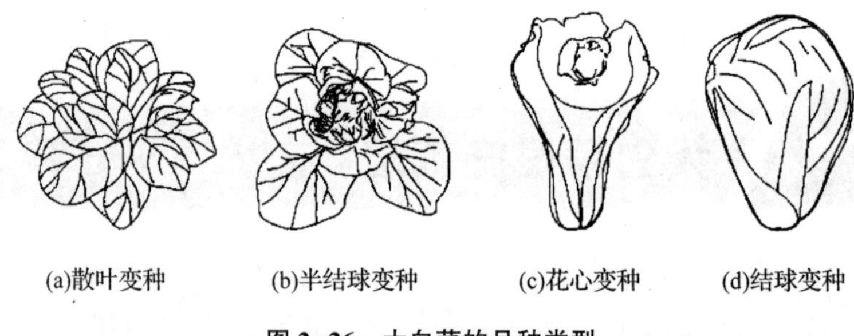

图 2-26　大白菜的品种类型

（二）大白菜生态型

根据叶球形态和对气候的适应性分为 3 个生态型，如图 2-27 所示。

1. 卵圆型

卵圆型大白菜叶球褶抱呈卵圆形球叶数目较多，球顶近于闭合。属于海洋性气候生态型，适合在气候温和、湿润的环境条件下生长。主要分布在山东半岛、辽东半岛和沿海等温和湿润地区。主要品种有青杂中丰、鲁白 1 号、鲁白 3 号、山东的福山包头等。

2. 平头型

平头型大白菜叶球叠抱呈倒圆锥形，球叶较大而且数目较少，球顶平坦，完全闭合。属于大陆气候生态型，适合阳光充足、昼夜温差大的地区，也能适应气候变化激烈，空气干燥的环境。主要品种有洛阳包头、太原包头、冠县包头等。

3. 直筒形

直筒形大白菜叶球细长直筒形，球顶近于闭合或尖顶，生叶和中生叶皆阔披张形。叶球拧抱。属于交叉性气候生态型，在海洋性气候和大陆性气候地区均能良好生长。分布地区较广。主要品种有天津青麻叶、辽宁的河头白菜等。

除以上基本类型外，由这些类型互相杂交，还育成了平头直筒型、平头卵圆型、圆筒型、花心直筒型及花心卵圆型等次级类型及品种。

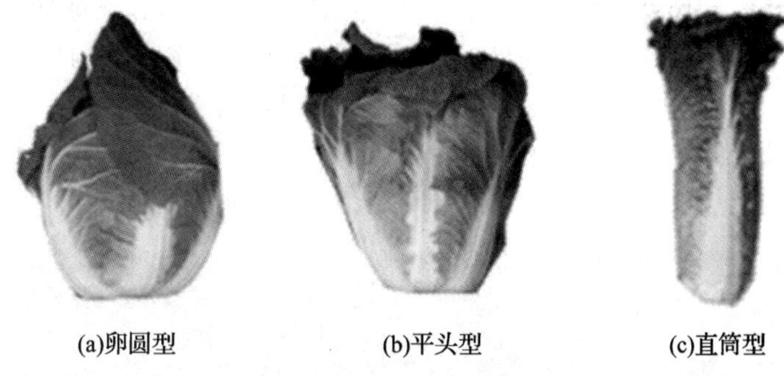

(a)卵圆型　　(b)平头型　　(c)直筒型

图 2-27　结球大白菜的 3 个生态型基本球形

（三）按品种熟性分类

1. 早熟品种

从播种到收获需 60~80 天。耐热性比较强，但耐寒性稍差，多用作早秋栽培或春季栽培，产量低，不耐贮存。优良品种有山东 2 号、鲁白 2 号、潍白 2 号、中白 19、中白 7 号、北京小杂 51、早心白等。

2. 中熟品种

从播种到收获需 80~90 天。产量高，耐热、耐寒，多作秋菜栽培，无霜期短以及病害严重的地方栽培较多。优良品种有青杂中丰、鲁白 3 号、山东 5 号、青麻叶、玉田包尖、中白 65、中白 1 号、豫白 6 号等。

3. 晚熟品种

从播种到收获需 90~120 天。产量高，单株大，品种好，耐寒性强，不耐热，主要作为秋冬菜栽培，以贮存菜为主。优良品种有青杂 3 号、福山包头、城阳青、洛阳包头、中白 81、石绿 85、秦白 4 号、北京新 3 号等。

生育周期

从播种到种子收获的整个生育期可分为营养生长期和生殖生长期。营养生长期又可分为发芽期、幼苗期、莲座期，除散叶种外，还有结球期和休眠期。生殖生长期又可分为抽茎（薹）期、开花期和结实期。

1. 营养生长期

（1）发芽期。从种子萌动至真叶显露，即“破心”为发芽期。在适宜的条件下，发芽期需 5~6 天，当基生叶展开达到和子叶同等大小，并且与子叶垂直交叉呈“十”字形，这一长相称为“拉十字”，是发芽期结束的临界特征。

（2）幼苗期。从“拉十字”至形成第一个叶环为幼苗期，即从真叶显露到第 7~9 片叶展开。到幼苗期结束，叶丛成盘状，这一长相称为“团棵”，这是幼苗期结束的临界特征。幼苗期的生长天数：早熟品种为 12~13 天，晚熟品种为 17~18 天。此期植株会形成大量根。

（3）莲座期。从团棵到第 23~25 片莲座叶全部展开并迅速扩大，形成主要的同化器官，为莲座期。莲座叶全部长大时，植株中心幼小的球叶以一定的方式抱合，称为“卷心”，这是莲座期结束的临界特征。莲座期的天数：早熟品种为20~21天，晚熟品种为27~28天。

（4）结球期。从心叶开始抱合到2叶形成为结球期。这一时期植株大量积累养分贮藏于心叶，形成肥大叶球。结球期时间较长，约占全生长期一半时间。结球期可分为前期、中期和后期。前期如图2-28所示，叶球的外层叶片迅速生长，形成叶球的轮廓，称为“抽筒”。中期（见图2-29）是叶球内的叶片迅速生长，充实内部，称为“灌心”。后期，叶球的体积不再增加，只是继续充实内部，养分由外叶向叶球转移。结球前期和中期是叶球生长最快的时期。在结球期，浅土层发生大量的侧根和分根，出现“翻根”现象。

图2-28　白菜结球初期

图2-29　白菜结球中期

（5）休眠期。叶球形成后遇低温而被迫进入休眠。在冬季贮藏过程中植株停止生长，处于休眠状态，依靠叶球贮存的养分生活。

2. 生殖生长期

（1）抽薹期。经休眠的种株于第二年春天再开始生长，球叶由白变绿，发生新根并抽生花薹。花薹开始伸长即进入抽薹期，到植株开始开花时，抽薹期结束。

（2）开花期。从植株开始开花到全株开花结束为开花期，约 30 天。此期花枝生长迅速，分枝性强。

（3）结实期。植株谢花后进入结实期，此期花茎和花枝停止生长，果荚和种子旺盛生长，直到果荚枯萎，种子成熟。

三 茬口安排

大白菜几乎全部是露地栽培，秋冬茬为主，冬季供应、贮藏；夏秋茬为辅，早熟，秋季上市，难栽培；春夏茬调剂，早熟，防抽薹、防腐烂。

在贵州省不同海拔地区，播期略有不同，海拔1 300~1 500m 的地区，宜在 4 月中旬至 8 月中旬播种；海拔1 500~1 800m 的地区，宜在 4 月下旬至 8 月初播种；海拔1 800~2 200m 的地区，宜在 4 月底至 7 月下旬播种。一般 4 月中旬至 4 月下旬播种的，应采用冬性强、不易抽薹的早熟品质，如鲁春白 1 号、北京小杂 55 号等，可于 6 月中旬至 7 月上旬陆续收获；4 月下旬至 8 月初分批播种的，宜采用高抗王-2、兴滇 1 号、兴滇 2 号、夏秋王、黔白 1 号等高产优质、抗热性强的品种，于 7 月上旬至 10 月中旬分批收获上市。

四 大白菜春季设施栽培技术

（一）品种选择

大白菜春季设施栽培的品种选择，一是要因地制宜，根据当地的气候条件、栽培季节、病虫发生情况选择合适的品种。二是要选择品质好、净菜率高、抗性强的品种。除此之外，还要考虑当地的消费情况及产、供、销的具体需求。

大白菜喜温和冷凉的气候，早春栽培应选用生长期短、对低温不敏感、不易抽薹和耐热抗病的早熟优良品种，如鲁春白 1 号、北京小杂 55 号等。

（二）播种育苗

1. 育苗床选择

大白菜春季设施栽培的育苗床一般选在塑料薄膜大棚内，要求排水良好、肥沃疏松、前茬未种过十字花科蔬菜。育苗床面积由定植面积确定，一般是定植每亩需育苗床 30~35m^2。苗床可做成 1~1.5m 宽的高畦，每 30~35m^2 苗床施入充分腐熟的有机肥 250kg、过磷酸钙 1.5kg、草木灰 5kg、深翻 15cm，混匀粪土，耙平畦面。

2. 播种

苗床浇透底水，水渗后播种。长江中下游可在 2 月上旬播种，播前筛选种子，选用整齐、籽粒饱满、生命力强的种子备用。大白菜播种可采用条播和撒播两种方法，每平方米苗床用 3~3.5g 种子。撒播时将种子与 5~6 倍的细土或细沙均匀混合后再播种。条播时开沟深浅要一致，覆土松细，厚度一致。播后覆盖过筛细土 0.8~1cm，覆盖地膜保温防寒。

3. 苗期管理

播种后及时搭建小拱棚，保持发芽期间白天温度在 20℃~25℃，种子出土后，夜间温度不低于 15℃。齐苗后及时检查苗情，如有缺苗，可在苗密度大的地方挖取壮苗补栽。当真叶长足时即可进行第一次间苗，苗距6~7cm；当幼苗长到4片真叶，开始拉大“十”字时，第二次间苗，每6.7cm×6.7cm留苗一株，以便移栽时切坨。出苗后要及时匀苗、间苗，5~6片真叶形成第一个叶环时（俗称“团棵期”）定苗，去掉弱苗和病苗，保留大苗和壮苗。由于育苗移栽需有一个缓苗过程，所以育苗畦的播种时间应比直播早3~4天。

（三）整地定植

前茬作物收获后，结合施有机肥进行深耕。大白菜生长期长，产量高，需肥量大，每亩施腐熟的有机肥5 000kg，其中2/3结合前期深耕施入，剩下的1/3掺入30kg过磷酸钙和20kg硫酸钾耙入浅土层中。深翻后耙平，做10~20cm的高畦，畦面宽50~60cm，栽植两行，畦面浇透水后，覆盖地膜，以保墒提温。

定植选晴天上午进行，株距一般35~40cm，每穴栽1株，栽植深度以根部土块表面与畦面相平为宜。定植后充分浇水，但不要淹没菜心。

（四）田间管理

1. 肥水管理

定植后肥水管理原则是一促到底，肥、水齐攻，直到收获。一般缓苗后浇1次水，可从畦沟内浇水，以水能润到厢面为宜。进入团棵期，结合浇水追施1次速效氮肥，施入尿素15kg/667m^2。进入莲座期后，随水追施1次20kg/667m^{2}磷酸二铵或三元复合肥。收获前10天停止浇水，以免叶球含水量过多而不耐贮藏。

2. 温度、光照管理

大白菜属半耐寒性蔬菜，喜温和而不宜炎热。发芽适温为20℃~25℃，幼苗期的适温为22℃~25℃，莲座期日均温以17℃~22℃为宜，结球期严格要求适宜的温度，以12℃~22℃为宜。

大白菜适宜中等强度的光照。夏季播种光照太强，易造成伤害，也易得病毒病。

结球类叶菜莲座叶的层次很多，中下层叶接受的是散射光，对于弱光有一定的适应性，这为合理密植提供了依据。

图2-30 大白菜

（五）采收及分级

春结球白菜在叶球形成之后，要及时采收，采收过晚易抽薹，降低品质。收菜可以采用砍收和拔收两种的方式。砍收是用刀砍断主根，因伤口大，砍后要晒干伤口，使伤口愈合以减少贮藏中腐烂损失；拔收是连同主根拔起，伤口较小也易愈合，但要将根部泥土晒干脱落。

大白菜的分级标准见表2-6。

表 2-6　大白菜的分级标准

种类	商品性状基本要求	大小规格	特级标准	一级标准	二级标准
大白菜	清洁、无杂物；外观新鲜、色泽正常，无黄叶、破叶、烧心、冻害和腐烂；茎基部削平、叶片附着牢固；无异常的外来水分；无异味；无虫及病虫害的损伤	单株种类（kg/株） 春秋季大白菜 大：>3.5 种：2.5~3.5 小：<2.5 夏季大白菜 大：>1.0 中：0.75~1.0 小：<0.75	外观一致，结球紧实，修整良好；无老帮、焦边、胀裂、侧芽萌发及机械损伤等	外观基本一致，结球较紧实，修整较好；无老帮、焦边、胀裂、侧芽萌发及机械损伤等	外观相似，结球不够紧实，修整一般；可有轻微机械损伤等

五　病虫害防治

1. 白菜猝倒病

猝倒病常见于各种蔬菜，危害于幼苗期，发病时幼苗根基部出现水渍状的病斑，随病情变化逐渐缢缩成线，后折倒伏地。如果土壤的湿度较大，发病位置还会出现白色的棉絮状物。这种病害主要出现在南方高温雨季时期，在育苗期低温高湿环境也易发病。

防治措施：种植前对种子和土壤消毒，发病后用霉威盐酸盐或甲霜恶霉灵喷洒防治。

2. 白菜黑腐病

黑腐病在白菜幼苗和成株上皆可发病，幼苗发病时叶片出现水浸状病斑，根部发黑，最后为枯萎死亡。成株发病时叶片出现病斑或叶脉变黑，病斑随着扩散变为 V 字形的黄褐色枯斑，逐渐扩散整个球茎，最后干燥时干脆易裂，湿度较大时腐烂。在夏季高温高湿气候环境易发病。另外，连作、施肥不当也会导致发病。

防治措施：种植前对土壤和种子消毒处理，科学合理施肥，各种肥力均衡搭配。发病时可用苯醚甲环唑、噻菌铜喷洒防治。

3. 白菜软腐病

白菜软腐病在白菜苗期、莲座期、包心期均可发病，可在不同的部位发病，如根茎部、叶片。最后都是因不同部位腐烂而死亡。在雨季、浇水过量以及叶片有裂痕伤口易发病。

防治措施：种植时避免和茄科、瓜类蔬菜连作，忌种植在低洼、黏性较重土壤的地块上。种植前对土壤和种子消毒，发病后及时将病株连根拔除带出田间，然后用噻霉酮、春雷霉素药剂喷洒防治。

4. 虫害

白菜的虫害主要有菜蛾、蚜虫。它们都啃食叶肉或吸食叶片汁液，最后导致叶片干枯卷缩，严重时造成白菜死亡。

防治措施：经常清除杂草，减少虫类的生存环境，还可利用大棚技术封闭 3~5 天，高温灭杀虫源，此外还可用药剂防治。

 栽培中的常见问题及防治措施

出现不结球现象是指大白菜在不正常的生长条件下不形成叶球或结球松散，使白菜失去食用价值。其原因有种子不纯、气候异常、田间管理不当等多种因素（叶球形成期如遇高温或者水分过多，会引起叶球开裂，不影响食用但容易感染病菌，造成腐烂），白菜栽培中要合理施肥，科学浇水，防治病虫害。

课后作业

一、填空题

1. 在大白菜莲座叶全部长大时，植株中心幼小的球叶以一定的方式抱合，称为“________”。

2. 关于大白菜幼苗期的生长天数，早熟品种为________天，晚熟品种为________天。

3. 大白菜在结球期，浅土层发生大量的侧根和分根，出现“________”现象。

4. 大白菜春季设施栽培播种后及时搭建小拱棚，保持发芽期间温度。白天温度不低于________℃，种子出土后，夜间温度不低于________℃。

5. 春结球白菜在叶球形成之后，要及时采收，采收过晚________。

二、单项选择题

1. 大白菜莲座期结束的临界特征是（　　）。

A. 卷心　　B. 团棵　　C. 破心　　D. 抽茎（薹）

2. 大白菜发芽期结束的临界特征（　　）。

A. 拉十字　　B. 卷心　　C. 破心　　D. 抽茎（薹）

3. 下列叙述错误的是（　　）。

A. 大白菜属半耐寒性蔬菜，喜温和而不宜炎热

B. 定植后肥水管理原则是一促到底，肥、水齐攻，直到收获

C. 大白菜收获前10天停止浇水，以免叶球含水量过多而不耐贮藏

D. 大白菜早春栽培应选用生长期长、对低温不敏感、不易抽薹和耐热抗病的晚熟优良品种

三、判断题

1. 大白菜结球期的中期又称为“抽筒”。（　　）

2. 大白菜结球前期和中期是叶球生长最快的时期，后期叶球的体积不再增加，只是继续充实内部，养分由外叶向叶球转移。（　　）

四、简答题

1. 总结大白菜水肥管理特点。

2. 春结球白菜收菜可以采用的方式有哪些？具体怎样做？

3. 简述大白菜的生育周期。

【任务考核】

学习任务：	班级：	学习小组：				
学生姓名：	教师姓名：	时间：				
四阶段	评价内容	分值	自评	教师评小组	教师评个人	小组评个人
任务咨询 5	工作任务认知程度	5				
计划决策 20	收集、整理、分析信息资料	5				
	制订、讨论、修改生产方案	5				
	确定解决问题的方法和步骤	3				
	生产资料组织准备	5				
	产品质量意识	2				
组织实施 50	培养壮苗	5				
	整地作畦、施足底肥	5				
	大白菜定植、地膜覆盖	5				
	大白菜肥水管理	5				
	大白菜环境控制	5				
	大白菜病虫害防治	5				
	大白菜采收及采后处理	5				
	工作态度端正、注意力集中、有工作热情	5				
	小组讨论解决生产问题	5				
	团队分工协作、操作安全、规范、文明	5				
检查评价 25	产品质量考核	15				
	总结汇报质量	10				

拓展知识

高丽金娃娃菜春季保护地栽培技术

1. 高丽金娃娃菜的特征特性

高丽金属小柱型娃娃菜类型白菜，其株型直立，结球紧密，开展度小，帮薄甜嫩，品质优良；球高 20cm 左右，直径 8~9cm，单株重 150~400g；外叶深绿色且叶片数少，内叶金黄艳丽，富含多种维生素，纤维含量少，味道鲜美柔嫩，风味独特；抗逆性强，具有一定的耐病性，耐抽薹，适宜春季、夏季、秋季栽培；定植后 50~55 天采收，宜密植，亩栽6 000~8 000株、产量2 000~4 000kg。

2. 栽培技术

（1）育苗。上年12月下旬，采用大棚保护地膜覆盖工厂化育苗，每亩大田用种量25~30g。将草炭、珍珠岩、商品有机肥（体积比）按1：1：8比例配制基质，充分拌匀后装入108~128孔穴盘，按压0.5cm深孔穴，单粒播种，上覆0.5cm厚营养土，浇足水分，再覆盖地膜，加盖小环棚进行3膜覆盖。播种后5~8天即可出苗，出苗率达50%以上时，及时揭除地摸。揭膜后以保温保湿为主，并保持基质干湿相间，确保棚内温度在10℃以上。出苗后2周及时间苗、定苗、拔除杂草。秧苗长有2叶1心、3叶1心时，及时移栽大田。

（2）整地筑畦。应选择土壤肥沃、田块平整、排灌方便、保水保肥能力强、1~2年未种植过十字花科植物的沙质壤土至黏质壤土地块。定植前10天清理前茬作物，覆盖大棚膜密封保温。定植前3天，每亩施腐熟有机肥800~1 000kg、高效BB肥（散装掺混肥料）（N：P_2O_5：K_2O=15：15：15，下同）35kg和过磷酸钙15~20kg，旋耕20cm，筑畦高20~25cm，畦宽1.2~1.5m、沟宽30cm，畦面呈微马背型。

（3）定植。2月中旬，当大田土壤温度稳定在5℃以上时带药、带土和带肥定植，株行距为30cm×40cm，亩栽5 000株（小娃娃菜亩栽8 000株）。定植后压实四周土壤，注意不要伤及秧苗及秧苗子叶，及时浇足定根水，同时及时补水1~2次，随时封棚保温。

3. 大田管理

（1）温度管理。移栽后以保温增温为主，活棵后大棚内温度保持10℃~25℃，高于25℃时及时通风换气，温度下降时及时封棚保温。娃娃菜开始包心时，加大昼夜温差，提高包心质量。

（2）肥水管理。移栽后田间保持土壤湿润，但不可积水。成活后7~10天，在距植株根部7~10cm处每亩随水追施尿素5~7.5kg，莲坐期每亩追施尿素10~12kg。生长过旺时控制水分、不施肥。结球初期，如叶色偏淡，每亩追施尿素10~12kg。采收前10~15天停止施肥，并适当控制水分。

（3）中耕除草。定植后7~10天中耕除草1次，然后根据田间杂草生长情况中耕除草1~2次，最后1次松土结合培土进行。

4. 病虫害防治

高丽金娃娃菜病害主要有软腐病、霜霉病、炭疽病等，虫害主要有蚜虫、菜青虫、小菜蛾等。按照预防为主、综合防治的植保方针，注意观察田间病虫害的发生情况，科学用药。软腐病可选用72%农用硫酸链霉素4 000倍液、50%灭均成600~1 000倍液、20%龙克菌250~800倍液喷雾防治；霜霉病可选用50%灭均成600~1 000倍液、80%超赞1 500~2 000倍液、47%加瑞农600~1 000倍液、75%驱双500~1 000倍液喷雾防治；炭疽病可选用25%阿米西达800~1 500倍液、37%世标2 000~3 000倍液、25%嗅菌睛1 500~2 000倍液喷雾防治。蚜虫可选用25%阿克泰1 500~3 000倍液、20%刺袭3 000~4 000倍液、40%更猛5 000~6 000倍液喷雾防治；菜青虫可选用16%凯恩3 000~6 000倍液、苏云金杆菌800~1 200倍液喷雾防治；小菜蛾可选用30%欧亚风3 000~5 000倍液、6%艾绿士750~1 500倍液、10%净蛾2 000~3 000倍液、5.7%尊典7 000倍液、10%除尽1 000~1 500倍液喷雾防治。

5. 采收、贮藏和运输

当娃娃菜株高30~35cm、包心紧实后即可采收。采收时应在植株基部截断，并根据客户要求去除多余外叶，削平基部，用保鲜膜打包后置于2℃冷库中预冷12小时，并在2℃~5℃、相对湿度70%~80%条件下贮藏运输。

孟凡磊等.《上海蔬菜》. 2016（1）.

任务二 甘蓝设施栽培

【知识目标】

（1）了解甘蓝的生物学特性、栽培品种类型及茬口安排。

（2）总结甘蓝栽培管理知识与技术要点，掌握日光温室早春茬栽培技术。

【技能目标】

（1）能熟练操作甘蓝的日光温室早春茬栽培技术。

（2）能根据市场需求及环境特点选择不同品种，熟练进行育苗、整地定植、管理、收获等。

【情感目标】

（1）养成耐心、细致的习惯。

（2）具有实事求是的科学态度和团队协作精神。

（3）能积极地参与项目技能训练活动。

（4）能够主动发现甘蓝栽培管理中的问题并积极解决问题。

甘蓝（Brassica oleracea L. var. capitata L.），别名洋白菜、卷心菜，原产于地中海沿岸，属十字花科二年生蔬菜。

品种类型

（一）按植株形态分类（见图 2-31）

1. 尖头型

尖头型甘蓝植株较小，叶球小而尖，呈心脏形，叶片长卵形，中肋粗，内茎长，产量较低。多为早熟小型品种。

2. 圆头型

圆头型甘蓝植株中等大小，叶球圆球形，结球紧实，球形整齐，品质好，成熟期较集中。多为早熟或中熟的中型品种。

3. 平头型

平头型甘蓝植株较大，叶球扁圆形，直径大，结球紧实，球内中心柱较短，品质好，耐贮运。多为晚熟大型品种或中熟中型品种。

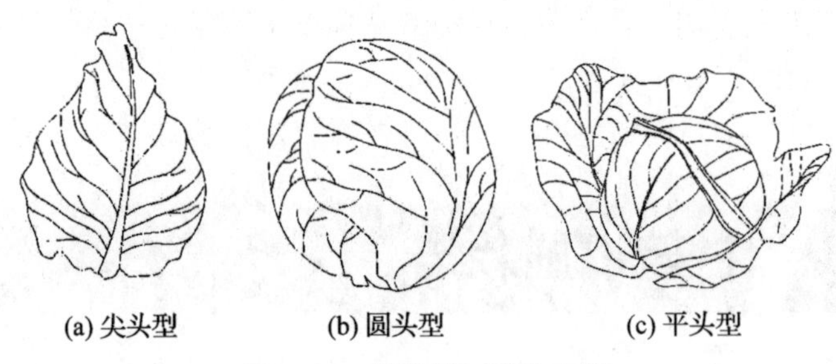

图 2-31　甘蓝的三种生态型

（二）按成熟期分类

1. 早熟品种

从定植到收获需 40~50 天。较优良的品种有四季 39、中甘 12、冬甘 1 号等。

2. 中熟品种

从定植到收获需 55~80 天。较优良的品种有中甘 15、中甘 16、华甘 1 号、小型小金黄、迎春、京甘 1 号、东农 609、西园 4 号、西园 6 号等。

3. 晚熟品种

从定植到收获需 80 天以上。较优良的品种有中甘 9 号、华甘 2 号、昆甘 2 号、黄苗、黑叶小平头等。

生育周期

1. 营养生长时期

（1）发芽期：从种子萌动到基生叶展开（拉十字），在室温下需 8~10 天。

（2）幼苗期：从“拉十字”到第一个叶环的叶片全部展开（“团棵”），夏秋季需 25~30 天，冬春季需 40~60 天。

（3）莲座期：从“团棵”到第二、第三个叶环的叶片完全展开，展开 15~24 片叶，早熟种需 20~25 天，中晚熟种需 30~40 天。

（4）结球期：从开始结球到收获，早熟种需 20~25 天，中晚熟种需 30~50 天。如图 2-32 所示。

图 2-32　甘蓝结球期

（5）休眠期：冬贮过程中，植株停止生长，依靠叶球贮存的养分和水分生活。

2. 生殖生长时期

生殖生长时期包括抽薹期、开花期、结荚期。

抽薹期：植株经过春化作用，生长点分化花芽，然后抽薹、开花。从种株定植到花茎长出，需 25~40 天。

甘蓝春化：甘蓝属于绿体春化型蔬菜，冬性较强，由营养生长转为生殖生长对环境条件要求严格，需要满足两个条件：一是幼苗长到一定大小以后才能接受低温感应，在 0~12℃下，经 50~90 天可完成春化。二是要求光周期，尖头型和平头型品种要求不是很严格，圆头型品种要求严格的长日照。

因此，在以采收叶球为目的的生产中，要严格控制定植植株大小和定植时期，防止植株出现抽薹现象。甘蓝在未结球以前，若遇低温，或在幼苗期就满足了春化要求，栽植后遇到长日照，就可能出现“未熟抽薹”，叶球形成受阻导致减产，这种现象就是先期抽薹，又称为未熟抽薹。因此，春甘蓝栽培过程中可采用改良阳畦或塑料温室育苗，避免低温，缩短育苗期，防止未熟抽薹。

开花期：是从始花到全株花落，一般需 30~35 天。

结荚期：是从花落到角果成熟，一般需 30~40 天。

三 茬口安排

结球甘蓝适应性强，既耐寒又耐热，在北方除严冬季节进行设施栽培外，春、夏、秋三季都可进行露地栽培。华南除炎夏外的季节，秋、冬、春三季都可进行露地栽培，长江流域一年四季均可栽培。

春茬：冬末春初育苗，春季定植，夏季收获。

夏茬：早春育苗，晚春定植，夏季、秋季收获。夏季甘蓝宜与高秆作物间套作。

秋茬：夏季育苗，夏季、秋季定植，秋季、冬季收获；秋甘蓝前茬可种植早熟黄瓜、矮生菜豆等，并应依据各地秋季长短，分别采用早、中、晚熟品种。

冬茬：夏秋育苗，秋季、冬季定植，冬季、春季收获。

根据气候特点，结合市场需求，贵州省反季节甘蓝栽培茬口安排在不同海拔地区，播期略有不同。海拔1 300~1 600m 的地区，宜在 4 月上旬至 7 月上旬播种；海拔1 600~2 200m 的地区，宜在 4 月下旬至 6 月底播种；海拔1 800~2 200m 的地区，宜在 4 月底至 7 月下旬播种。播种期应掌握在播种出苗后 90~120 天能够收获，产品于 7 月中下旬至 10 月底分批上市，目的是能够抢占夏秋淡季市场。

四 甘蓝栽培技术

（一）品种选择

设施甘蓝栽培选用早熟、抗病、成熟期集中、对低温不敏感、冬性强、不易抽薹的优良品种。常用的品种有中甘 11 号、中甘 12 号、8398、京甘 1 号、鲁甘蓝 2 号和牛心甘蓝等。

（二）培育壮苗

1. 苗床制作

选择保水肥能力强的土壤栽培制作设施甘蓝苗床，每定植 $667m^2$ 需播种苗床 $10 \sim 12m^2$，制成 1~1. 5m 宽的高畦。每 $30m^2$ 苗床施入充分腐熟的有机肥 300kg，过磷酸钙 3kg、三元复合肥 1~1. 5kg，混匀粪土，耙平畦面。

2. 播种

一般春冬甘蓝最适宜的播种期在 10 月下旬至翌年 2 月中旬左右。播种过早，导致苗龄长，易抽薹。所以可以根据其上市的时间，适时选择播种和培育的方式，早播需要露地播种，晚播可以考虑用小拱棚或者其他保护方式来育苗。

甘蓝的种皮很薄，容易发芽，可以干籽播种，也可浸泡 2~4h 播种。播种前浇透苗床

10cm 的营养土层，畦面上撒一层干细土，再进行播种。一般每平方米播撒种子 3~4g，播种后再覆 0.5~1cm 细土。播种好后要覆地膜保温、保湿。

3. 苗期管理

温度管理：播种后保持苗床温度白天为 20℃~25℃，夜间为 12℃~15℃。苗出齐后适当降温，白天保持 15℃~20℃，夜间 5℃~8℃。定植前 10 天左右进行低温炼苗，开始降温时，以幼苗不受冻害为宜，最初将低温控制在 5℃左右，先把苗床上的薄膜揭开通风，夜间覆盖物也不要盖严，随后逐渐撤去薄膜和覆盖物，使苗床温度逐步接近气温。到定植前 2~3 天时完全不覆盖，使幼苗与定植田块的环境相适应。壮苗的标准是未通过春化阶段，具有 6~8 片真叶的较大幼苗，下胚轴和节间短，叶片厚，色泽深，茎粗壮，根群发达，定植后缓苗快，对不良环境和病害抗性强。

水分管理：苗期尽量少浇水，以防温度低、湿度大造成猝倒病或沤根。同时注意通风降湿，防止病害发生及幼苗徒长。

（三）整地定植

选未种植过十字花科作物的肥沃土地，结合翻地，每亩施入充分腐熟的厩肥5 000kg，其中 1/2 结合春耕撒施，然后整地做成高 15~20cm，宽 1.2m 的高畦，留宽 30cm 的沟。余下 1/2 粪肥与 30kg 过磷酸钙混匀后按畦施入，并翻地，粪土混匀后耙平畦面，覆盖地膜。

大棚内温度稳定在 10℃以上，10cm 地温稳定在 5℃以上时即可定植。贵州省低海拔地区一般都是年前的 11~12 月栽，高海拔地区在 3~4 月份移栽。每畦栽两行，按行距 50cm，株距 45cm 开穴。定植深度以土坨表面与畦面相平为宜。一般每穴栽 1 株，大小苗分类定植，以使植株整齐，便于田间管理。定植后充分浇水，水渗后覆土稳苗。一般每亩栽苗3 500~4 000株。

（四）田间管理

（1）温度管理：甘蓝对温度的适应性较强，但温度在 4℃~5℃时幼苗容易通过春化阶段，温度高于 25℃不利于结球。因此定植后缓苗期，棚密闭不通风；缓苗后，白天温度偏高时，将两端棚头打开放风；包心前应加强放风管理；当外界日均气温达 10℃左右时撤去小棚膜（宜在傍晚撤膜）。

（2）水肥管理：莲座初期开始浇水，畦沟内浇水，随水追施尿素 10kg，然后控水蹲苗。结球期 5~7 天浇 1 次水，追肥 2~3 次。第一次追肥在包心前，第二次和第三次在叶球生长期，每次追硫酸铵 10kg，硫酸钾 10kg，同时用 0.2%的磷酸二氢钾溶液叶面喷施 1~2 次。结球后期控制浇水次数和水量。

（五）收获

结球甘蓝采收期不是很严格，为争取早上市，在叶球八成紧时即可陆续上市供应。采收太早，叶球不充实，产量低。

五 病虫害防控

1. 非药剂防治

（1）黄板诱杀：每 10~15m^{2}张挂 30cm×40cm 的黄板 1 块，外涂机油或黏虫胶诱杀成虫，悬挂高度以黄板下缘略高出甘蓝植株生长点为宜。

（2）银灰膜驱蚜：铺银灰色地膜，或将银灰膜剪成 10~15cm 宽的膜条，膜条间距 10cm，纵横拉成网眼状。

（3）生物防治：防治菜青虫、小菜蛾可叶面喷施B. T. 乳剂500~600倍液（约10^8孢子/mL），使其感染败血症而死亡；防治甘蓝夜蛾可叶面喷施（1.33×10^6）~（1.33×10^7）多角体/mL甘蓝夜蛾核型多角体病毒悬浮液；防治斜纹夜蛾可叶面喷施（2×10^6）~（2×10^7）多角体/mL斜纹夜蛾核型多角体病毒悬浮液。

2. 药剂防治

（1）黑腐病。发病初期，可用72%农用硫酸链霉素可溶粉剂1 000~2 000倍液，或77%氢氧化铜可湿性粉剂500倍液，或14%络氨铜水剂400倍液，每7天1次，共喷2~3次。

（2）软腐病。发病初期，可用72%农用硫酸链霉素可溶粉剂1 000~2 000倍液，或50%氯溴异氰尿酸可溶粉剂1 000倍液喷施防治，每7天1次，共喷2~3次。

（3）病毒病。发病初期喷施20%病毒A可湿性粉剂500~700倍液，或1.5%植病灵乳油1 000倍液，或5%病毒必克800倍液。

（4）霜霉病。亩用45%百菌清烟剂250g，于傍晚点燃后密闭烟熏，每7天1次，连熏4~5次，可有效预防霜霉病的发生。发病初期，用58%甲霜·锰锌可湿性粉剂500倍液，或72%霜脲·锰锌可湿性粉剂800倍液，或72.2%霜霉威水剂600倍液喷施防治，每7天1次，共喷2~3次。

（5）黑斑病。发病初期，用80%代森锰锌可湿性粉剂600倍液，或75%百菌清可湿性粉剂500倍液，或64%噁霜·锰锌可湿性粉剂600倍液喷施防治，每7天1次，共喷2~3次。

几种病害同时发生时，采用以下药剂防治：在霜霉病和黑斑病混发时，可选用50%乙铝·锰锌可湿性粉剂500倍液，或58%甲霜·锰锌可湿性粉剂500倍液等药剂喷施防治；在软腐病和霜霉病混发时，可选用50%琥铜·甲霜可湿性粉剂500倍液喷施防治。

（6）菜青虫、小菜蛾、斜纹夜蛾、甘蓝夜蛾。可选用B. T. 可湿性粉剂1 000倍液、20%灭幼脲胶悬剂500~800倍液、50%辛硫磷1 000倍液、20%氰戊菊酯1 500倍液、5%啶虫隆乳油1 500倍液喷雾。

（7）斑潜蝇。于斑潜蝇幼虫发生初期选用20%浏阳霉素2 000~3 000倍液喷雾，或使用50%敌敌畏乳油于傍晚进行熏蒸杀虫。

（8）蚜虫。选用20%浏阳霉素2 000~3 000倍液，或25%阿克泰3 000倍液，或10%吡虫啉可湿性粉剂3 000倍液，或25%扑虱灵可湿性粉剂8 000倍液喷雾。

栽培中的常见问题及防治措施

预防早春栽培甘蓝先期抽薹应注意以下几个方面。

（1）选择耐抽薹、耐寒性强、低温条件下易结球的品种。

（2）适时播种。春作栽培型有3~4月和4~5月采收方式时。播种期一般在8月10日前和10月5日后。

（3）加强苗期管理。育苗期间根据作型适时调整苗床温度，幼苗生长过快、过慢，很容易受温度和病虫害影响，导致幼苗生长不良，也会引发早期抽薹。

（4）适时定植。定植过早，温度低、缓苗慢，幼苗感受低温的时间长，容易出现抽薹。但是遇到低温不敢定植时，幼苗在苗床继续迅速生长，在满足幼苗对低温要求后也会发生抽薹，所以其间可采用分苗的方式来抑制幼苗生长。

（5）做好定植后管理。施肥技术应掌握冬控春促原则，使幼苗越冬前不生长过旺，以防冻害或引起先期抽薹。根据气候条件，必要时可进行适当蹲苗，促使幼苗根系迅速生长。但早春甘蓝必须要加强肥水管理，促其生长。

春甘蓝抽薹是不可以逆转的，一旦出现很难再控制。如果已经出现抽薹，可根据植株包球情况进行处理，对于包球已紧实的植株要及时采收，否则随着气温的上升，抽薹将越来越明显，商品性将消失。

课后作业

一、填空题

1. 甘蓝的营养生长时期分为________、________、________、________、________。

2. 甘蓝的生殖生长时期包括________、________、________。

3. 在未结球以前，如遇低温，或在幼苗期就满足了________要求，栽植后遇到________，就可能出现“________”，叶球形成受阻导致________。

4. 甘蓝的水肥管理，________开始浇水，随水追施________10kg，然后________。结球期5~7天浇1次水，追肥2~3次。第一次追肥在________，第二次和第三次在________，每次追硫酸铵10kg，硫酸钾10kg，同时用0.2%的磷酸二氢钾溶液叶面喷施1~2次。

二、单项选择题

1. 从种子萌动到基生叶展开叫作（　　），到第一个叶环的叶片全部展开叫作（　　）。

A. 团棵、拉十字　　B. 拉十字、团棵

C. 结球期、拉十字　　D. 拉十字、结球期

2. 甘蓝的下列品种类型中，需要有严格的长日照的是（　　）。

A. 尖头型品种　　B. 平头型品种

C. 圆头型品种

3. 贵州省反季节甘蓝栽培，海拔（　　）的地区，宜在4月底至7月下旬播种。

A. 1 800~2 200m　　B. 1 300~1 600m

C. 1 600~2 200m　　D. 1 200~1 600m

三、判断题

1. 结球甘蓝适应性强，既耐寒又耐热，在北方除严冬季节进行设施栽培外，春、夏、秋三季都可进行露地栽培。（　　）

2. 甘蓝可与十字花科作物连作，不会发生病虫害。（　　）

四、简答题

1. 什么是甘蓝的莲座期？

2. 甘蓝的冬性较强，春化需要的条件是什么？

3. 什么是先期抽薹，如何预防甘蓝的先期抽薹？

4. 甘蓝不同时期对温度的要求是什么？

5. 甘蓝按照成熟期的不同是如何分类的？

6. 贵州省不同海拔地区，甘蓝的播种期有什么不同？

【任务考核】

学习任务：		班级：	学习小组：				
学生姓名：		教师姓名：	时间：				
四阶段	评价内容		分值	自评	教师评小组	教师评个人	小组评个人
任务咨询 5	工作任务认知程度		5				
计划决策 20	收集、整理、分析信息资料		5				
	制订、讨论、修改生产方案		5				
	确定解决问题的方法和步骤		3				
	生产资料组织准备		5				
	产品质量意识		2				
组织实施 50	培养壮苗		5				
	整地作畦、施足底肥		5				
	甘蓝定植、地膜覆盖		5				
	甘蓝肥水管理		5				
	甘蓝环境控制		5				
	甘蓝病虫害防治		5				
	甘蓝采收及采后处理		5				
	工作态度端正、注意力集中、有工作热情		5				
	小组讨论解决生产问题		5				
	团队分工协作、操作安全、规范、文明		5				
检查评价 25	产品质量考核		15				
	总结汇报质量		10				

拓展知识

甘蓝的植物学分类

在植物学分类中，甘蓝属于十字花科芸薹属甘蓝种植物，包括结球甘蓝（变种）、羽衣甘蓝、花椰菜、青花菜、赤球甘蓝、皱叶甘蓝、抱子甘蓝、球茎甘蓝、芥蓝。

结球甘蓝为甘蓝的变种，又名卷心菜、洋白菜、疙瘩白、包菜、圆白菜、包心菜、莲花白等。结球甘蓝矮且粗壮，一年生，茎肉质，不分枝，绿色或灰绿色。基生叶多数，质厚，层层包裹成球状体或扁球形，直径 10~30cm 或更大，乳白色或淡绿色。甘蓝具有耐寒、抗病、适应性强、易贮耐运、产量高、品质好等特点，在我国各地普遍栽培，是我国东北、西北、华北等地区春、夏、秋季的主要蔬菜之一。

羽衣甘蓝，二年生草本植物，为结球甘蓝的园艺变种。结构和形状与结球甘蓝非常相似，区别在于羽衣甘蓝的中心不会卷成团。栽培一年植株形成莲座状叶丛，经冬季低温，于翌年开花、结实。总状花序顶生，花期 4~5 月。羽衣甘蓝园艺品种形态多样，按高度可分高型和矮型；按叶的形态分皱叶、不皱叶及深裂叶品种；按颜色，边缘叶有翠绿色、深绿色、灰绿色、黄绿色，中心叶则有纯白、淡黄、肉色、玫瑰红、紫红等品种。

赤球甘蓝又名紫甘蓝，除叶为紫红色不同于普通结球甘蓝外，其他特征基本相似。

皱叶甘蓝别名皱叶洋白菜、皱叶圆白菜、皱叶包菜、皱叶椰菜，它与普通洋白菜的区别在于它的叶片卷皱，而不像其他甘蓝的叶那样平滑。皱叶甘蓝的生长方式也不同，在营养生长期，皱叶甘蓝叶片薄壁组织生长快于叶脉，在较快的生长过程中，空间不足以使其伸平生长，因而形成皱褶隆缩。由于大量的皱褶，叶表面积增大，叶片不大即可结成叶球，所以皱叶甘蓝比其他甘蓝品种的质地更为细嫩、柔软。

抱子甘蓝，别名芽甘蓝、子持甘蓝，为甘蓝种中腋芽能形成小叶球的变种。以鲜嫩的小叶球为食用部位。抱子甘蓝的小叶球蛋白质的含量很高，居甘蓝类蔬菜之首，维生素 C 和微量元素硒的含量也较高。

球茎甘蓝，又称苤蓝，十字花科芸薹属，甘蓝种中能形成肉质茎的变种。

芥蓝的菜薹柔嫩、鲜脆、清甜、味鲜美，每 100g 芥蓝新鲜菜薹含水分 92~93g，是甘蓝类蔬菜中营养比较丰富的一种蔬菜，可炒食、汤食，或作配菜。

任务三 花椰菜设施栽培

【知识目标】

（1）掌握花椰菜的生物学特性、品种类型、栽培季节与茬口安排模式等。

（2）掌握花椰菜的栽培管理知识与技术要点。

【技能目标】

（1）熟练掌握花椰菜的播种育苗、覆土、间苗、分苗和定植技术。

（2）能根据花椰菜的生育特性，进行水、肥、病、虫等田间管理，使之达到优质、高产。

【情感目标】

（1）养成耐心、细致的习惯。

（2）具有实事求是的科学态度和团队协作精神。

（3）能积极地参与项目技能训练活动。

（4）能够主动发现花椰菜栽培管理中的问题并积极解决问题。

花椰菜（Brassica oleracea L. var. botrytis L.），别名菜花或花菜，是甘蓝的变种，原产地地中海沿岸，属十字花科二年生蔬菜。其产品器官为花球，是由洁白、短缩、肥嫩的花蕾、花枝、茎轴等聚合而成的。花球富含维生素、矿物质，含纤维少，味道柔嫩可口。如图 2-33 和图 2-34 所示。

图 2-33　花椰菜

图 2-34　青花菜

一　品种类型

依花椰菜的生育期长短可分为早熟、中熟及晚熟三类品种。

按照品种对环境条件的适应性，分为春季生态型和秋季生态型品种。

一般生育期在 100~120 天的中晚熟品种属春季生态型，该类型品种生长势旺，冬性强，可耐短期霜冻。

生育期在 60~80 天的早中熟品种属于秋季生态型，该类型品种冬性弱，较耐热。早熟品种适于新疆维吾尔自治区夏季、秋季栽培，如果在春季栽培，易出现“早花”现象。

花椰菜极早熟品种有夏雪 40、荷兰早春、雪峰等；中熟品种有津雪 88、祁连白雪等；晚熟品种有冬花 240、日本雪山等。

二　生育周期

花椰菜的营养生长过程与结球甘蓝相似，在莲座期结束时，主茎顶端变为花芽，进入花球生长期。从花芽分化到采收花球，因品种不同而分别需要 20~50 天。

花椰菜的花球为主要营养贮藏器官，花球的大小与植株同化器官的大小成正相关，叶面积大，花球亦大，反之则小。植株新叶开始扭曲，表示花球开始发育，花球随之肥大而逐渐外露。

三　茬口安排

花椰菜在华南地区于 7~11 月排开播种，分别选择相应的早、中、晚熟品种，于 11 月至翌年 4 月收获。长江流域于 6~12 月播种，于 11 月至翌年 5 月收获。华北地区分春秋两季栽培：春季于 2 月上旬，中旬播种育苗，3 月中下旬定植，5 月中下旬开始收获；秋季于 6 月下旬至 7 月上旬播种育苗，8 月上旬定植，10 月上旬至 11 月上旬收获。

贵州省海拔 900~2 200m 的地区，是夏秋反季节花椰菜栽培的适宜种植区。

四　春季花椰菜设施栽培技术

（一）品种选择

花椰菜属绿体春化型植物，种子萌动后可在5℃~20℃的范围内通过春化阶段，较大的幼苗也可在10℃~17℃时通过春化阶段。花椰菜对不良环境表现极为敏感，稍有不慎就会出现僵化苗、先期现球、抽薹、散花、毛球、夹叶球、紫球、畸形球等现象，失去商品价值，轻则影响产量和产值，重则绝收。

因此春花椰菜必须选用春季生态型品种，选择抗逆性强、适应性广，高产优质品种。

（二）播种和育苗

1. 播种育苗

（1）制作育苗床。应选择前作未种过甘蓝类作物，土质肥沃的壤土或沙壤土地做育苗地。营养土的配置比例是壤土2份、腐熟的有机肥1份。也可加入少量的复合肥或过磷酸钙。配置好的营养土一定要打碎、过筛、混合均匀。

（2）播种。一般在11月下旬至12月上旬播种。播种前苗床整平、压实，播前苗床要充分灌水，渗透8~10cm，待水渗下去后，撒一层细土再播种。通常采用干种子撒播，将种子与细土混匀后均匀撒播，播后覆盖0.5~0.8cm厚度的草木灰或细土，苗床播种量为3~4g/m^2。播后用薄膜覆盖，以利保湿保温。

2. 苗床管理

出苗前加强保温，白天温度控制在20℃~25℃，夜间温度在15℃左右，促使幼苗迅速出土。幼苗出土后及时揭膜，并覆盖0.3~0.5cm的细土。白天温度控制在15℃~20℃，夜间温度10℃左右。同时进行通风降温，防止幼苗徒长，形成高脚苗。子叶充分展开后，进行间苗。间苗后为保护幼苗根系生长，需再覆一层土。

从第一片真叶展开到分苗，苗床内温度不能高于20℃，不能低于5℃，以15℃~18℃为宜。

3. 分苗

幼苗长至2叶1心至3叶1心时分苗，株行距为10cm×10cm。为便于管理，分苗时将大小不同的幼苗分开来。采用开沟贴苗法分苗，即按10cm行距开沟，开沟后先浇稳苗水，待水渗下去再按10cm株距贴苗并覆土压根，填平后再进行下一行。缓苗后再浇一次小水，然后蹲苗。也可直接分到营养钵中。

分苗后5~7天内，提高苗床温度以促进缓苗，但不能高于30℃。缓苗后逐渐通风降低温度。白天温度控制在15℃~20℃，夜间最低温度5℃左右。

4. 炼苗

定植前7~15天通过加大通风量，降低苗床温度进行炼苗，一般控制在5℃左右，以不使幼苗受冻为宜。

（三）定植

选择有机质丰富、疏松肥沃、土层深厚、排水、保水保肥力较强、排灌良好的壤土或轻沙壤土、土壤pH为6~6.7的地块进行深翻，早熟品种生长期短，对肥料要求高。基肥以农家肥与化肥适当配比混合施用，基肥用量一般亩施厩肥4 000~5 000kg，过磷酸钙20~25kg，施后翻土混匀后作畦，畦面要土细平整。一般畦宽1~1.5m。

一般棚室内日平均气温稳定在6℃以上，地表温度稳定在5℃以上即可定植。棚室内定植前一天浇起苗水，以湿透营养土为宜。如果是营养钵育苗，可直接定植。壮苗标准是茎秆粗壮、节间短、叶片肥厚、深绿色、叶柄短、7~8片叶、叶丛紧凑、植株大小均匀、根群发达。幼苗定植后缓苗和恢复生长快，对不良环境和病虫害抵抗力强。

定植应选晴天进行。畦面浇透水后覆膜。中早熟品种应适当密植。一般亩栽3 300~3 600株，株行距40cm×40cm；中熟品种3 000株，株行距50cm×45cm；中晚熟品种2 700株左右，株行距55cm×50cm，栽植后浇透水。花椰菜对硼元素十分敏感，亩用硼砂50g，配成水溶液施于穴中作基肥。

（四）田间管理

1. 温度管理

早春定植时气温较低，而且很不稳定，有时还会受寒流影响。为促进缓苗，定植后要闭棚7~10天，待幼苗恢复生长后，开始由小到大通风降温，使棚室内温度保持在白天15℃~20℃，最高不超过25℃，夜间温度在5℃~10℃。

2. 肥水管理

花椰菜定植后，肥水管理办法是前攻、保中、后控。早熟品种生长期短，对肥水要求迫切，应以速效性肥料分期勤施，中熟品种在叶簇生长时期，也应用速效性肥料分期勤施。

叶片封行时每亩增施硫酸钾15kg和少量锌锰微肥。结球肥在花球形成初期施用，需要重施。一般早、中熟品种每亩施复合钾肥10~15kg，晚熟品种15~20kg。为使花球整齐、肥嫩、洁白硕大，并促进成熟期整齐，可根据花球形成程度适当喷施磷酸二氢钾500倍液1~2次。

莲座期（见图2-35）结合浇水，追施尿素15~20kg/667m^2。对叶片生长过旺的植株，应及时控水蹲苗。待部分植株显蕾时再追肥1次，花球膨大中后期可用0.1%~0.5%硼砂液叶面追肥，3~5天1次，连喷3次。营养不足时可喷施0.5%尿素及0.5%磷酸二氢钾的混合液，连喷3次。花球出现后每4~6天浇水1次，收前5~7天停止浇水。花菜结球期如图2-36所示。

图2-35　花菜莲座期

图 2-36 花菜结球期

（五）采收

花球由花薹、花枝、花蕾组成，必须适时及时采收。收获过早，花球尚未充分发育，产量降低；收获过晚，则花球松散，变黄，表面不平，出现小刺，商品价值下降。收获标准是花球充分长大，表面平整，花球基部略有松散，边缘尚未松散。采收时要保留 5~6 片嫩叶保护花球，以免在装运过程中污染或损伤花球。

五 病虫害防控

1. 病害

花椰菜病害有霜霉病、黑腐病等。霜霉病在发病初期可用 70%安泰生可湿性粉剂 500~700 倍液或 72. 2%霜霉威水剂 600 倍液喷施，每 5~7 天喷 1 次，连喷 4~6 次；黑腐病在发病初期可用 50%代森锰锌可湿性粉剂 600 倍液，或 75%百菌清可湿性粉剂 500 倍液喷施，每 7~10 天喷 1 次，连喷 2~3 次。

2. 虫害

花椰菜虫害主要有菜青虫、蚜虫、小菜蛾等。在菜青虫成长高峰期可每亩用辣椒碱烟碱微乳剂 50~60g，加水喷雾 1 次；蚜虫可用 10%吡虫啉可湿性粉剂 1 500 倍液防治；小菜蛾可选用 10%氯氰菊酯乳油2 000~5 000倍液喷雾或用 1. 8%阿维菌素3 000倍液防治。

六 栽培中常见问题及防治措施

1. 不结花球

花椰菜只长茎、叶，不结花球，会导致大幅度减产或绝产。解决花椰菜不结球问题的关键是适期播种，创造花椰菜顺利通过春化阶段的条件。莲座期适当追施磷钾肥，以使营养生长及时转入生殖生长。

2. 小花球

在收获时花椰菜的花球很小，一般达不到商品要求，或达不到品种要求的大小，称为小花球。防止产生小花球的措施是选用纯正的种子，品种与播种期相适宜，播期适当，水肥适当。

3. 青花

花球表面花枝上绿色苞片或萼片突出生长，使花球呈绿色，称为青花现象。青花主要是花球膨大期阳光直射花球表面，花球先由白变黄，后变青色，降低了食用和商品价值。防止青花的措施是结球期及时束叶或折老叶片遮花球，防止日光直射。

4. 毛花

花球的顶端部位，花器的花柱或花丝非顺序性伸长为毛花。毛花使花球表面不光洁，降低了商品价值。毛花多在花球临近成熟期，天气骤然降温、升温或重雾天时易发生。一般夏秋播种时，播期过早，入秋气温降低之前花球已基本形成，如果收获不及时，气温突然下降易发生毛花。防治措施是适期播种。

5. 紫花

花球临近成熟时，突然降温，花球内的糖苷转化为花青素，使花球变为紫色。幼苗胚轴紫色的品种易发生。这种现象在夏秋栽培时播种过早，或收获太晚时易发生。适期播种、适期收获即可预防。

6. 散花

花球表面高低不平，松散不紧实为散花。收获过晚，花球老熟；水肥不足，花球生长受抑制；蹲苗过度，花球停止生长，老化等均易造成散花现象。根据发生原因，采取相当措施即可预防。

课后作业

一、填空题

1. 花椰菜“花球”为产品器官，即为短缩的________、________、________缩短聚合而成。

2. 花椰菜按照品种对环境条件的适应性，分为________和________品种。

3. 花椰菜收获过早，花球________，产量________；收获过晚，则花球________，表面不平，出现小刺，商品价值下降。

4. 花椰菜定植后，采取________、________、________的肥水管理办法。

二、单项选择题

1. 关于花椰菜春季生态型品种，描述正确的是（　　）。

A. 生育期 60~80 天的早熟品种

B. 不耐短期霜冻

C. 生育期在 100~120 天的中晚熟品种

D. 耐热性好

2. 花椰菜早春定植，待幼苗恢复生长后，棚室内温度最高不超过（　　）。

A. 12℃　　B. 18℃　　C. 25℃　　D. 30℃

3. 花椰菜采收时要保留 5~6 片嫩叶，主要作用是为了（　　）。

A. 美观　　B. 方便采摘　　C. 保护花球　　D. 增加重量

三、判断题

1. 生育期在 60~80 天的早中熟品种属于秋季生态型。该类型品种冬性弱，较耐热。（　　）

2. 花椰菜的收获标准是花球充分长大，表面平整，花球基部略有松散，边缘尚未松散。（　）

3. 早春花椰菜定植后不需要闭棚，可以直接开棚放风。（　）

四、简答题

1. 总结花椰菜水肥管理特点。
2. 花椰菜的栽培季节及茬口安排。
3. 花椰菜定植后的管理要点有哪些？
4. 花椰菜的适宜采收期为什么很短？
5. 花椰菜栽培中常见问题及预防措施？

【任务考核】

学习任务：		班级：	学习小组：				
学生姓名：		教师姓名：	时间：				
四阶段	评价内容		分值	自评	教师评小组	教师评个人	小组评个人
任务咨询 5	工作任务认知程度		5				
计划决策 20	收集、整理、分析信息资料		5				
	制订、讨论、修改生产方案		5				
	确定解决问题的方法和步骤		3				
	生产资料组织准备		5				
	产品质量意识		2				
组织实施 50	培养壮苗		5				
	整地作畦、施足底肥		5				
	花椰菜定植、地膜覆盖		5				
	花椰菜肥水管理		5				
	花椰菜环境控制		5				
	花椰菜病虫害防治		5				
	花椰菜采收及采后处理		5				
	工作态度端正、注意力集中、有工作热情		5				
	小组讨论解决生产问题		5				
	团队分工协作、操作安全、规范、文明		5				
检查评价 25	产品质量考核		15				
	总结汇报质量		10				

拓展知识

青花菜栽培技术要点

青花菜，又名西兰花、绿菜花，是1~2年生草本植物，属于十字花科芸薹属甘蓝种的1个变种。它与花椰菜不同之处在于：主茎顶端产生的并非由畸形花枝组成的花球，而是由完全正常分化的花蕾组成的青绿色扁球形的花蕾群。同时叶腋的花比花椰菜活跃，主茎顶端的花茎及花蕾群一经摘除，下面叶腋便抽生侧枝，在侧枝顶端又生花蕾群，如此反复可多次采摘。

1. 青花菜的营养价值

青花菜营养价值非常高，含有蛋白质、糖、脂肪、矿物质、维生素和胡萝卜素等人体所需的各种营养元素，富含预防高血压和心脏病的类黄酮、抗氧化物质维生素C、抗癌物质和预防关节炎的萝卜硫素等，被誉为“蔬菜皇冠”。每100g青花菜可食用部分中，含蛋白质3.6g（是白花菜的3倍，番茄的4倍），含碳水化合物5.9g，脂肪0.3g，钙78mg，磷74mg，铁1.1mg，胡萝卜素25mg，维生素C110mg及多种矿物质。此外，其中矿物质成分比其他蔬菜更全面，钙、磷、铁、钾、锌、锰等含量均很丰富，比同属于十字花科的白菜花高出很多。

青花菜还具有药用价值。研究表明，青花菜含萝卜硫素，可刺激身体产生抗癌蛋白酵素。经常食用，有助于排除体内有害的自由基。青花菜含有丰富的抗坏血酸，能增强肝脏的解毒能力，提高肌体免疫力。青花菜能有效对抗乳腺癌和大肠癌，健康的人经常食用青花菜也能起到预防癌症的作用，被誉为“防癌新秀”。青花菜对高血压、心脏病有调节和预防的功用。青花菜富含的高纤维能有效降低肠胃对葡萄糖的吸收，进而降低血糖，有效控制糖尿病的病情，是糖尿病患者的福音。常吃青花菜还可以抗衰老，防止皮肤干燥，是一种很好的美容佳品；医学界还认为青花菜对大脑、视力都有很好的作用。

2. 青花菜的栽培方法

（1）品种选择。根据生产需要和该地区具体气候条件选择适宜的品种，生产上选用抗病、抗逆、优质、高产的优良品种。

（2）育苗。春茬青花菜育苗可在2~3月份播种，秋茬青花菜育苗可在6~7月份播种。采用穴盘进行育苗。播种前每平方米用25%多菌灵20g拌营养土1.5~2kg，以防土传病害。将营养土装入穴盘中，浇足水待播。播种时选择大小均匀、饱满的种子单粒摆放，播种后覆1cm营养土。播种后白天温度应控制在25℃~28℃，夜晚温度控制在20℃~22℃，待出土之后白天温度应控制在22℃~25℃，夜晚温度控制在15℃~18℃。3叶1心后减少施水量、降低温度及增加光照强度进行炼苗，4~5片真叶时开始移栽定植。

（3）定植。青花菜适宜在地势高爽、土壤肥沃、排水良好的沙壤土上生长。为避免连作，前茬不要种植甘蓝、白菜类蔬菜。定植前每亩施30kg生石灰，深耕暴晒。其后施足基肥，每亩施腐熟有机肥2 000kg、复合肥40kg、矿质硼肥2kg。基肥施完后浇水，待水分稍干时做成宽度为80cm、高度为15cm、间距为30cm的小高畦。定植时株间距为50cm，每亩种植3 000株左右，定植后多浇水以促进缓苗。

(4) 田间管理。种植后7天左右松土1次，25天左右再除草松土1次。下雨之后要及时松土，以防土壤板结。在青花菜的整个生长阶段除施足基肥外，还需要追肥3次，定植后10~13天施第一次肥以促进幼苗生长，每667m²施尿素10kg。出现花蕾时施第二次肥，以促进花蕾生长和叶片紧簇，每667m²施尿素15kg、硼肥1kg。当花球直径有2~3cm时施第三次肥，以促进花球膨大，每667m²施复合肥25kg，施肥结合浇水同时进行。

(5) 采后处理。当青花菜花球直径达到12~15cm、花球紧密、色彩翠绿时即可采收。青花菜不耐贮藏，所以在运输过程中要做好防震防压工作。未能及时出售的，可在4℃条件下保存30天。

闫凯，汤青林. 青花菜栽培技术.《中国园艺文摘》，2018 (03).

技能训练：蔬菜采收技术

一 实训目的

掌握蔬菜的采收标准，运用合适的采收方法。

二 材料和用具

菜田、待采收蔬菜、采收刀、锹、锄等。

三 实训内容及技术操作规程

(一) 蔬菜的采收标准

蔬菜的成熟度有两个概念，生物学成熟度或生理成熟度，即以种子是否生理成熟为根据；经济学的成熟度，即以是否具备商品价值（鲜菜或加工原料）为根据，后者常被叫作商品成熟度。除了瓜类中的西瓜、甜瓜、南瓜生理成熟与商品成熟一致以外，其余的蔬菜都是在产品器官（如根菜类的肉质根，甘蓝类的叶球，花球，豆类的荚果，瓜类的瓠果等）形成食用价值就已经表示商品成熟了。有的蔬菜如冬瓜、南瓜等嫩瓜和老瓜都具有食用价值，所以同一种蔬菜允许有不同的采收标准。

可见，蔬菜的采收标准是指蔬菜的商品成熟标准。蔬菜是否达到商品成熟，一般常从色泽、坚实度、产品器官的大小和生长状态4个方面判断。同一种蔬菜由于用途不同（如鲜销番茄和加工原料番茄）商品成熟度的标准也不一样，不同地区的消费习惯不同，商品成熟度的标准也有差异。

1. 色泽

以产品器官的颜色和光泽度作为主要采收标准的蔬菜有番茄、茄子、辣椒、南瓜、豌豆等。番茄一般在果实转红时采收，甜椒一般在果皮浓绿而有光泽时采收，茄子在果皮鲜亮光泽，萼片与果皮连接处的白色环状带较小时采收，豌豆在荚果从暗绿变亮绿时采收。供较长时期贮运的番茄则以果脐泛白的青熟期为采收适期，供罐藏制酱的番茄或干制辣椒以果实充分红熟为采收适期。

2. 坚实度或鲜嫩度

坚实度作为蔬菜采收标准时有不同的含义。对一些蔬菜来说，坚实度是表示蔬菜生育良好，充分成熟，或尚未过熟变软，因而能耐运输、贮藏的标志。如甘蓝的叶球，花椰菜的花球以及供贮运的番茄、辣椒等都应在充实坚硬或达到一定硬度时采收。而对另一些蔬菜来说，产品器官的坚硬则表示其食用品质下降，如绿叶蔬菜一般应在茎叶鲜嫩、纤维质少时采收；豇豆、荚用豌豆、菜豆、甜玉米等作蔬菜用的也在幼嫩时采收。

3. 产品器官的大小

即以产品器官的高、长、粗细等作为采收指标。如韭菜一般以长到 16~25cm，芹菜以长到 50cm 左右作为采收适期；萝卜、胡萝卜等以长到一定粗细作为采收适期。但由于消费习惯不同，如菠菜在上海地区的采收标准为 20~30cm，在华北地区则为 40cm 以上。

4. 生长状态

如洋葱以假茎部变软开始倒状，鳞茎外皮干燥，马铃薯、芋头以叶片转黄，莴笋以茎的生长点与叶丛平齐，菜心菜苔的高超过叶的先端并初花时为采收适期。

在实践中，上述采收标准常综合运用。

（二）蔬菜的采收方法

地下根茎类大都用锹、锄或机械挖刨。有的采收机械还附有分级、装袋等设备。采收时应避免机械损伤，采收后摊晾使表面水分蒸发和伤口愈合。洋葱、大蒜可连根拔起，在田间暴晒，使外皮干燥。多数叶菜类、果瓜类、豆类蔬菜则用刀割、手摘或用机械采收。

四 注意事项

蔬菜的合理采收时机除根据采收标准确定外，还须考虑下列因素。

（1）保持长势。多次采收的蔬菜，如茄果类、瓜类的第一果（或第一穗果）宜适当早采，常在幼果尚未达到采收标准时就提前采收，以利于植株发棵和后续果实的生长。到结果盛期每隔 1~2 天就采收一次，可免植株早衰。用种子直播的蕹菜第 1、2 次采摘时，茎基部可留 2~3 节，以促进萌发较多的嫩枝；第 3、4 次采摘时，适当重采，仅留 1~2 节，可免发枝过多，生长纤弱、缓慢，影响产量和品质。多年生的韭菜，为维持高产和使地下根茎贮藏有足够的营养物质，防止早衰，应控制收割次数，且不能割得过低，以免损伤叶鞘的分生组织和幼芽，影响下一刀产量和长势。

（2）提高贮性。高温时采收不利于采后贮藏；降雨后采收，成熟的果实易开裂，滋生病原菌，引起腐烂。一般以在晴天清早气温和菜温较低时采收为宜。供冬季贮藏用的芹菜、菠菜等耐寒蔬菜，在不使受冻的前提下适当延迟收获，可免贮藏时脱水和发热、变黄腐烂。薯芋类蔬菜成熟过程中糖分转化为淀粉，适当延迟采收有利于提高贮性；反之，有的蔬菜如番茄，成熟过程中糖分增加，淀粉减少，则以适当早采的果实贮性较好。某些蔬菜采收前用生长调节剂处理，可在采后延迟其成熟，利于贮藏。

（3）保持鲜度。蔬菜鲜度主要由呼吸强度和失水速度决定，而温度则是影响呼吸和水分含量的最主要因素。在气温较低的清晨或上午采收，有利于保持产品的鲜度。

作业

不同商品用途采收标准也不同，试举例介绍。

子项目五　绿叶菜类蔬菜设施栽培

绿叶菜是一类主要以鲜嫩的绿叶、叶柄和嫩茎为产品的速生蔬菜。由于生长期短，采收灵活，栽培十分广泛，品种繁多。我国栽培的绿叶菜有 10 多科 30 多个种，主要包括芹菜、莴苣、菠菜、芫荽、茼蒿、苋菜、空心菜、落葵、冬寒菜、马齿苋、紫苏、紫背天葵、荠菜和茴香等。

绿叶蔬菜其形态、风味各异，起源复杂，栽培特性差异较大，适应性广，生育期短，栽培广泛。由于不同的起源地气候差异大，对环境要求也不尽相同，按适应温度范围大体可分为两类：一类喜冷凉湿润，如菠菜、芹菜、莴苣等，生长适温 15℃～20℃，能耐短期的轻霜。这类绿叶菜在冷凉湿润条件下栽培，容易获得高产优质的产品器官，在高温干旱环境下品质下降。它们多属长日照植物，长日照下容易抽薹开花；另一类喜温暖而不耐寒，如空心菜、落葵、苋菜等，适宜生长温度 20℃～25℃，低于 10℃则停止生长，对日照长度不敏感。

绿叶类蔬菜多数植株矮小，生长迅速，采收标准不严格，适于密植，可与其他较高大蔬菜进行间作套种；绿叶菜类蔬菜根系浅，生长量大，对土壤肥力要求较高，应选择结构疏松、有机质含量高、保水保肥能力强的土壤种植，对氮肥和水分要求多。

喜冷凉的绿叶蔬菜主要作秋冬栽培或越冬栽培，也可作早春栽培；而喜温暖的绿叶蔬菜则以春夏栽培或越夏栽培为主，也可作夏秋栽培。

长江流域冬春季（11 月至翌年 3 月）气温低、气候寒冷，喜温不耐寒的绿叶蔬菜无法露地生产。夏季（6 月至 9 月）炎热多雨，同时大风暴雨频繁，有时 1 小时降雨量就达 100mm 以上，使大多数绿叶蔬菜（尤其是喜冷凉而不耐热的绿叶蔬菜）不能正常生长。因此，有机蔬菜基地必须配套一定比例的塑料大棚（20%以上），在冬春季可以进行喜温不耐寒的绿叶蔬菜的春提前、秋延后或越冬栽培，在炎热夏季可以进行喜冷凉而不耐热的绿叶蔬菜的遮阳、降温、避雨栽培，从而实现有机蔬菜基地大多数绿叶菜的周年生产、均衡供应。此外，利用大棚覆盖防虫网能较好地防治绿叶蔬菜的害虫为害。

任务一 莴苣设施栽培

【知识目标】

（1）了解莴苣的生物学特性和品种类型。

（2）掌握莴苣栽培类型与茬口安排模式等。

（3）掌握莴苣栽培管理知识及栽培中的常见问题及防治对策。

【技能目标】

（1）能熟练进行莴苣种子处理、播种育苗及栽培管理。

（2）能正确分析判断莴苣栽培过程中常见问题的发生原因，并采取有效措施加以防治。

【情感目标】

（1）养成耐心、细致的习惯。

（2）具有实事求是的科学态度和团队协作精神。

（3）能积极地参与项目技能训练活动。

（4）能够主动发现莴苣栽培管理中的问题并积极解决问题。

莴苣（Lactuca sativa L.），菊科莴苣属，能形成叶球或嫩茎的一、二年生草本植物，原产地中海沿岸，性喜冷凉湿润的气候条件。在我国莴苣后来又演化出茎用类型（莴笋）。世界各国普遍栽培叶用莴苣，茎用和叶用莴苣在我国均普遍栽培。

莴苣营养价值高，含丰富的胡萝卜素、硫胺素、核黄素及钙、磷、铁等矿物质，还有一定的药用及保健价值，其果实有活血、通乳作用，茎叶白汁有镇痛、催眠作用。每100g食用部分含水分96.4g，粗蛋白0.6g，粗脂肪0.1g，碳水化合物1.9g，粗纤维0.4g，钙7mg，磷31mg，铁2mg，胡萝卜素0.02mg，硫胺素0.03mg，核黄素0.02mg，尼克酸0.5mg。

另外，茎用类型含钾量较高，有利于促进排尿，可以减少对心房的压力，对高血压和心脏病患者极为有益。含有少量的碘元素，它对人的基础代谢、心智和体格发育甚至情绪调节都有重大影响，经常食用莴苣有助于消除紧张，帮助睡眠。同时含有非常丰富的氟元素，可参与牙和骨的生长，能改善消化系统的肝脏功能，刺激消化液的分泌，促进食欲，有助于抵御风湿性疾病和痛风。

一 品种类型

莴苣可分为4个变种，分别是皱叶莴苣、直立莴苣、结球莴苣和茎用莴苣。根据食用部位不同，可分为叶用莴苣（生菜）和茎用莴苣（莴笋）。

（一）叶用莴苣

叶用莴苣包括直立莴苣、皱叶莴苣和结球莴苣3个变种，习惯上把不结球的称散叶莴苣，结球的称结球莴苣。

1. 直立莴苣

直立莴苣又称长叶莴苣。植株直立，内叶一般不抱合或卷心呈筒形，开展度小，叶狭长，呈长披针形或长倒卵形，深绿或淡绿色，叶面平，全缘或稍有锯齿。腋芽数中等，较易抽薹。常见的品种有牛利生菜、登峰生菜、意大利全年耐抽薹生菜、罗马直立生菜、油麦菜等。

2. 皱叶莴苣

皱叶莴苣（见图 2-37）不包球或莲座丛上部叶片卷成蓬松的小叶球，腋芽多，易抽薹。叶宽扁圆形，叶面皱缩，叶缘深裂，开展度大，叶片颜色丰富多彩，有绿色、黄绿色、紫红色和紫红黄绿相间的花叶等，可掰叶食用，多作鲜销。常见的品种有玻璃生菜、软尾生菜、罗莎红、美国大速生、辛普森精英、红帆紫叶、波士顿奶油生菜、尼罗和花叶生菜等。

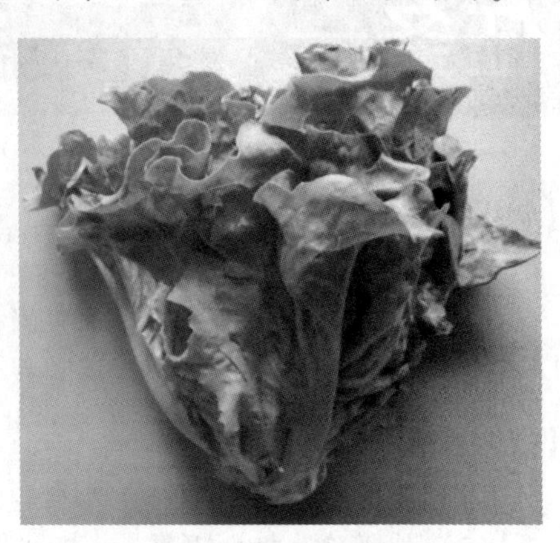

图 2-37　皱叶莴苣

3. 结球莴苣

结球莴苣（见图 2-38）多由国外引进，因此又称西生菜。其叶片大，扁圆形，叶全缘，有锯齿，叶面光滑或微皱缩，绿色或黄绿色，叶丛密，心叶能形成明显叶球，呈圆球至扁圆球形，外叶开展，产量高，品质好，又可分为绵叶和脆叶两种，是欧美各国家地区普遍种植的蔬菜。主要品种有凯撒、奥林匹亚、北山 3 号、爽脆、萨琳娜、大湖系列、绿湖、亚尔盆、铁人、拳王和安妮等。

图 2-38　结球莴苣

（二）茎用莴苣

茎用莴苣根据叶片形状可分为尖叶和圆叶两种类型。各类型中依茎的色泽又有白莴苣、青莴苣、紫红莴苣之分。

1. 尖叶莴笋

此类型品种叶先端呈披针形，先端尖，叶簇较小，节间较稀，叶面多光滑或略有皱缩，色绿或紫，肉质下粗上细，呈棒状。较早熟，苗期较耐热，可作夏莴笋、早秋莴笋、春提前促成莴笋栽培。主要地方品种有尖叶鸭蛋笋、杭州尖叶、宜昌尖叶、西宁莴苣、四川早熟尖叶、成都尖叶子、上海大尖叶、早青皮、南京紫皮香、贵州双尖莴笋。

图 2-39　尖叶莴笋

2. 圆叶莴笋

如图 2-40 所示，叶片呈倒卵圆形，顶部稍圆，微皱，叶簇较大，节间较密；肉质茎的中下部较粗，上下两端渐细，较耐寒而不耐热，可作秋延迟莴笋、冬莴笋、越冬春莴笋栽培。主要地方品种有紫叶莴苣、挂丝红莴笋、上海大圆叶、南京白皮香、成都二白皮、杭州圆叶、孝感莴笋、竹蒿莴笋、锣锤莴笋、大皱叶、大团叶和红圆叶等。

图 2-40　圆叶莴笋

生育周期

1. 营养生长期

（1）发芽期：从种子萌动至子叶展开，真叶显露即“露心”，需 8~10 天。

（2）幼苗期：“露心”至第一个叶环 5 枚叶片展开，俗称“团棵”，需 20~25 天。

（3）发棵期：叶用莴苣从团棵至开始包心，莴笋则到肉质茎开始肥大，均需 15~30 天。此期叶面积扩大是产品器官生长的基础。

（4）产品器官形成期：结球莴苣团棵以后，边扩展外叶边包心，当外叶数和叶面积均达到最大值时，心叶形成球形，球叶扩大充实，所以发棵期与结球期之间并无明显的标识，从卷心到叶球成熟约需 30 天。莴笋的肉质茎在进入发棵期后开始肥大，但增长幅度不大，以后茎与叶的生长齐头并进，在达到生长高峰后同时下降，开始下降后 10 天左右达到采收期。

2. 生殖生长期

结球莴苣在叶球即将采收时花芽分化，以后迅速抽薹开花，与营养生长时期重叠较短；莴笋在进入发棵期后，开始花芽分化，其营养生长与生殖生长重叠时间较长，花茎在整个肉质茎中所占比例较大。

3. 开花结果期

从抽薹开花到果实成熟，一般开花后 15 天左右瘦果成熟。

茬口安排

莴苣生长期较短，一般春秋两季都可栽培，在长江中下游以栽培春莴笋为主。

春莴笋是在第一年秋、冬播种，第二年春季收获，如河南地区一般在 9 月下旬至 10 月上旬（秋分至寒露）播种育苗，11 月至翌年 2 月定植，次年 4~5 月采收。但不宜播种过早，以免在严冬前形成嫩茎，越冬时遭受冻害；过迟播种则植株形成肥大的茎部时正值高温季节，会影响产量和品质。

根据气候特点，结合市场需求，贵州省反季节甘蓝栽培茬口安排在不同海拔地区，播期略有不同。海拔 1 300~1 800m 的地区，宜在 4 月上旬~4 月中旬播种；海拔 1 800~2 200m 的地区，宜在 4 月上旬~6 月中旬播种。播种过迟，苗期温度升高，日照增长，易先期抽薹。长江流域莴笋和生菜的周年栽培及茬口安排见表 2-7。

表 2-7　长江流域莴笋和生菜的周年栽培及茬口安排

栽培方式	茬口	推荐品种	播种期	定植期	采收期
塑料大棚	秋延迟	三青王、种都 5 号、雪里松等	9 月上中旬	10 月上中旬	12 月下旬 ~ 翌年 2 月
塑料大棚	春早熟	三青王、科兴系列、种都系列等	9 月下旬 ~10 月上旬	11 月上中旬	翌年 3 月 ~ 4 月上旬
塑料大棚	夏季	耐热二白皮、绿奥夏王系列等	5 月上旬 ~6 月上旬	5 月下旬 ~6 月	7~8 月
露地	秋季	耐热二白皮、夏翡翠、青峰王等	8 月	8 月下旬 ~9 月下旬	9 月下旬 ~12 月上旬
露地	越冬	雪里松、寒春王、秋冬香笋王等	9 月下旬 ~10 月上旬	11 月上中旬	翌年 4 月中旬 ~5 月下旬
露地	春播	春秋二青皮、竹叶青、红剑等	3 月上旬	4 月上旬	6 月

四 夏秋莴笋设施栽培技术

（一）品种选择

选择耐热性强，对日照反应不敏感、不易抽薹的品种。长江流域可选用夏三绿、碧绿峰、夏峰清香、旭日东升、迎夏圆叶王、强抗热笋王、夏胖青、夏翡翠、清夏尖笋王、嫩香世纪王、清香 988 和尖叶先峰 No. 1 等。

（二）播种育苗

1. 苗床选择

夏秋莴笋设施栽培选择肥沃、通风好、地势高的土块做苗床。每平方米苗床施入充分腐熟的农家肥 4~5kg，碳铵 50g，磷酸二氢钾 40~50g，与土壤充分混匀打碎，耙平，轻微镇压，浇足水，等待播种。

2. 播种育苗

贵州省冷凉高海拔地区夏秋莴笋的适宜播种期为 4 月至 6 月，播种过迟，苗期温度升高，日照增长，易先期抽薹。播种前浸种 4h，捞出，用纱布包好放在 15℃~20℃的条件下或放于冰箱冷藏室中催芽 3~4 天后，有 80%的种子露白后即可播种。适当稀播，定植每亩用种 50~70g。播后应遮花阴降温。幼苗有 1 片叶时间苗，苗距 1cm；2 叶 1 心时分苗，缓苗期间应保持苗床湿润，缓苗后逐渐撤除遮阴物。为了防止徒长和控制抽薹，出苗后两周和移栽前可用 500mg/kg 浓度的矮壮素各喷雾 1 次。出苗后 25~30 天即可移栽。

（三）定植

选用有机质含量高、保水保肥的壤土或沙壤土地块，每亩施腐熟厩肥4 000~5 000kg，复合肥 60kg，深翻后耙平，作成沟深 15cm 左右，畦面宽 1~1. 5m 的高厢，厢面交足底水后覆盖地膜。栽植株行距为 25cm×30cm。每亩定植5 000~6 000株。宜在阴天或晴天下午 14 时后定植，随栽苗随浇水。如移栽后遇大晴天，可用遮阳网遮阳，成活后及时揭除。如图 2-41 所示。

（四）田间管理

1. 水分管理

缓苗期间连续浇水，保持地面湿润。缺水缺肥是秋莴笋发生未熟抽薹的主要原因，因此定植后宜经常保持地面湿润，但浇水量不可过大。收获前 1 周停止浇水。

图 2-41　莴笋定植

2. 肥料管理

（1）提苗肥：定植缓苗后，为促进根系和叶片生长，每亩施清粪水1 000kg 或结合浇水每亩追复合肥 20~25kg。苗高 30cm 左右、茎粗 4~5cm 时，每亩追尿素 10kg。

（2）茎基膨大肥：当肉质茎膨大时，重施追肥，每亩施 35kg 碳铵或尿素 15kg，并结合叶面喷施 0. 3%的尿素或磷酸二氢钾。在定植成活后 20 天和 35 天时，为了控制抽薹，促进植株叶片生长，提高产量，喷浓度为 350mg/kg 矮壮素（12. 5kg 水中加

40% 矮壮素 11mL）各 1 次。

（五）收获

莴笋植株顶端与最高叶片的叶尖相平（心叶与外叶平）时最适采收。采收过早，影响产量；采收过迟，易抽薹开花而空心，影响品质。

五 春莴笋设施栽培技术

（一）品种选择

春莴笋设施栽培选择叶簇大、节间密、茎粗壮、肉质爽脆、成熟期早、耐寒性、耐抽薹较强的品种。优良品种有耐寒二青皮、冬青、澳立 3 号、郑兴圆叶、绿丰王、成都挂丝红和种都 5 号种等。如图 2–42 所示。

图 2–42 莴笋

（二）播种育苗

1. 播种

长江流域春莴笋于 9～10 月份播种。选择疏松、肥沃、排水良好的沙壤土作苗床，播前整细耙平，施足基肥。播前苗床浇透底水，水渗后撒底土。种子拌湿沙后撒播，播种后覆土不超过 0.5cm 厚，再用新地膜平盖畦面。齐苗后揭去地膜，覆 0.5cm 厚的细潮土，苗床播种量为 750～1 000g，苗床与大田面积比为 1：（10～15）。

2. 苗期管理

苗期间苗两次，子叶展开厚间苗一次，在 2～3 片真叶展开后第二次间苗，苗距 3～5cm，间苗后覆 0.5cm 厚的细潮土。苗期控制浇水，以免幼苗徒长。当苗龄达 40 天左右、真叶有 4～5 片时定植。

（三）整地定植

定植前将大棚内土壤深翻，施足基肥，每亩施腐熟土杂肥3 000kg、三元复合肥 50kg，然后整平、耙细、作畦。畦宽可根据棚的宽度来定。如果棚宽 4.5m，可做 2 畦，畦宽 2m，中间留路沟；如果棚宽 6m 或 8m，可作成连沟 1.2～1.5m 宽的深沟高畦，覆盖地膜。一般 11 月上中旬定植，将幼苗按大、小分类，分开定植，株行距为 25cm×30cm。栽苗时浇定植水，注意不要埋住菜心。

（四）田间管理

1. 温湿度管理

定植初期，注意通风降湿。当夜间气温在大于 0℃时，仍需放风，以锻炼植株提高抗性。当气温低于 0℃时，夜间棚内加盖小拱棚和盖草帘。大棚最好使用无滴膜，以降低棚内湿度，减少病害发生。2 月上中旬以后，当茎部开始膨大至收获前，棚温控制在白天 15℃～20℃，高于 24℃时应及时通风降温，以免徒长，降低品质，夜温控制在 5℃以上，以促进莴笋迅速生长、膨大。

2. 肥水管理

定植 5～6 天缓苗后，浇 1 次缓苗水，随水追尿素 5～7kg/667m^2 作为提苗肥。当莴笋长到 8 片叶开始团棵时，再随水追尿素 10kg/667m^2。当植株长至 16～17 片叶（2 个叶环）、茎部开始膨大时，可随水追施三元复合肥 25～30kg/667m^2 作为壮苗肥，此后应经常保持土壤湿润，防止大水漫灌，造成茎部开裂。

（五）收获

春莴笋肉质茎生长的同时形成花蕾，当茎顶端与最高叶片尖端相平时即可采收。为了提前上市，可适当早采收，收大留小，分批上市，以提高产量。

病虫害防控

在大棚莴苣的栽培过程中会出现病虫害情况，主要病害有霜霉病和菌核病两种，发生病害的同时会出现大量的蚜虫。当大棚内的气温较低、土壤湿度较大时，容易发生霜霉病。针对莴苣的植株叶片，为了减少这种病况的发生率，应及时控制土壤的湿度，并且采用除虫剂及时治理。在菌核病的发病初期，可以使用50%的速克灵1 000倍液，在合适的安全间隔期对莴苣进行喷雾防治。

栽培中常见问题及防治措施

1. 抽薹

莴笋抽薹主要表现为其茎秆细长，同时叶片的节间变长，叶片小而薄，外皮较厚而肉较少，品质以及产量均较低。抽薹的发生是由于肥料尤其是底肥供应不足，导致肉质茎的膨大受到了抑制；由于水分供应不均衡，没有及时排除雨水，导致土壤湿度过大而引起的。

预防措施为：施入足够的底肥，做好水肥管理工作，在育苗期必须对温度进行有效控制。在莴笋栽植成活 10 天以后以及其开盘期，分别为其喷洒 1 次莴笋专用块根块茎膨大剂或莴笋膨大素，以防莴笋出现疯长的情况，或者每 5~7 天为莴笋喷施 1 次矮壮素，连续施入 2~3 次，对早期抽薹进行有效控制，进而促进莴笋的茎部发育。

2. 茎裂

在莴笋膨大的中后期，其茎裂表现为内茎呈纵向裂开，一些甚至直达茎的中部，裂开部位的颜色变为黄褐色，容易出现腐烂的情况。内茎快要成熟时，其外皮已经出现了木质化，此时进行大量的浇水，外皮由于不能膨大而出现裂开的情况。针对茎裂问题，可以在莴笋的开盘期为其施入萘乙酸与矮壮素的混合液，或者整株喷施莴笋膨大素 500 倍液，对早期抽薹进行有效控制，使茎部得到良好的发育。

课后作业

一、填空题

1. 莴苣分为 4 个变种：________、________、________和茎用莴苣，茎用莴苣又叫________，主要以肥大的茎供食。

2. 针对茎裂问题，可以在莴笋的开盘期为其施入________与________的混合液，或者整株喷施莴笋膨大素________倍液，对早期抽薹进行有效控制，使茎部得到良好的发育。

3. 莴笋如果采摘时间过晚，极容易因莴笋的________而导致其食用品质的降低。

二、单项选择题

1. 莴笋抽薹的原因，正确的是（　　）。

A. 底肥供应过多　　B. 水分供应不足

C. 日照过强　　D. 土壤湿度过大

2. 莴笋的适宜收获期是（　　）。

A. 莴笋主茎的顶端与最低叶片的叶尖处于同一高度时

B. 莴笋主茎的顶端与最高叶片的叶尖处于同一高度时

C. 莴笋主茎的顶端高于最高叶片的叶尖处时

D. 莴笋主茎的顶端低于最高叶片的叶尖处时

三、判断题

（1）莴苣种子处理方法是种子在15℃~20℃温水中浸泡6小时，用纱布包好放在18℃~20℃环境下催芽，当30%~40%的种子露白后即可播种。（　　）

（2）抽薹的发生是由于肥料尤其是底肥供应过多，水分供应不足。（　　）

四、简答题

1. 绿叶蔬菜有哪些种类？栽培通性是什么？

2. 莴笋种子处理方法是什么？怎样实现莴笋的周年生产？

【任务考核】

学习任务：	班级：		学习小组：			
学生姓名：	教师姓名：		时间：			
四阶段	评价内容	分值	自评	教师评小组	教师评个人	小组评个人
任务咨询5	工作任务认知程度	5				
计划决策20	收集、整理、分析信息资料	5				
	制订、讨论、修改生产方案	5				
	确定解决问题的方法和步骤	3				
	生产资料组织准备	5				
	产品质量意识	2				
组织实施50	培养壮苗	5				
	整地作畦、施足底肥	5				
	莴苣定植、地膜覆盖	5				
	莴苣肥水管理	5				
	莴苣环境控制	5				
	莴苣病虫害防治	5				
	莴苣采收及采后处理	5				
	工作态度端正、注意力集中、有工作热情	5				
	小组讨论解决生产问题	5				
	团队分工协作、操作安全、规范、文明	5				
检查评价25	产品质量考核	15				
	总结汇报质量	10				

拓展知识

皱叶莴苣品种介绍

1. 玻璃生菜

玻璃生菜生育期55天，株高25cm，开展度30cm，叶片黄绿色，散生，倒卵形，有皱褶，带光泽，叶缘波状，中肋白色，叶群向内微抱，但不紧密，脆嫩爽口，品质上乘，较耐寒，不耐热，易抽薹，适于春秋大棚、露地种植及冬季保护地栽培，生长期短，也可进行保护地间种、套种栽培，单株质量300~500g，净菜率高。

2. 花叶生菜

花叶生菜又名苦苣，全生育期70~80天，叶簇半直立，株高25cm，开展度26~30cm，叶长卵圆形，叶缘缺刻深，并上下曲折呈鸡冠状，外叶绿色，心叶浅绿，渐直，黄白色，中肋浅绿，基部白色，单株质量500g左右，品质较好，有苦味，适应性强，较耐热，病虫害少，适合春季、夏季、秋季露地及大棚栽培。

3. 罗莎红

罗莎红为紫色散叶，株形漂亮，叶簇半直立，株高25cm，开展度20~30cm，叶片皱，叶缘呈紫红色，色泽美观，叶片长椭圆形，叶缘皱状，茎极短，不易抽薹，口感好，是品质极佳的高档品种，适应性强，适宜春季、秋季、冬季保护地和露地种植。

4. 软尾生菜

软尾生菜为广东省地方品种，株高25cm，开展度35cm，成株叶片28片左右，叶近圆形，黄绿色，叶面皱缩，叶缘波状，心叶微内弯，叶柄白色，较耐寒，不耐热，叶质软滑，叶肉薄，脆嫩多汁、味清香，微苦，品质好，不耐高温，适于春秋露地和冬季保护地栽培。

5. 辛普森精英

辛普森精英播种后55天左右可收获，散叶生菜，耐热耐抽薹，叶色亮绿，叶形美观，头部叶片展开形成卷菜，有饰边皱叶，食味爽脆，品质佳，商品性好，春季、夏季、秋季可露地栽培，冬季可保护地内栽培，栽植密度以25cm×（20~25）cm为宜。

6. 尼罗

尼罗，意大利奶油生菜品种，中早熟，全生育期60天左右，株高25~30cm，叶簇生，叶片近圆形，翠绿色，有光泽，质地软滑，圆正美观，单株质量300~400g，耐抽薹性和抗病性较好，水培和土壤栽培两种方式种植均可。

7. 美国大速生

生长迅速，播种后40~45天成熟，比常规种早10天左右，叶片倒卵形，略皱缩，黄绿色，长江流域可周年栽培，品质脆嫩，无纤维，耐热、耐寒性强，抗抽薹，生长整齐一致，抗病、抗虫性强，适应性广，在冬季温度12℃以上的南方地区可露地常年种植，在长江流域多采用春秋露地栽培和冬春保护地栽培，夏季需做好防高温措施。

8. 红帆紫叶

红帆紫叶为美国引进品种，全生育期50天，植株较大，散叶，叶片皱缩，叶片及叶脉为紫色，色泽美观，随收获临近，红色逐渐加深，喜光，较耐热，不易抽薹，成熟期较早，适宜春、秋露地栽培。

9. 波士顿奶油生菜

波士顿奶油生菜俗称奶油生菜，从美国引进，是设施水培生菜的主栽品种，早熟品种，定植后35~40天可采收，半结球，株高20cm左右，开展度30cm左右，植株生长强健，叶片椭圆形，绿色，有光泽，叶肉厚，质地柔软，品质优良，叶片全缘，外叶松散，心叶抱合或不抱合。较耐寒、稍耐热，对土壤要求不严格，适应性广，产量较高且稳定，单株质量约300g。

任务二 芹菜设施栽培

【知识目标】

（1）了解芹菜的生物学特性和品种类型。

（2）掌握芹菜栽培类型与茬口安排模式等。

（3）掌握芹菜栽培管理知识、栽培中的常见问题及防治对策。

【技能目标】

（1）能熟练进行芹菜种子处理、播种育苗及栽培管理。

（2）能正确分析判断芹菜栽培过程中常见问题的发生原因，并采取有效措施加以防治。

【情感目标】

（1）养成耐心、细致的习惯。

（2）具有实事求是的科学态度和团队协作精神。

（3）能积极地参与项目技能训练活动。

（4）能够主动发现芹菜栽培管理中的问题并积极解决问题。

芹菜（Apium graveolens L.），伞形花科芹属，原产欧洲地中海沿岸的湿润地区。营养价值以肥嫩的叶柄供食，可炒食、凉拌和做馅。富含多种维生素和矿物质，还含有挥发性芳香油，有增进食欲、调和肠胃、解腻助消化等功效。现在世界各地普遍栽培。中国栽培历史悠久、南北各地分布很广。由于芹菜适应性强，结合设施保护，可四季生产，周年供应。

一 品种类型

芹菜的品种很多，分中国芹菜（本芹）和西洋芹菜（洋芹）两大类型。

（一）中国芹菜

中国芹菜简称本芹，特点是分蘖多，叶柄细长，叶丛开张，香辛味浓。如图2-43所示。

按叶柄颜色可将中国芹菜分为青芹和白芹两个类型。青芹植株高大，生长健壮，叶柄较粗，绿色或淡绿色，叶片较大，深绿或绿色，有些品种心叶黄色，香味浓，软化栽培品质更佳；白芹植株较矮小而柔弱，叶柄黄白色，质地较细嫩，叶较细小，淡绿色，品质较好，但香味稍淡，抗病性差。

按叶柄的充实与否将中国芹菜分为空心与实心两种。空心芹菜品质较差，春季易抽薹，但抗热性较强，适合夏季栽培。实心芹菜品质较好，春季不易抽薹，产量高，耐贮藏。

中国芹菜生产上的主要品种有铁杆芹菜、青梗芹、黄心芹、培芹、药芹、白芹等地方品种，以及开封玻璃脆、津南实芹 1 号、玉香 1 号、申香芹 1 号、上农玉芹等育成品种。

图 2-43　本芹

（二）西洋芹菜

西洋芹菜又称西芹，特点是叶柄肥厚实心，节处缢痕明显，分蘖少，叶丛较紧凑，香味较淡。

西洋芹菜依叶柄的颜色可分为青梗和黄梗两大类型。青梗品种的叶柄绿色，圆形，肉厚，纤维少，抽薹晚，抗逆性和抗病性强，熟期晚，不易软化；黄梗品种的叶柄不经过软化就自然呈金黄色，叶柄宽，肉薄，纤维较多，空心早，对低温敏感，抽薹早。

西芹最早在明朝引入我国，目前有很多符合我国市场消费需求的品种，如美国文图拉、加州皇、荷兰帝王、法国皇后等。近年来，我国选育出四季西芹、西雅图、尤文图斯、津奇 1 号、津奇 2 号、双港西芹和黄嫩西芹等优良的西芹新品种。

生育周期

（一）营养生长期

1. 发芽期

从种子萌动到第一真叶出现。芹菜果皮透气性差，发芽缓慢，15℃~20℃下需 7~10 天才能出芽。

2. 幼苗期

从第一片真叶出现至 4~5 片真叶形成，20℃左右需 50~60 天。此期生长特点是真叶发生，生长缓慢。

3. 营养生长期

从 5 片真叶到 9 片真叶形成为营养生长前期，植株生长缓慢，分化出大量新叶和根，短缩茎逐渐增粗，如果条件适宜需 35 天左右。后期从第 9 叶形成开始，叶柄迅速伸长，肥大，叶面积迅速扩大，是芹菜产量形成的关键时期，需 50 天左右。

（二）生殖生长时期

1. 花芽分化期

从植株顶芽开始花芽分化，到心叶分化停止。芹菜为绿体春化类型，幼苗 3~4 片真叶，根茎粗 0. 5cm 以上，或者苗龄 30 天以上，在 2℃~10℃低温条件下，经过 10~20 天通过春化阶段。西芹在 10℃~13℃条件下，经过 14 天左右即可通过春化；在 4℃~7℃下，则 8~9 天即可通过春化。

2. 抽薹开花期

翌春在长日照和气温在 15℃~20℃下抽蔓，开花结实。芹菜为复伞形花序，异花授粉。

3. 结实期

从授粉受精后 30 天到果实成熟，结实期达 2 个月以上。

茬口安排

芹菜茬口安排见表 2-8。

表 2-8 芹菜茬口安排表

芹菜品种	栽培茬口	播种育苗时间	定植	收获时间
中国芹菜	春芹菜	1 月上旬~ 3 月中旬保温播种育苗或直播	3 月上旬 ~ 5 月中旬定值	直播的 4 月上旬开始收获育苗；移栽的 5 月底 ~ 6 月初开始收获
	夏芹菜	4 月中旬 ~ 6 月下旬播种育苗	5 月底 ~ 8 月上中旬定植	7 月底~10 月上旬收获
	秋冬芹菜	7 月上旬 ~ 9 月上中旬分期分批播种育苗	8 月底~11 月上旬苗龄 50~60 天时定植	10 月底~11 月开始收获
西洋芹菜	秋冬季栽培	5 月上旬~ 8 月下旬皆可播种	8 月上旬~10 月下旬定植	10 月下旬 ~ 次年 3、4 月抽薹前采收
	春夏季栽培	一般 12 月上旬 ~ 翌年 1 月上旬大棚内播种	2 月下旬 ~ 3 月上旬定植	6 月上中旬高温来临之前及时采收

四 秋冬芹菜塑料大棚生产技术

（一）品种选择

大棚秋冬芹菜应选用生长势强、耐寒性强、叶柄充实、纤维少、不易老化、肉质脆嫩、品质好、产量高的实心品种。优良品种有开封玻璃脆、津南实芹、铁杆青芹、黄心实芹、乳白梗芹菜、京芹一号、天津黄苗、康乃尔 019、意大利冬芹、美国白芹、四季西芹和日本西芹等。

（二）播种育苗

1. 育苗床制作

芹菜种子小，胚芽顶土力弱，出苗慢，苗纤细，忌涝怕旱，育苗床应选择地势高燥、通风凉爽、土质疏松肥沃、易灌能排的地块。翻耕晒地，耙碎土块，施腐熟有机肥 3 000~5 000 kg/667m^{2}作基肥，进行浅耕浅耙，疏松土壤、混匀土肥，作宽 1. 2~1. 5m 的高畦。

2. 种子处理

芹菜种皮较硬，不易透水，种子发芽缓慢，需浸种催芽。催芽方法是先用凉水浸泡 24h，使种子充分吸水，用清水冲洗，并反复揉搓种子直至水清时为止。种子捞出后用湿纱布包好，放在15℃~20℃的冷凉处催芽。催芽期间每天早晚用凉水冲洗，并经常翻动和见光，6~10天即可发芽。待70%种子露白即可播种。为防种子带菌，可用48℃~50℃温水浸种30min，以消灭种子上携带的病菌。

3. 播种

大棚秋冬芹菜在长江流域7月上旬至9月上中旬分期分批播种育苗。播前先将育苗畦浇足水，待水渗下后，在畦面上撒一薄层过筛细土，再撒种子。为保证撒播均匀，可将种子掺入一些过筛的半湿沙子，分2次均匀撒在畦面上，种子播完后覆盖0.5~1cm厚的过筛细土。一般亩苗床用种量1~1.5kg，苗床与栽植田面积比为1∶(3~4)。

4. 苗期管理

（1）遮阴降温：为防止暴晒，保湿降温，保证出苗，播种后需进行遮阴。可在播种覆土后直接在畦面铺放秸秆、稻草、遮阳网等遮阴保湿防雨，出苗前如发现墒情不好，可直接在覆盖物上淋水。幼苗出土后揭去地面覆盖物的同时，要搭凉棚以达到降温保湿的目的。定植前7~10天，逐渐撤去棚顶的遮阳网，以进行炼苗，提高抗性。

（2）及时间苗：间苗分2次进行。第一次间苗在幼苗长出1~2片真叶时进行，间拔过密、细弱的幼苗，保留苗距1.5cm左右；第二次间苗即定苗，在3~4片真叶时进行，苗距为3cm左右。结合间苗拔除杂草。

（3）水肥管理：芹菜根系分布浅，耐旱性差，必须小水勤浇。苗出齐后常浇水，保持畦面湿润，但又要防止畦面积水。苗期视苗情可追肥2次。第一次是壮苗肥，在定苗后施入，每亩施尿素7~10kg；第二次是起苗肥，在移栽前5~7天施入，每亩施用尿素5~7kg或叶面喷施一次0.3%磷酸二氢钾+0.5%尿素混合液。

（三）定植

芹菜在8月底至11月上旬，苗龄50~60天，苗高15~20cm，有5~6片真叶时定植。定植前，选择有机质丰富、肥沃、保水保肥性能好的腐殖土地块，结合耕耙，每亩施3 000~5 000kg的腐熟有机肥，另加入过磷酸钙50kg，深翻耙平，作成连沟宽1.2~1.5m的深沟高畦，耙平畦面。定植宜于晴天下午或阴天定植，按株行距（12~15）cm×（12~15）cm单株栽植为宜，西芹小棵栽培按（16~20）cm×（16~20）cm单株定植，大棵栽培按行距50~60cm、株距20~25cm单株定植。栽植深度以不埋住心叶为宜。

（四）田间管理

1. 肥水管理

定植后至大棚扣薄膜之前，大棚秋冬芹菜在管理上以浇水、中耕、除草等为主。定植后，隔2~3天浇一次水。定植后1个月左右，植株长到30cm左右，新叶分化，根系生长，叶面积扩大，进入旺盛生长时期，管理上应加大水肥供应，一般每3~4天浇1次水，保持地表湿润。

定植后10~15天，为促进幼苗生长，随水浇施尿素5~7kg/667m^2。当芹菜株高达30cm左右时，植株开始进入旺盛生长期，水肥齐攻，促苗快长。每隔10~15天施100kg/667m^2，细碎的腐熟饼肥，施肥后中耕松土并浇水，或随水冲施尿素7~10kg/667m^{2}或复合肥20~25kg/667m^2。定植中后期气温降低，芹菜生长速度减缓，以促为主，到大棚扣膜，力求芹菜植株基本长成。

2. 光照、温度管理

早霜来临前的10月下旬至11月上旬，将大棚扣好塑料薄膜保温。扣棚初期，以通风降温为主，白天温度保持15℃~20℃，夜间温度6℃~10℃为宜，避免大棚内温度偏高引起芹菜徒长，降低抗寒能力。到11月下旬以后，除中午进行短时间通风外，以保温为主。此期棚内湿度保持在85%左右为宜。湿度过大，易感染多种病害，叶片发黄，甚至腐烂；湿度过小，则影响芹菜的生长。当棚内湿度超过90%时，在晴天中午排气降湿。到12月以后，大棚内夜间则要有多层覆盖保温。在寒潮来临，可在大棚四周加围草苫，内套中、小棚，使大棚内白天温度保持7℃~10℃，夜间温度在2℃以上，最低温度不低于-3℃。

（五）采收

大棚秋冬芹菜，在植株长成之后，可根据市场需要采收上市，一般亩产量3 500~5 000kg。株高60~80cm即可采收。采收时注意勿伤叶柄，摘除老叶、黄叶、烂叶。将芹菜整理好后上市。也可将芹菜在棚内假植储藏，分期上市。

假植贮存方法：摘去黄叶、老叶柄和烂叶，捆成质量约5kg的束。在棚内挖深25~30cm、宽1.5m、长度不限的浅沟，将芹菜把根朝下码齐排入沟中，上边盖上草苫，可防冻和减少水分蒸发，贮存20天左右，陆续供应市场。

五 病虫害防控

整个生育期病害主要防治猝倒病、茎腐病等，虫害主要有蚜虫、菜青虫和斜纹夜蛾。

（1）猝倒病：用代锰森锌可湿性粉剂或甲基托布津可湿性粉剂600倍液，交替喷雾防治，每7~10天喷1次，连喷2~3次。

（2）茎腐病：用65%代森锌600倍液喷雾。

（3）蚜虫：用10%吡虫啉可湿性粉剂3 000倍液喷雾。

（4）菜青虫和斜纹夜蛾，用1%甲氨基阿维菌素苯甲酸盐3 000倍喷雾防治。

六 栽培中的常见问题及防治措施

1. 先期抽薹

在芹菜栽培中，提高芹菜育苗畦的温度，避免春化阶段低温，可减少芹菜先期抽薹。由于芹菜育苗正值寒冬，阳畦内白天温度保持在15℃~20℃，夜间温度保持在8℃~10℃，就可避免其通过春化阶段。为收到这一效果，可适当晚育苗，避开高寒，在气温回暖时育苗，可保证育苗畦内有较高的温度。另外，也可加盖保温物，提高防风保温性能，提高塑料薄膜透光度。苗期要少浇水，对防抽薹也有一定作用。赤霉素对芹菜营养生长、改善品质、减缓前期抽薹有促进作用，常用浓度为20~50ppm，不可任意提高其施用浓度，也不可与碱性农药混用。芹菜生长盛期施用赤霉素，每7~10天喷1次，连喷2~3次，收获前15天停止喷施。喷施得当，可使芹菜增产两成。

2. 空心现象

空心现象是一种生理老化现象，一般发生在植株生长的中后期，从叶柄基部开始空心，并逐渐向上发展，空心部位出现白色絮状木栓化组织。多发于瘠薄地块，此外土壤干旱、肥料不足、肥多烧根、受冻等也是诱因。预防：①要选择纯种；②要选择适宜种植的地块；

③要注意温度调控；④要注意合理肥水。

3. 叶柄开裂

叶柄开裂，多数表现为茎基部连同叶柄同时开裂，不仅影响商品品质，而且病菌极易侵入，使植株发病霉烂。预防：①要加强保温措施；②要深耕土壤，多施农家肥，促进芹菜根系正常生长发育，增强期抗旱及抗低温的能力；③要在底肥中增施硼肥，必要时施用含硼叶面肥，控制芹菜裂秆。

课后作业

一、填空题

1. 芹菜，芹菜又称旱芹、药芹、香芹，是________科________属中以________供食用的一二年生蔬菜。

2. 芹菜的品种很多，分________和________两大类型。

3. 中国芹菜依叶柄颜色可分为________和________两大类型。

4. 西洋芹菜依叶柄的颜色可分为________和________两大类型。

5. 芹菜种子处理技术是：先用凉水浸泡________，使种子充分吸水，然后用清水冲洗，并反复揉搓种子 3~4 次，不断换水，直至水清时为止。种子捞出后用湿纱布包好，放在________的冷凉处催芽，每天用凉水冲洗 1~2 次，并经常翻动和见光，________即可发芽，待________种子露白即可播种。

二、单项选择题

1. 下面不是西洋芹特点的是（　　）。

A. 分蘖多　　B. 叶柄肥厚实心

C. 节处缢痕明显　　D. 叶丛较紧凑

2. 关于芹菜苗期管理，正确的是（　　）。

A. 长出 3~4 片真叶时第一次间苗　　B. 不用遮阴降温处理

C. 小水勤浇　　D. 忌施肥

3. 芹菜假植方法，正确的是（　　）。

A. 不去除黄叶、老叶柄和烂叶

B. 贮存 2 个月左右上市

C. 用土覆盖

D. 在棚内挖深 25~30cm、宽 1.5m、长度不限的浅沟

三、判断题

1. 青芹比白芹味重。（　　）

2. 实心芹菜品质较好，春季不易抽薹，产量高，耐贮藏。（　　）

3. 芹菜大棚秋冬生产，8 月底至 11 月上旬，苗龄 50~60 天，苗高 15~20cm，有 5~6 片真叶时定植。（　　）

4. 芹菜宜于晴天上午定植。（　　）

四、简答题

1. 芹菜种子发芽有什么特点，如何进行浸种催芽？

2. 本芹和西芹有什么不同？

3. 芹菜春化作用有哪些特点？
4. 日光温室秋冬茬芹菜栽培技术要点有哪些？
5. 芹菜栽培常见问题有哪些，如何预防？

【任务考核】

<table>
<tr><td colspan="2">学习任务：</td><td colspan="2">班级：</td><td colspan="4">学习小组：</td></tr>
<tr><td colspan="2">学生姓名：</td><td colspan="2">教师姓名：</td><td colspan="4">时间：</td></tr>
<tr><td>四阶段</td><td colspan="2">评价内容</td><td>分值</td><td>自评</td><td>教师评小组</td><td>教师评个人</td><td>小组评个人</td></tr>
<tr><td>任务咨询 5</td><td colspan="2">工作任务认知程度</td><td>5</td><td></td><td></td><td></td><td></td></tr>
<tr><td rowspan="5">计划决策 20</td><td colspan="2">收集、整理、分析信息资料</td><td>5</td><td></td><td></td><td></td><td></td></tr>
<tr><td colspan="2">制订、讨论、修改生产方案</td><td>5</td><td></td><td></td><td></td><td></td></tr>
<tr><td colspan="2">确定解决问题的方法和步骤</td><td>3</td><td></td><td></td><td></td><td></td></tr>
<tr><td colspan="2">生产资料组织准备</td><td>5</td><td></td><td></td><td></td><td></td></tr>
<tr><td colspan="2">产品质量意识</td><td>2</td><td></td><td></td><td></td><td></td></tr>
<tr><td rowspan="10">组织实施 50</td><td colspan="2">培养壮苗</td><td>5</td><td></td><td></td><td></td><td></td></tr>
<tr><td colspan="2">整地作畦、施足底肥</td><td>5</td><td></td><td></td><td></td><td></td></tr>
<tr><td colspan="2">芹菜定植、地膜覆盖</td><td>5</td><td></td><td></td><td></td><td></td></tr>
<tr><td colspan="2">芹菜肥水管理</td><td>5</td><td></td><td></td><td></td><td></td></tr>
<tr><td colspan="2">芹菜环境控制</td><td>5</td><td></td><td></td><td></td><td></td></tr>
<tr><td colspan="2">芹菜病虫害防治</td><td>5</td><td></td><td></td><td></td><td></td></tr>
<tr><td colspan="2">芹菜采收及采后处理</td><td>5</td><td></td><td></td><td></td><td></td></tr>
<tr><td colspan="2">工作态度端正、注意力集中、有工作热情</td><td>5</td><td></td><td></td><td></td><td></td></tr>
<tr><td colspan="2">小组讨论解决生产问题</td><td>5</td><td></td><td></td><td></td><td></td></tr>
<tr><td colspan="2">团队分工协作、操作安全、规范、文明</td><td>5</td><td></td><td></td><td></td><td></td></tr>
<tr><td rowspan="2">检查评价 25</td><td colspan="2">产品质量考核</td><td>15</td><td></td><td></td><td></td><td></td></tr>
<tr><td colspan="2">总结汇报质量</td><td>10</td><td></td><td></td><td></td><td></td></tr>
</table>

技能训练：主要绿叶菜类蔬菜的形态特征观察

一 实训目的

掌握主要绿叶蔬菜的形态特征。

二 材料和用具

完整的莴苣、菠菜、芹菜、茼蒿、小白菜、大白菜、芫荽等常见绿叶蔬菜，以及当地其他绿叶蔬菜、主要绿叶蔬菜的种子，刀片、放大镜等。

三 实训内容及技术操作规程

（1）观察芹菜的根、茎、叶和叶柄的形态特征，比较空心芹菜和实心芹菜的叶柄结构差异。

（2）观察菠菜的根、茎、叶和叶柄的形态特征，比较圆叶菠菜和尖叶菠菜的叶片形态差异。

（3）观察其他绿叶蔬菜的形态特征以及产品器官的结构特点。

（4）不同的播种育苗遮阴方法。

（5）观察莴苣的形态特征以及与栽培季节的关系。

四 作业

（1）记录莴苣的形态特征、生长习性，说明夏秋季莴苣栽培的品种选择要点、营养生长期管理要点。

（2）记录播种后苗床覆盖方式，说明苗床覆盖的优点。

子项目六　葱蒜类蔬菜设施栽培

葱蒜类蔬菜是指一类具有特殊香辛味的“鳞茎类”蔬菜，属于百合科葱属多年生草本植物，又称香辛类蔬菜或鳞茎类蔬菜。以扁平斜条形或圆筒形叶、叶鞘及鳞茎供鲜食、加工或作调料。主要种类包括大蒜、洋葱、大葱、分葱、香葱、胡葱、韭菜、薤、大头蒜等，其中系我国原产的有韭菜、大葱、分葱、薤等。

葱蒜类蔬菜在我国栽培很广。其中韭菜在全国各地普遍栽培，而大蒜、大葱则在北方栽培较多，南方主要以分葱、叶用大蒜、韭菜等普遍。部分地区薤的栽培较多，近几年洋葱的栽培亦越来越广，蒜头的生产面积也在迅速扩大。葱蒜类蔬菜为弦状须根，生长期中又能从短缩茎部再生新的须根，根群分布范围广，但入土不深，几乎无根毛，吸水力弱，因此在栽培中不能过于干旱。

任务一 韭菜设施栽培

【知识目标】

（1）掌握韭菜的主要品种种类、栽培类型与茬口安排模式等。

（2）掌握栽培韭菜管理知识、病虫害防治对策。

【技能目标】

（1）能进行韭菜育苗技术管理。

（2）掌握韭菜的栽培及田间管理技术。

【情感目标】

（1）养成耐心、细致的习惯。

（2）具有实事求是的科学态度和团队协作精神。

（3）能积极地参与项目技能训练活动。

（4）能够主动发现韭菜栽培管理中的问题并积极解决问题。

韭菜（Allium SPP.），为百合科葱属多年生宿根蔬菜，叶、花葶和花均作蔬菜食用，种子可入药，适应性强，抗寒耐热，原产于中国，全国各地到处都有栽培。如图 2-44 所示。

一 品种类型

（一）按食用部位分类

韭菜按食用部分可分为根韭、叶韭、花韭和叶花兼用韭四种类型。

1. 根韭

根韭主要分布在我国云南省、贵州省、四川省、西藏自治区等地，又名苤韭、宽叶韭、大叶韭、山韭菜、鸡脚韭菜等。主要食用根和花薹。根系粗壮，肉质化，有辛香味，可加工腌渍或煮食。花薹肥嫩，可炒食，嫩叶也可食用。根韭以无性繁殖为主，分蘖力强，生长势旺，易栽培。以秋季收刨为主。

2. 叶韭

叶韭的叶片宽厚、柔嫩，抽薹率低，虽然在生殖生长阶段也能抽薹供食，但主要以叶片、叶鞘供食用。我国各地普遍栽培。软化栽培时主要种植此类。

图 2-44 韭菜

3. 花韭

花韭专以收获韭菜花薹部分供食。它的叶片短小，质地粗硬，分蘖力强，抽薹率高。花薹高而粗，品质脆嫩，形似蒜薹，风味尤美。我国甘肃省兰州市、台湾省栽培较多，山东等地也有零星引种栽培。花韭有很多品种，如小叶种，其抽薹与分蘖性强，叶狭短，色较浓，叶鞘细而色微绿，叶及叶鞘质较硬，早熟，叶花兼用，品质中等；年花韭菜，其抽薹性特强，花茎长大，叶幅中宽而长，浓绿色，叶鞘大，呈微黄赤色。叶与叶鞘较硬，抽薹期长，周年都能抽薹，叶部不宜食用，以采薹为主；年花 2 号，其花茎粗大，品质优良，耐低温。

4. 叶花兼用韭

叶花兼用韭的叶片、花薹发育良好，均可食用。国内栽培的韭菜品种多数为这一类型。该类型也可用于软化栽培。

（二）按照叶片宽度分类

在生产中，按韭菜叶片的宽度可分为宽叶韭和窄叶韭两类。

1. 宽叶韭

叶片宽厚，叶鞘粗壮，品质柔嫩，香味稍淡，易倒伏，适于露地栽培或软化栽培。

2. 窄叶韭

叶片窄长，叶色较深，叶鞘细高，纤维含量稍多，直立性强，不易倒伏，适于露地栽培。

（三）按低温休眠习性分类

1. 不休眠型

不休眠型韭菜在冬季低温来临时，在保护地设施内适宜温度条件下，可不经过明显休眠过程，就能快速正常生长，适用于秋、冬季连续生产。

2. 浅休眠型

浅休眠型韭菜在冬季低温来临后，要经过大约 30 天的休眠，才能在保护地内恢复正常生长，适用于冬季保护地生产。

3. 深休眠型

深休眠型韭菜品种在冬季必须经过很长时间的深度休眠，才能在保护地内恢复正常生长，其适用于冬、春季保护地或露地生产。

 生育周期

（一）营养生长时期

1. 发芽期

从种子萌发到第一片真叶长出，一般需历时 10~20 天。

幼芽出土为钩状弓形出土、全部出土后子叶伸直，因此造成韭菜出土能力弱。

2. 幼苗期

从第一片真叶显露到开始分蘖前为幼苗期，一般需要 60~80 天，可长出 5~6 片叶，苗高 18~20cm，伸出 10~15 条根。育苗移栽定植时期应以充分长大但尚未分蘖为宜。

3. 营养生长盛期

韭株从分蘖开始到休眠前为营养生长盛期。

随着气温逐渐凉爽，植株进入迅速生长时期，春播韭菜，植株长到 5~6 片叶时便开始分蘖，植株生长点由 1 个变成 2 个或 3 个，即开始分蘖。以后逐年进行，一年生以上的韭菜，从 4 月下旬到 9 月下旬均可进行，而以春夏季为主，春季多在 4 月，夏季多在 7 月。

4. 韭菜的休眠期

入冬以后，当最低气温降到-7℃～-6℃时，地上部叶片枯萎，营养贮存于鳞茎和须根之中，植株进入休眠期。

翌春气温回升，韭菜返青，根量和叶数增多，为生殖生长奠定了物质基础。

（二）生殖生长时期

在营养生长的基础上，韭菜进入生殖生长阶段。生殖生长阶段又可以分为以下三个时期。

1. 抽薹期

从花芽分化到花薹长成，花序总苞破裂之前是抽薹期。

抽薹开花要求低温和长日照，而且植株长到一定的大小才能感受低温抽薹开花。4 月下旬以后播种的韭菜当年很少开花。

韭菜于 5 月份开始花芽分化，7 月下旬至 8 月上旬抽薹，8 月上旬至 8 月下旬开花，9 月下旬种子成熟。

韭菜开始抽薹后，营养要集中到花薹生长上，植株暂停分蘖。生长不良的瘦弱植株不能抽薹。

准备用于温室生产的韭菜，要及早掐去花薹，减少养分消耗，以利于集中养分养好根，保证冬季温室生产有充足的养分供给。

2. 开花期

从总苞破裂到整个花序开花结束，单个花序一般为 7～10 天，整个田间花期可持续 15～20 天。由于花期不一致，种子成熟有先有后，需要分期采收。

3. 种子成熟期

从开花结束到全花序种子成熟为种子成熟期。种子成熟表明韭菜一个生育周期的结束。

从开花到种子成熟需要 30 天左右，种子采收期一般为 8 月下旬至 9 月下旬。种子采收后韭菜植株又进入分蘖生长。

三 茬口安排

韭菜耐寒性极强，南方地区可以周年露地生产，从 4～11 月不断采收供应，夏季有间歇生长缓慢或抽薹，冬季一般生长缓慢或生长停止。韭菜栽培方式较多，南方地区目前主要有露地和设施栽培两种。韭菜通过大棚栽培，基本可以做到均衡上市、周年供应。

四 韭菜大棚栽培技术

（一）品种选择

长江流域大棚栽培韭菜宜选用叶片肥厚、直立性好、生长速度快、分蘖力强、休眠期短、耐高温低温、抗逆性强、风味浓郁的阔叶型品种。优良品种有平科 11 号、791 雪韭王、平韭 4 号和 6 号、富韭 6 号、8 号、9 号、南京寒青、杭州雪韭、嘉兴韭 5 号等。

（二）培育壮苗

1. 制作苗床

选择有机质含量高、肥沃疏松、排灌方便、保水透气的土壤，深翻 30cm，施优质腐熟的农家肥3 000～5 000kg/667m^2、三元复合肥 25～40kg/667m^2，土肥混匀后，作深沟高畦，造墒待播种。

2. 播种

春播一般在3月中下旬至5月上旬；秋播一般在8月中下旬，宜早不宜迟。需选择籽粒饱满、色泽光亮的新种子进行播种。

春播一般干籽播种，方法是在苗床上开宽10cm、深1.6cm左右的小浅沟，沟距10m，撒播种子于沟中，覆过筛干细土1.5~2cm，耧平压实，浇水，出苗前保持土壤处于湿润状态。

夏秋播时，种子催芽后播种。催芽方法是用清水浸种8~10h，浸种期间每隔4小时换一次水。浸种结束后去除杂质和秕籽，将种子上的黏液搓洗干净，用湿纱布包好置于15℃~20℃的环境中催芽。催芽期间每天早晚用清水冲洗种子，2~4天后50%~70%种子露白即可播种。播种前苗床浇透底水，深度以6cm为宜。水渗下后均匀撒播种子，覆盖1.5~2cm过筛细土，播后可采用地膜或稻草覆盖保墒，待有30%~50%的种子出苗后，及时撤去地面覆盖物。

一般大田直播每亩用种量为2.5~3kg；育苗的每亩用种量10~15kg，可移栽6 667m^2大田。

3. 苗期管理

出苗时轻浇1次水，地表露白后再浇1次水。苗齐后每7天左右浇1次水，直至苗高15cm，结合灌水随水冲施尿素3~5kg/667m^2。雨季及时排除积水，防止沤根烂秧。立秋后，结合浇水追肥2次，每次追施氮肥3~5kg/667m^2。韭菜幼苗生长缓慢，易滋生杂草为害，应及时除去杂草。一般苗龄80~90天、苗高15~20cm，叶色浓绿、无病虫斑、根系发达、根坨成形时就可定植。

（三）定植

定植时间以6月上旬至7月上旬为宜，或8~9月酷暑过后定植。定植当天韭菜起苗后，选择根茎粗壮的幼苗，修剪须根和叶尖，留2~3cm长须根和10cm叶长，整理成丛之后开穴定植。定植密度因品种而定。如韭菜宽叶品种，种植2.5万~3万株/667m^2，具体定植密度为行距20cm左右，穴距15~18cm，每丛保持30~40株。窄叶品种定植3万~3.5万株/667m^2，定植密度是行距15~20cm，穴距8~10cm，每丛应该保证8~10株；栽植深度以将叶鞘埋入土中为宜，过浅“跳根”过快，过深生长不旺。同时尽量保持根系舒展，做到栽齐、栽平、栽实。

（四）田间管理

1. 水肥管理

第一次浇水为定根水，定植后及时浇；第二次浇水在待新根扎稳、新叶发出、表土发干时浇，一般在定植4~5天后，可以促进缓苗；第三次浇水在定植1周后，新叶长出再浇，促进发根长叶。雨季来临之前需做好清沟排水工作。入秋后一般每5~7天浇1次水，每10~15天追1次尿素10~15kg/667m^2或腐熟有机肥1 000~1 500kg/667m^2，连续2~3次，加强肥水管理。7月底~8月上旬后可进行韭菜收割，每次收割后3~5天结合培土浇水施肥，随水每追施1次三元复合肥25~30kg/667m^2，以后每7~10天浇水1次，保持土壤湿润。同时注意防除杂草。

2. 大棚管理

长江流域大棚栽培韭菜一般在初霜前5~7天扣棚覆膜保温。扣棚初期，当白天气温高于

25℃时及时放风排湿，棚内相对湿度控制在60%~70%，夜间温度保持在10℃~12℃，不低于7℃。外界气温降至5℃~7℃时，为了提高保温效果，棚内增加二层膜或小拱棚覆盖。白天小棚膜揭开，大棚扒小缝通风，棚内空气温度保持在20℃~22℃。夜间密闭大、小棚保温，棚内温度保持在15℃左右。立春后可慢慢去掉棚内二层膜或小拱棚，但夜间棚温应不低于7℃。每次浇水后适当通风降温。每次收割前可适当降低温度，收割后要适当提升棚内温度。土壤湿度大时，可在畦面撒干草木灰吸湿，以防病害流行。

韭菜为多年生宿根蔬菜，一次播种后可采收3~4年。每个生产周期结束后，撤除棚膜，开沟混合施入腐熟有机肥2 000~3 000kg/667m^2，过磷酸钙40~50kg/667m^{2}和硫酸钾15~20kg/667m^2，以促进韭菜植株生长发育，为下一个生产周期打下丰产基础。从第二个生长周期起，在养根期要培土壅根，控制植株长势，防止徒长。

3. 开春后的后续管理

开春后随气温升高逐渐加大通风量，并撤除薄膜，改为露地生长或保留顶膜进行避雨栽培；夏季高温季节，可在棚顶覆盖遮阳网降温。对于二年生以上的韭菜，在每年7~8月韭菜开花时节，及时掐去花薹及韭菜花，割除韭菜，以减少营养消耗。生长期水分应均匀供应，保持田间湿润，切忌大水漫灌。保持土壤湿度80%~90%，空气湿度60%~70%为宜，冬季棚内浇水可在晴天9：00~10：00进行，一次性浇水不可过大。韭菜生长期，为防止跳根，每年春季需培1次土，培土厚度为2~3cm。为保证产量稳定，一般3~4年后挖除韭根更新换茬。肥料管理上，每割一茬待新叶长出后，结合浇水进行追肥。

（五）采收

第一年春季种植的韭菜，7月底~8月上旬，可收割第一刀青韭，以后每隔30~40天收割一次，至春节前可收获3~5次。第二年后，韭菜高20~25cm时可进行收割。收割一般选择晴天早晨，选择清洁、卫生无污染的工具，刀距鳞茎之上3~4cm，以割口呈黄色为宜。

五 病虫害防治

大棚韭菜病害以灰霉病、疫病等为主，虫害以韭蛆为主。

（一）灰霉病

韭菜灰霉病主要危害叶片，15℃~30℃的温度此病易发生。发病初期在叶正面或背面散生白色或浅灰褐色小斑点，后斑点扩大呈2~7mm的椭圆形或梭形。湿度大时病斑长出稀疏的灰褐色霉层。后期病斑相互连接成片，致死。上半叶或全叶腐烂，形成“V”字形病斑。

防治措施：一是选用抗病品种，增施有机肥培育壮苗；二是韭菜每次收割后10天左右，用速克灵或扑海因或甲基托布津喷洒。初期可用90%灰霉特800倍液或10%宝丽安2 000倍液喷雾防治，棚内可用20%速克灵·百菌清或10%速克灵复合烟剂熏棚防治。

（二）疫病

疫病主要危害韭菜的假茎和鳞茎叶片、花薹、根，俗称“烂韭菜”。田间温度25℃~32℃时最易发病，连作地块也易生病。假茎受侵染后呈褐色水质状、软腐，叶鞘易脱落。鳞茎受侵染后根盘处出现水渍状褐色腐烂，新生叶片瘦弱。根部受侵染后，变褐腐烂，根毛少，不发新根，植株上部长势弱。叶及病部缢缩，引起叶、花薹下垂腐烂。湿度大时，病部长出白色稀疏霉层。

防治措施：做好通风、排水和轮作，减少病害发生。发生初期可用甲霜铜 600 倍液、70%代森锰锌可湿性粉剂 800 倍液、杀毒矾 400 倍液或 90%乙磷铝 500 倍液喷雾防治。病重时应喷 72%普力克 800 倍液防治。

（三）韭蛆

韭蛆是尖眼蕈蚊的幼虫，是韭菜的主要害虫，主要取食地下鳞茎和根茎。

防治措施：在韭菜收割 2~3 天后若幼虫发生，用 25% 噻虫胺水分散粒剂、40%辛硫磷乳油，或与 5% 氟铃脲乳油混用，灌于韭菜根茎部，也可用 3%氨水灌根，既可增加氮素，又能杀死韭蛆幼虫。成虫羽化期，可用糖酒液诱杀：按糖、醋、酒、水和 90%敌百虫晶体 3：3：1：10：0.6 比例配成溶液，每亩放置 1~3 盆，随时添加，保持不干，诱杀韭蛆成虫，保护地韭菜在棚室通风口设置 60 目防虫网，可防韭蛆成虫、斑潜蝇等虫害。

课后作业

1. 韭菜为________属多年生________蔬菜。

2. 入冬以后，当最低气温降到-7℃~-6℃时，地上部叶片枯萎，营养贮存于________和________之中，植株进入________。

3. 韭菜对土壤质地适应性强，以壤土为最佳，适宜 pH 为________。需肥量大，耐肥能力强，生长期间要求以________肥为主，配施________肥。

4. 韭菜播种期在 4 月中旬就可以开始播种，过早容易________，过晚________。

5. 韭菜出苗前每 3~4 天浇 1 次水；出苗后掌握________的原则，7~8 天浇 1 次水，保持土壤湿润。苗高 15cm 开始________，促进叶片生长。

6. 在扣膜后________天即可收割第一刀，以后各刀相隔________左右。收割不宜太深或太浅，一般在鳞茎之上________为宜。

7. 简述韭菜日光温室栽培技术。

【任务考核】

学习任务：		班级：	学习小组：				
学生姓名：		教师姓名：	时间：				
四阶段	评价内容		分值	自评	教师评小组	教师评个人	小组评个人
任务咨询 5	工作任务认知程度		5				
计划决策 20	收集、整理、分析信息资料		5				
	制订、讨论、修改生产方案		5				
	确定解决问题的方法和步骤		3				
	生产资料组织准备		5				
	产品质量意识		2				

续表

组织实施 50	培养壮苗	5				
	整地作畦、施足底肥	5				
	韭菜定植、地膜覆盖	5				
	韭菜肥水管理	5				
	韭菜环境控制	5				
	韭菜病虫害防治	5				
	韭菜采收及采后管理	5				
	工作态度端正、注意力集中、有工作热情	5				
	小组讨论解决生产问题	5				
	团队分工协作、操作安全、规范、文明	5				
检查评价 25	产品质量考核	15				
	总结汇报质量	10				

拓展知识

韭菜花的栽培技术

韭菜花，又名韭花或韭苔，是韭菜含苞待放的花蕾，韭菜花营养价值高，含有大量维生素、矿物质、纤维、蛋白质、碳水化合物、热量等，风味独特。韭菜花一般头年种下，第二年就可丰产，而且可以继续采摘7~8年，亩产量达到4 000~5 000kg，从我国台湾引种的韭菜花品种因高产质优，种植面积逐年上升趋势。

一、品种选择

目前从我国台湾的台中11号、台中13号莲花系列品种均为市场栽培的主力品种。其植株生长力旺，分蘖数多，抗寒耐热，生长快，抽薹早，花薹粗壮，味鲜美，品质佳，一年四季均可进行采收，平均亩产1 000~2 000kg。

二、播种育苗

（1）播种期：可用种子和分株两种方法进行繁殖，目前多以种子繁殖为主，一般8月份以后开始集中育苗。

（2）播种育苗：每亩种子使用量为0.5kg。播种前先整畦，每畦包沟宽1.5m，整平，在整平的畦面直耙出浅沟，宽6cm、深约2cm。将种子条播于沟上，播后扫平畦面，轻轻将松土略加压实，播后即行浇水，以后每2天浇一次，保持土壤湿润。种子发芽出土后20天施薄肥一次，雨天注意排水，并注意病虫害的发生，加强管理。

三、选择地块与作畦

韭菜忌酸性土壤，pH为5.6~6.5较为适宜，砂土、壤土、黏土均可栽培，但以排水良好、土质肥沃的壤土最为理想。1.5m包沟起畦，隔畦留一工作行，四周开深沟以利排水，亩施优质厩肥3 500kg或土杂肥3 000kg，复合肥60kg以做基肥。

四、定植

自播种后70~80天韭菜苗每株分蘖为2~3株时即可定植到大田，栽植行株距一般为27cm×24cm，每穴4~6株，可依种植者习惯而予以调整。栽植时应注意栽植深度，定植完毕后应即时灌水1次，以利成活。

五、田间管理

（1）施肥：韭菜花是耐肥蔬菜，且生长期间长，因此栽培期间必须施用足量肥料。通常，多施氮可使产量提高、纤维少而柔嫩，适量施磷可促进根群发育及抽薹，钾的施用可以增加抗病程度，但多施会使纤维变粗，降低品质。

韭菜花苗期时一般每隔10~15天施一次稀人粪尿或2%的尿素，或每隔7~10天喷施一次800~1 000倍的速绿精。抽薹期氮、磷、钾配合施用，但以氮肥为主，可每隔10~15天亩施16kg复合肥，注意磷肥施用，过多反而会使产量下降。

（2）韭菜忌湿，因此在韭菜花栽培中如遇降雨应注意排水，不得有积水现象发生。但长期干旱会使分蘖减少，叶片短缩，抽薹短而细，因此必须注意土壤经常保持湿润状态，酌情灌溉，使其发育正常。如果是高水位地段，筑高畦时注意不可使水位超越根际之上，以免妨碍根群发育。

（3）从栽培的第二年起，每年春季在畦面覆一层5~7cm厚的疏松土护根，以利于分蘖力强的根系良好发育。

六、病虫害防治

（1）韭菜锈病：韭菜锈病主要危害叶片，在15℃~20℃及相对湿度90%以上时危害严重，可以喷施65%代森锌400倍喷施。

（2）韭菜疫病：韭菜疫病多发于多雨高湿季节，可喷58%瑞毒霉粉剂600倍液或64%杀毒矾可湿性粉剂500倍液防治。

（3）韭菜灰霉病：可喷50%速克宁1 000倍液防治。

（4）葱韭蓟马：可喷90%灭多威可湿性粉剂或25%溴硫磷。

（5）韭潜蝇：可喷50%亚胺硫磷1 000倍液防治。

（6）韭蛆：可用75%辛硫磷500倍液防治。

七、采收

摘取从叶腋抽出尚在幼嫩未开花苞以前的花薹，依花薹等级结成一束出售，每日或隔日采收一次，若遇低温隔2~3天采收一次。

八、品种更新

韭菜虽是多年生作物，在自然状态下，一般5~6年以后，分蘖能力减弱，生长势衰退，以收获花薹为主的韭菜花，播种3~4年后即须更新，否则在多次收获后，会变得逐渐孱弱，茎叶短小，花薹品质低劣，失去商品价值。

任务二 蒜黄设施栽培

【知识目标】

（1）掌握蒜黄的主要品种种类、栽培类型与茬口安排模式等。

（2）掌握栽培蒜黄栽培管理知识。

【技能目标】

（1）能进行蒜黄生产场所的建立。

（2）掌握蒜黄的栽培田间管理技术。

【情感目标】

（1）养成耐心、细致的习惯。

（2）具有实事求是的科学态度和团队协作精神。

（3）能积极地参与项目技能训练活动。

（4）能够主动发现蒜黄栽培管理中的问题并积极解决问题。

蒜黄是在避光黑暗的条件下生产的叶片黄化的大蒜幼苗，颜色为金黄色，质地鲜嫩、风味独特，是冬春季节市场深受消费者欢迎的蔬菜。蒜黄生产技术简便，不需施肥，生产周期短，既可进行大面积的商品生产，也可利用房边屋旁，甚至盆栽庭院生产。

一 蒜黄的特性及对环境的要求

新收获的蒜头有40~70天的休眠期，需打破休眠后才能发芽；适宜蒜黄生长的气温在15℃~25℃；适宜空气相对湿度在70%~80%，水分充足有利于提高蒜黄的产量和质量；蒜黄必须在密闭或遮光条件下进行。

二 茬口安排

蒜黄可在10月上旬到翌年3月下旬连续不断地播种和收获。从播种到收获，在适温条件下需20~25天。可根据上市期确定播种期。

三 蒜黄设施栽培技术

（一）设施建立与准备

大规模栽培时，在温室、塑料大、中、小棚内做成宽1m的畦，棚架上覆盖黑色塑料薄膜或遮阳网，还可覆盖草苫，起到遮光防雨作用。小规模栽培时，可在室内进行，做成高20cm、宽1m的栽培床，床内铺菜园土。若多层立体栽培床，床架间距80cm。也可以利用房前屋后的菜地、空地或室内空闲房等，用砖垒成高（深）60cm左右的池子，长和宽根据栽培地及栽培数量而定。

（二）品种选择

选用紫皮蒜类或白皮蒜类中蒜头大、蒜瓣大、休眠期短、生长快的品种，如紫皮蒜、竹蒜、白贡大蒜等。

（三）种蒜处理

选好蒜种后，剥去外衣，剔除烂瓣、蒜盘、蒜薹，用45℃温水浸泡2~3h后，任其自然降温继续浸泡；或用清水浸泡18~24h。

（四）播种

一般是整头播种，也可分瓣播种。将蒜瓣摆在畦面上，不留缝隙，顶部应齐平，再盖上厚2~4cm的潮湿细沙或沙壤土，一般整个蒜头播种量为15kg/m^2，分瓣为9~10kg/m^2。一般从寒露到第二年春分可以连续不断地生产。

（五）播后管理

1. 遮阴

蒜苗大部分长出来时，要在栽培床上盖草或黑色塑料薄膜遮光，室内栽培的可关上窗门，以软化蒜叶，促其黄化生长，确保产品质量。盖帘还有保护栽培床温度和湿度的作用。

2. 温度管理

播种后至出土前，白天温度保持25℃，夜温温度在18℃~20℃。如果有条件，夜温略高于日温更好。出苗后，白天可降低温度，保持在18℃~22℃，夜温不低于16℃。苗高24cm以上时，温度保持14℃~18℃。收获前4~5天，尽量加大通风，温度可降至12℃左右。

3. 水分管理

栽后立即喷一次水，一定要淹没蒜瓣。以后每2~4天浇1次水，保持栽培床经常湿润。生长前期需水量少，后期生长温度高、苗大或沙壤土排水速度快，应该多淋水，收获前3~4天停止淋水，使蒜黄长得厚实。每隔1周左右，用0.1%磷酸二氢钾或0.2%~0.3%的尿素水溶液喷1次，有利于提高产量。

4. 通风见光

软化栽培蒜黄一般不揭草帘，若蒜黄呈雪白色，可以在收割前几天，选择晴天中午开池或拱棚，以改善色泽和品质。栽培床内有时积聚大量CO_2或保护地加温时放出CO等有害气体，在中午温度高时，应放风换气，以防烂苗。

（六）采收及采后处理

一般播种后20~25天，在蒜黄高25~30cm时，即可收割。收割时刀一定要快，下刀不宜过深，以贴地皮割下为宜，不能割伤蒜瓣。割后不要立即浇水，防止刀口感染，割后3~4天再浇水，促进第二茬蒜黄生长。约过20天后，第二茬即可收割。

收割后的蒜黄要扎成捆，放在阳光下晒，使蒜叶由黄白色转变为金黄色，称“晒黄”。晒的时间不要太长，并注意防冻。

栽培蒜黄收二茬后，应将蒜头起出，取出沙土、整畦后，抓紧第二次播种。

课后作业

1. 蒜黄栽培品种选择以________、蒜瓣大、________的品种最为适宜。蒜种应________、________、蒜头大小均匀。

2. 蒜黄的播种时大蒜的摆放：________摆放整齐，不留________；按________、________、________三类分瓣栽，保持上________、下________、下部基本找齐。

3. 首先是遮阴，在蒜芽大部分出土时，栽培床上可盖________或________遮光，也可以盖________遮光，以________蒜叶，保证蒜黄的质量。若未遮阴，蒜苗见光，会使叶片变绿而降低品质。

4. 在蒜黄生长过程中温度控制非常重要，温度过低，________，温度过高，则会________。

5. 蒜黄栽培水分的管理，第一水应________，一定要________蒜瓣。以后每________天浇 1 次水，保持栽培床经常湿润。

6. 收割后的蒜黄要________，放在阳光下晒一下，使蒜叶由黄白色转变为金黄色，称“________”。晒的时间不要太长，并注意________。

7. 蒜黄生产对环境条件的要求是什么？

8. 蒜黄的播后管理技术要点有哪些？

【任务考核】

学习任务：	班级：	学习小组：				
学生姓名：	教师姓名：	时间：				
四阶段	评价内容	分值	自评	教师评小组	教师评个人	小组评个人
任务咨询 5	工作任务认知程度	5				
计划决策 20	收集、整理、分析信息资料	5				
	制订、讨论、修改生产方案	5				
	确定解决问题的方法和步骤	3				
	生产资料组织准备	5				
	产品质量意识	2				
组织实施 50	蒜黄生产场所建立与设施	10				
	种蒜处理	5				
	播种	5				
	播后管理	10				
	蒜黄采收及采后处理	5				
	工作态度端正、注意力集中、有工作热情	5				
	小组讨论解决生产问题	5				
	团队分工协作、操作安全、规范、文明	5				
检查评价 25	产品质量考核	15				
	总结汇报质量	10				

拓展知识

蒜黄的无土栽培

（1）品种选择。选择早、中熟的高产优质大蒜良种或地方良种。

（2）场地选择。选择空气流畅，遮光较好的房舍做生产场地。

（3）木箱准备。一般用轻质的木板制成育苗箱，苗箱长宽高为60cm、25cm、30cm，要求箱底平整，有排水孔和通气孔。

（4）浸种。将蒜根发褐、肉色发黄的蒜瓣和病残蒜头剔除后，用清水浸泡蒜种12h，使其吸收足够的水分后即可。

（5）播种。播种前将苗箱洗干净，箱底铺一层报纸后再撒上薄薄的一层洁净河砂做栽培基质。将浸好的蒜头紧密地排在箱内砂面上，空隙处用蒜瓣填满，随后喷水，一般每平方米木箱播干蒜头15kg左右。播种完后箱面上铺盖草帘，保持栽培室内黑暗即可。

（6）管理。栽培室内温度保持在25℃~27℃，每天喷水2~3次，经常通风。出苗后温度降至18℃~22℃。采收前4~5天，室温保持在10℃~15℃为宜。

（7）收割。正常栽培环境下，从播种至采收需20~25天，当蒜黄苗长到30~40cm时即可收割上市销售。第一次收割后及时喷水保湿保温管理，一般15~20天后可再次收割。

技能训练：韭菜软化栽培技术

一 实训目的

学习和掌握韭黄软化栽培技术。

二 材料和用具

韭菜根株、稻草（或黑色农膜）、竹竿、布条、镰刀等。

三 方法与步骤

1. 栽植准备

先将高15~20cm的韭菜植株栽培于畦面上。畦包沟宽0.75~0.8m，沟宽0.2~0.25m，深0.2~0.25m。采取双行错位移栽，每窝苗，株行距6cm。移栽后，及时浇足定根水。注意及时施肥、浇水、除草、防治病虫害，及时培土。当韭白长到20cm后，即可进行遮光软化。

2. 搭架、扎棚与扣棚

在畦面两侧用竹竿搭成人字架或畦面一侧用竹竿做成拱形，架高40~50cm，两竹架距离3cm为宜，以利通风，架上用一竹竿作横杆，绑牢，拉稳，支撑稻草（或黑色农膜）。用稻草依竹架扎成“∧”字形，厚度以不透光、不漏雨、能通风透气为宜，根据需要可扎数个。若用农膜需使用双层。

3. 去叶

扣棚时，使韭白露出土6cm左右，在叶枕以上4cm处割去青韭菜叶子。

4. 收割

韭白扣棚后，春季、秋季需10~15天，夏季需5~8天，冬季需25天遮光后便软化黄化成功，即可适时收割。

5. 韭黄采后处理

韭黄收割后，可在阴凉处干撕加工，手工直接撕去与土壤接触的1~2片叶鞘，不可用水清洗。加工好的干韭黄经整理捆扎束成把，即可上市。

四 作业

（1）韭菜如何培土？

（2）如何建造竹架拱棚？

（3）韭菜如何进行遮光处理和管理？

子项目七　薯蓣类蔬菜设施栽培

一 概述

1. 农业生物学分类

薯蓣类蔬菜是以淀粉含量比较高的地下变态器官（块茎、块根、根茎、球茎）为产品器官的蔬菜植物。

2. 植物学分类

薯蓣类蔬菜在植物学分类中属于不同的科属（10科），包括的种类有马铃薯、姜、芋头、山药、草石蚕、葛、豆薯、魔芋、菊芋，产品器官为块茎、块根、根茎或球茎等。

二 薯蓣类蔬菜的生物学共性

薯蓣类蔬菜耐贮藏运输，可以周年供应。其栽培具有以下共同特性：①均无性繁殖，繁殖系数低，生产用重量大；②发芽期较长，多催芽后栽种；③无性繁殖导致种性退化严重；④对土壤质量和整地质量要求严格，要求土壤富含有机质、疏松、透气。⑤在产品器官旺盛生长期，除山药外都要进行培土，造成黑暗条件，以利变态的根和茎的膨大生长。

任务一 生姜设施栽培

【知识目标】

（1）掌握生姜的生物学特征、品种类型、栽培季节与茬口安排。

（2）掌握生姜的栽培管理知识及栽培中常见问题及防治对策。

【技能目标】

（1）掌握生姜的高产高效栽培管理技术，熟练掌握生姜培育壮芽技术。

（2）能正确分析判断生姜栽培过程中常见问题的发生原因，并采取有效措施加以防治。

【情感目标】

（1）养成耐心、细致的习惯。

（2）具有实事求是的科学态度和团队协作精神。

（3）能积极地参与项目技能训练活动。

（4）能够主动发现生姜栽培管理中的问题并积极解决问题。

生姜（Zingiber officinale rosc.），又称姜、姜黄，为姜科姜属，能形成地下肉质茎的栽培种，多年生草本植物，原产于中国及东南热带地区，生产中多作一年生栽培。

生姜中除含有糖类、蛋白质外，还含有姜辣素，具有特殊香辣味，可作调料或加工成多种食品，能健胃、去寒、发汗。

品种类型

根据植株形态和生长习性，可分为疏苗型和密苗型两种。

1. 疏苗型

植株高大，茎秆粗壮，分枝少，叶深绿色，根茎节少而疏，姜块肥大，多单层排列，如山东莱芜大姜、广东疏轮大肉姜等。

2. 密苗型

长势中等，分枝多，叶色绿，根茎节多而密，姜球数多，双层或多层排列。如山东莱芜片姜、浙江红爪姜等。

生育周期

生姜的生育过程可分为发芽期、幼苗期、旺盛生长期和根茎休眠期。

1. 发芽期

从种姜幼芽萌动到第一片姜叶展开，包括催芽和出苗整个过程，需 40~50 天。姜芽萌发的最适温度为 22℃~28℃。若催芽期间将种姜变温处理，即前期 20℃~23℃，中期 25℃~

28℃，后期20℃~22℃，可使芽短壮。

2. 幼苗期

从展叶至具有两个较大的一级分枝阶段，即“三股杈”时称为幼苗期，一般需70天左右。当地上茎长到3~4片叶时，基部形成姜母，姜母两侧各萌发1~2个腋芽，待出土形成第一次地上茎并展叶后，地下根茎的子姜已成笔架状，因此也称“三马杈”或“三股杈”期。

3. 旺盛生长期

苗期后进入旺盛生长期。这一时期地上部茎叶和地下根茎同时旺盛生长，在子姜生长的同时，形成孙姜、曾孙姜等，需70~75天。这段时期大量发生分枝，叶数、叶面积迅速增多，姜球也增多，根茎迅速膨大。此期又可分为孙姜形成期、爪姜形成期和成熟期3个阶段。孙姜形成期地上茎发生6~7枝，地下主要形成孙姜，需20~22天；爪姜形成期根茎膨大成鸡爪形，形成曾孙姜，地上茎发生9~11枝，需35~43天。

4. 根茎休眠期

生姜不耐霜，初霜到来时茎叶便遇霜枯死，迫使根茎处于休眠状态的时期称为根茎休眠期。

三 茬口安排

生姜的适宜栽培季节要满足以下条件：5cm地温稳定在15℃以上，从出苗至采收，要保证适宜生长天数在140天以上，生长期间有效积温达到1 200℃以上。生产中应尽量把根茎形成期安排在昼夜温差大、气候条件适宜的时段。现在采用设施栽培也可提前播种获延迟收获，但必须保证小环境的条件适于生姜生长。全年无霜、气候温暖的广东、广西、云南等地，不要任何覆盖措施，在1~4月份都可以播种生姜；长江流域各省露地栽培生姜，多于谷雨至立夏播种；华北一带多在立夏至小满播种，如果利用生姜地膜覆盖播种，可提前10天左右。

四 生姜设施栽培技术

（一）品种选择

选择早熟、高产、抗病、适宜鲜食的品种。要求选择姜块肥大、丰满，皮色光亮，肉质新鲜，不干缩，不腐烂，未受冻，质地硬，无病虫害的健康姜块作姜种。严格淘汰瘦弱干瘪、肉质变褐及发软的种姜。

（二）培育壮芽

培育壮芽可分为3个步骤，分别是晒姜、困姜、催芽。

1. 晒姜与困姜

播前1个月左右，取出贮藏的姜种，平铺在避风向阳的地上，晾晒姜种1~2天（随时翻动姜块）。晒姜后置于室内堆放2~5天，盖上草帘，保持11℃~16℃，促进姜块内养分分解，俗称为困姜。经过2~3次晒姜和困姜后就可开始催芽。

2. 催芽

南方多在清明前后进行，叫“熏姜”或“催芽”，适宜温度为22℃~25℃。变温催芽，前期温度20℃~30℃，3~5天后升温至25℃~28℃，相对湿度75%~80%。姜芽萌发后温度降至20℃~22℃。当姜芽长到0. 5~2cm、粗为0. 5~1cm时即可播种。

（三）整地施肥

姜忌连作，做好与水稻、葱蒜类及瓜、豆类作物轮作。选择土层深厚疏松、富含有机质、排水良好的壤土地块，结合整地，每亩[①]撒施腐熟有机肥2 000~3 000kg，三元复合肥 50kg，深翻土壤，将土肥混匀。做高畦，一般畦宽 1.2~1.3m。

（四）播种

1. 掰姜种

大块姜可掰成3~5 块，每块去掉侧芽、弱芽，保留1个短壮芽，姜种块以75g左右为宜。播种前将掰好的姜种消毒，一般用1%的波尔多液或草木灰浸出液浸种 20min 即可。再用 250~500mg/L 的乙烯利浸泡 15min，以促进生姜分枝，增加产量。

2. 播种

播前一天浇足底水，按 50cm 行距开沟，姜种排放时注意使幼芽方向保持一致，若东西向沟，则幼芽一致向南；南北向沟则幼芽一致向西。播种时株距 16~20cm，放好后用手轻轻按入泥中，使姜芽与土面相平即可。然后用细土盖住姜芽，种姜播好后覆 4~5cm 厚的细土，用宽 1.5m 的地膜覆盖畦面。

（五）田间管理

1. 遮阴

姜耐阴，幼苗期需中等光照，光照过强，植株矮小，叶片发黄。因此播种后在姜沟南侧（东西向沟）距姜行 7~10cm 处插一排高 70~80cm 的高秆秸秆（称插荫草），或用遮阳网搭荫棚，棚高 1.3~1.6cm，形成七阴三阳状态，于处暑至白露节气拆除姜棚。

2. 合理浇水

生姜幼芽出土后，及时划膜放苗，5 月下旬可撤去地膜。70%的幼芽出土后浇第 1 次水，以后浇小水为主，保持地面半干半湿至湿润，雨后及时排水。进入旺盛生长期后，土壤始终保持湿润状态。收获前 3~4 天浇最后 1 次水。

3. 追肥与培土

在苗高 30cm 左右、发生 1~2 个分枝时第一次追肥，称为“小追肥”或“壮苗肥”，每亩施用硫酸铵或磷酸二胺 20kg。

8 月上中旬，姜苗处在三股杈阶段，植株生长速度快，肥水需求大，可结合拔除遮阴草，进行第二次追肥，称为“大追肥”或“转折肥”，可促进根茎膨大。一般每亩施饼肥 75kg、三元复合肥 15kg，或磷酸二胺 15kg，硫酸钾 5kg。结合追肥进行第一次培土。

9 月上中旬后，对于土壤肥力低且保水保肥力差的土壤，需追部分速效化肥，一般每亩施硫酸铵 15kg、硫酸钾 10kg。结合浇水施肥，视情况进行培土，逐渐把畦面加厚加宽。

（六）收获

生姜从 7~8 月份可陆续采收，早采产量低，但产值高，在生产中可根据市场需要分次采收。生姜的收获分收嫩姜、收鲜姜、收种姜三种。

收嫩姜是在根茎旺盛生长期，趁姜块鲜嫩时提早收获，这时采收的新姜组织鲜嫩水分多，辣味轻，适于加工腌渍、酱渍和糖渍。

收鲜姜一般待初霜到来之前，在收获前 3~4 天浇第 1 次水，收获时可将生姜整株拔出，抖落掉泥土，将地上茎保留 2cm 后用手折下或用刀削去，摘去根，趁湿入窖，无须晾晒。

种姜一般应与鲜姜一并在生长结束时收获，也可以提前，于幼苗后期收获，但应注意不

---

① 1 亩≈666.7m^2。

能损伤幼苗。采收方法是先用小铲将种姜上的土挖开一些，一只手按住姜株不晃动，另一手拿刀或竹签把种姜挖出。注意少伤根，收后立即将挖穴用土填满拍实。

五 病虫害防控

图 2-45 生姜

影响生姜（见图 2-45）产量及品质的病虫害主要是姜瘟病、斑点病、炭疽病和姜螟夜蛾（又叫钻心虫），生产上以农业防治措施为主，药剂防治为辅；实行水旱轮作，切断土壤、肥料等传播途径；选用无病和抗病姜种，加强田间管理，增强植株的抗病性；无病地留种，提供健康无病的姜种；防治姜瘟病、斑点病、炭疽病等病害可以选用姜瘟灵、可杀得、硫酸链霉素等农药；防治姜螟夜蛾等虫害可以选用敌百虫、康绿功臣、马拉硫磷、敌杀死等农药，在虫子孵化高峰期，尚未钻入姜苗心叶前施用。发现有病姜株和有虫口的植株应及时拔除，清除有带菌土壤，撒上石灰，连土一起带出棚外集中处理。

六 栽培中的常见问题及防治对策

常见问题是烂姜死苗。主要有两方面的原因：一是姜瘟病；二是过量施肥或施肥方法不当造成肥害。

防治对策有：一是及时防治姜瘟病；二是正确合理施肥。有机肥充分腐熟，底肥与追肥相结合，氮磷钾比例适合。生姜需肥多，全生长期吸收氮、磷、钾的比例为 1∶0.4∶1。

课后作业

一、填空题

1. 根据生姜植株形态和生长习性，可将生姜品种分为________和________两种类型。

2. 生姜的收获分收________、________、________三种。

3. 晒姜后把种姜移入室内堆放________天，盖上草帘，保持________℃左右，促进姜块内养分分解，称________。

二、单项选择题

1. 以下关于生姜设施栽培技术说法错误的是（　　）。

A. 姜种在播种前需要晒姜、困姜及催芽

B. 种植生姜，一般北方采用高畦方式，南方采用沟种方式

C. 收嫩姜是在根茎旺盛生长期，趁姜块鲜嫩时提早收获，适于加工成多种食品

D. 生姜播种时幼芽方向保持一致，使姜芽与土面相平即可

2. 生姜催芽的适宜温度是（　　）。

A. 22℃～25℃　　B. 18℃～20℃　　C. 15℃～18℃　　D. 25℃～28℃

三、判断题

1. 生姜的适宜栽培季节要满足以下条件：5cm 地温稳定在 15℃以上，从出苗至采收，要保证适宜生长天数在 140 天以上，生长期间有效积温达到 1 200℃以上。（　　）

2. 生姜的发芽期是指种姜幼芽萌动至第1片姜叶展开，需30天。 (　　)

3. 用250~500mg/L的乙烯利浸泡15min，可以对生姜消毒。 (　　)

四、简答题

1. 简述生姜栽培中的常见问题及防治对策？

2. 简述生姜田间管理技术。

3. 生姜选种的标准是什么？

【任务考核】

学习任务：		班级：	学习小组：				
学生姓名：		教师姓名：	时间：				
四阶段	评价内容		分值	自评	教师评小组	教师评个人	小组评个人
任务咨询5	工作任务认知程度		5				
计划决策20	收集、整理、分析信息资料		5				
	制订、讨论、修改生产方案		5				
	确定解决问题的方法和步骤		3				
	生产资料组织准备		5				
	产品质量意识		2				
组织实施50	培养壮芽		5				
	整地作畦、施足底肥		5				
	生姜定植、地膜覆盖		5				
	生姜肥水管理		5				
	生姜环境控制		5				
	生姜病虫害防治		5				
	生姜采收及采后处理		5				
	工作态度端正、注意力集中、有工作热情		5				
	小组讨论解决生产问题		5				
	团队分工协作、操作安全、规范、文明		5				
检查评价25	产品质量考核		15				
	总结汇报质量		10				

任务二 马铃薯设施栽培

【知识目标】

（1）掌握马铃薯的生物学特征、品种类型、栽培季节与茬口安排。

（2）掌握马铃薯的栽培管理知识及栽培中的常见问题及防治对策。

【技能目标】

（1）掌握马铃薯的高产高效栽培管理技术。

（2）能正确分析判断马铃薯栽培过程中常见问题的发生原因，并采取有效措施加以防治。

【情感目标】

（1）养成耐心、细致的习惯。

（2）具有实事求是的科学态度和团队协作精神。

（3）能积极地参与项目技能训练活动。

（4）能够主动发现马铃薯栽培管理中的问题并积极解决问题。

马铃薯（Solanum tuberosum L.），又称土豆、地蛋、洋芋、山药蛋等，是茄科茄属中能形成地下块茎的一年生草本植物；以块茎供食，是重要的粮菜兼用作物，还可酿酒和制淀粉，用途广泛。马铃薯生长期短，能与玉米、棉花等作物间套作，被誉为不占地的庄稼；产品耐储运，在蔬菜周年供应上有堵淡补缺的作用。其起源于南美洲的安第斯山山区，于明朝万历年间（1573—1619年）传入我国，有400多年的种植历史，在世界各地普遍栽培。

一 品种类型

（一）依成熟期分类

栽培上依成熟期可划分为早、中、晚熟三种类型。

1. 早熟品种

从出苗到收获需50～70天，植株低矮，产量低，淀粉含量中等，不耐贮藏，芽眼多较浅。

2. 中熟品种

从出苗到收获需80～90天，植株较高，产量中等，薯块中的淀粉含量中等偏高。

3. 晚熟品种

从出苗到收获需100天以上，植株高大，产量高，淀粉含量高，较耐贮存，芽眼较深。

（二）依块茎皮色划分

按块茎皮色分有白、黄、红、紫色等品种。

（三）依肉色划分

按肉色分有黄肉和白肉两种。

（四）按块茎形状划分

按块茎形状划分有圆形、扁圆、椭圆、卵圆等品种。

二 生育周期

1. 发芽期

种薯解除休眠后开始萌幼芽至出苗，春季需25~35天，秋季需要10~20天。块茎在4℃以上就能萌发，12℃~18℃发芽较好。

2. 幼苗期

从出苗到第6片叶或第8片叶展平，形成一个叶序环（俗称团棵），需15~20天。此期匍匐茎全部形成，并且先端开始膨大。

3. 发棵期

从团棵至现蕾，需25~30天。此期侧枝陆续形成，根系继续伸展，主茎叶全部形成功能叶，块茎膨大至2~3cm，幼薯渐次增大。

4. 结薯期

从现蕾开花到茎叶变黄败秧，此期以块茎膨大和增重为主，需30~50天。块茎膨大适温为16℃~18℃，25℃以下不利于块茎发育。

5. 休眠期

块茎收获后便进入休眠期，休眠期1~3个月，属于生理休眠。因品种和贮藏温度不同，休眠期长短不一。

三 茬口安排

马铃薯栽培茬口安排的总原则是把结薯期放在土温17℃~19℃、白天气温24℃~28℃和夜间气温16℃~18℃的最适宜的季节。广东省、福建省、广西壮族自治区等南方冬作区，主要是利用冬闲期在秋冬10月、冬春12月、翌年1月种植。贵州等高寒地区春种秋收，一年一作；低山河谷和盆地可分为春秋两茬栽培。春薯播种适期是土温稳定在5℃~7℃；秋薯播种期确定的原则是以当地杀死马铃薯茎叶的枯霜日为准，向前推50~70天为临界出苗期，再按照种薯播种后出苗所需天数确定播种期。

四 马铃薯地膜早熟栽培技术

（一）品种选择

选择优质、抗病、高产、抗逆性强的马铃薯优良品种。贵州铜仁地区早熟菜用马铃薯可选用费乌瑞它、中薯3号等脱毒良种。

（二）整地施肥

马铃薯是高产喜肥作物，需施足基肥。选择地势平坦、土层肥厚、微霜性、前茬未种植茄子、番茄等茄科作物的壤土地块栽培。前茬作物收获后，结合翻地每亩施入腐熟的农家肥1 500~2 000kg，复合肥或马铃薯专用复合肥50kg。

（三）种薯处理

尽量选用小整薯（大小以 20~30g 为宜）播种，如种薯过大需进行切块节约种薯，播种前 10~15 天种薯还未通过休眠的需进行浸种和催芽处理。一般每亩用种薯 150~200kg。

1. 切块

将种薯从顶部纵切成两至数块，保证每块有 1~2 个芽眼，重量 25g 左右，切块时用 75%的酒精或 0.5%的高锰酸钾溶液进行刀具消毒，防止病毒（菌）传染。如图 2-46 所示。

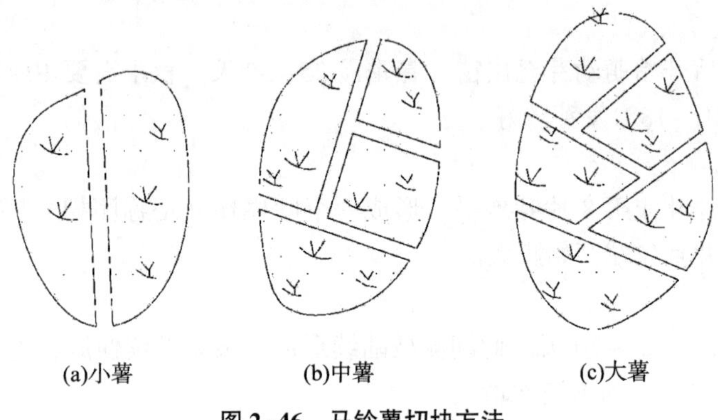

图 2-46　马铃薯切块方法

2. 浸种打破休眠

播种前 10~15 天采用赤霉素溶液浸种打破休眠，浸种分整薯浸种和切块浸种两种。整薯浸种用 5~10mg/L 的赤霉素溶浸 30min；切块浸种用 5~10mg/L 的赤霉素溶浸 5~10min。注意赤霉素溶液浸种前，用清水将切口处淀粉洗干净，浸后捞出薯块放在阴凉处晾 4~8h 再浸种。马铃薯出芽如图 2-47 所示。

（四）播种

低海拔地区一般在 12 月下旬开始播种，至翌年 1 月中下旬结束；高海拔地区在 1 月中下旬开始播种，至 2 月下旬播种结束。地膜覆盖栽培一般在 12 月中下旬播种。种植模式有两种：一是高厢垄作。垄宽 60cm，垄沟 30cm，垄栽双行，行距 45cm，株距 20cm，每亩栽7 400株。二是深耕分厢平作。即采用 2m 开厢，沟宽 0.3m。每厢种植 7 行，行距 28cm，株距 20cm，亩栽 1.1 万~1.2 万株。播种深度 7~9cm，播种移栽时保持土壤湿润。播种后在厢面上平铺上地膜，用土把厢面四周的膜压好。

图 2-47　马铃薯出芽

（五）田间管理

1. 适时破口出苗

地膜覆盖栽培在出苗后气温比较稳定时及时破膜，以免高温烧苗，造成缺株断行。具体方法是用小刀划“十”字小口，破膜引苗，随后用细土封严膜口。

2. 水肥管理

当马铃薯幼苗长至5~10cm时，进行第一次追肥，每亩施尿素5~8kg，磷肥5~10kg，钾肥10~15kg或施马铃薯专用复合肥50kg。开花后，不缺肥的地块则不宜再追氮肥，若出现地上部分徒长，可对叶面喷施多效唑进行控制，处理时株高不宜超过80cm。具体方法是在现蕾至初花期用50%多效唑50g/667m^{2}兑水40kg喷施2次。在现蕾初期及时摘除花蕾，用1%的磷酸二氢钾或0.02%硫酸钾溶液60kg叶面喷施，以促进块茎膨大，每隔10~15天喷一次，共喷2~3次。茎叶长势差的可喷1%的尿素溶液。

（六）收获

当马铃薯（见图2-48）植株停止生长，下部叶片干枯，匍匐茎分离，茎叶由绿变黄时，是马铃薯适宜的收获期，此时收获可保证马铃薯的产量和品质。12月下旬开始播种的马铃薯，翌年4月上中旬可进行采收。如果收获较早，产量不高，收获过晚，易受高温（春马铃薯）的影响，品质较差。

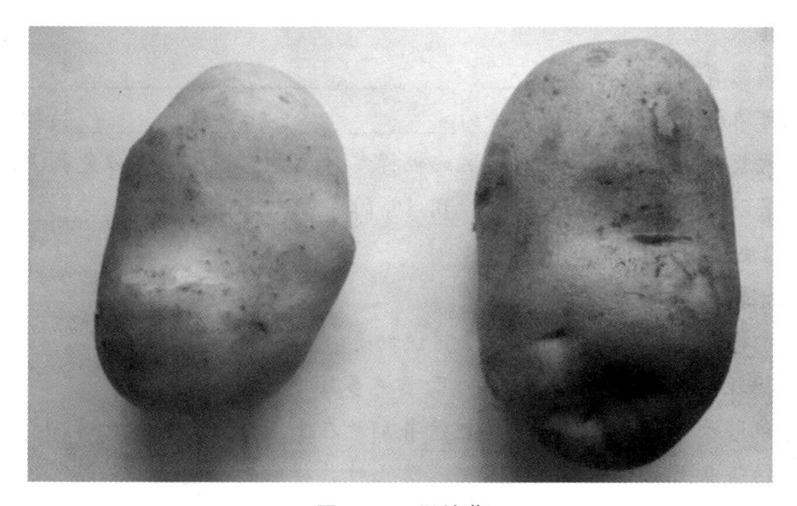

图2-48 马铃薯

五 病虫害防控

马铃薯主要病虫害有病毒病、晚疫病、蚜虫、地老虎等，可采取“预防为主，综合防治”的植保防治措施。

防治措施：①选用健壮无病虫的脱毒抗病品种；②实行水旱轮作，减少土壤病虫害，田块四周开深沟防止积水，降低田间湿度；③在播种时，切块马铃薯用草木灰裹种；④应用太阳能杀虫灯防治蛴螬、蝼蛄、金针虫、叶蝉、夜蛾类，悬挂黄色诱杀贴板，用于诱杀马铃薯蚜虫、潜叶蝇等物理措施；⑤农药防治，在苗期、现蕾期、始花期用58%甲霜灵·锰锌兑水500倍液喷雾防晚疫病，在发现中心病株时及时拔除，同时进行全田喷药防治。病毒A兑水600~800倍液喷雾防病毒病。大田期用蚜虱净或大功臣1 500倍液喷雾防治蚜虫，用5%抑太保乳油2 000~2 500倍液喷雾防治地老虎。

栽培中的常见问题及防治对策

马铃薯栽培中常见问题是种性退化。

种性退化是马铃薯用块茎繁殖，植株长势逐年消弱、矮化、叶片卷起皱缩，分枝变小，结薯小，产量逐渐下降的现象。

马铃薯种薯种性退化是由病毒侵染并在块茎内积累造成的，影响退化速度的因素主要有内因和外因两个方面。内因是指品种的抗逆性，即抗病毒侵染的能力；外因是指环境因素，即病毒、高温、栽培技术等。

防止退化的对策包括：①选育抗逆性强、适应性广、高产优质的品种；②以脱毒快繁为主，结合常规繁育，提纯复壮，保持种性优势；创造提高马铃薯种性，消弱病毒侵染与致病力的栽培条件；③用种子繁殖等。

课后作业

一、填空题

1. 马铃薯的生育周期分为________、________、________、________和________。

2. 栽培上可依据成熟期将马铃薯分为________、________及________品种。

3. 马铃薯地膜覆盖栽培在出苗后气温比较稳定时及时________，以免高温烧苗。

4. 在马铃薯现蕾初期及时________，用1%的________或0.02%________溶液60kg叶面喷施，以促进块茎膨大。

二、单项选择题

1. 以下关于马铃薯设施栽培技术说法错误的是（　　）。

A. 马铃薯出现地上部分徒长，可对叶面喷施多效唑进行控制

B. 马铃薯栽培茬口安排的总原则是把结薯期放在土温10℃~15℃的季节

C. 马铃薯幼苗露土时要及时破膜露苗，防止叶片接触地膜受太阳灼伤

D. 当马铃薯植株停止生长，下部叶片干枯，匍匐茎分离，茎叶由绿变黄时，是马铃薯适宜的收获期

2. 春薯的适宜播种时期，土温应稳定在（　　）。

A. 5℃~7℃　　B. 16℃~18℃　　C. 24℃~28℃　　D. 17℃~19℃

三、判断题

1. 马铃薯种植模式有两种：一是高厢垄作；二是深耕分厢平作。（　　）

2. 马铃薯种薯以选择大薯为宜。（　　）

3. 马铃薯对土壤肥力要求不高。（　　）

4. 马铃薯播种深度2~3cm，播种移栽时保持土壤湿润。（　　）

四、简答题

1. 简述马铃薯种薯处理技术。

2. 简述马铃薯栽培中的常见问题及防治对策。

【任务考核】

学习任务：	班级：	学习小组：				
学生姓名：	教师姓名：	时间：				
四阶段	评价内容	分值	自评	教师评小组	教师评个人	小组评个人
任务咨询 5	工作任务认知程度	5				
计划决策 20	收集、整理、分析信息资料	5				
	制订、讨论、修改生产方案	5				
	确定解决问题的方法和步骤	3				
	生产资料组织准备	5				
	产品质量意识	2				
组织实施 50	培养壮苗	5				
	整地作畦、施足底肥	5				
	马铃薯定植、地膜覆盖	5				
	马铃薯肥水管理	5				
	马铃薯环境控制	5				
	马铃薯病虫害防治	5				
	马铃薯采收及采后处理	5				
	工作态度端正、注意力集中、有工作热情	5				
	小组讨论解决生产问题	5				
	团队分工协作、操作安全、规范、文明	5				
检查评价 25	产品质量考核	15				
	总结汇报质量	10				

任务三 山药设施栽培

【知识目标】

(1) 掌握山药的生物学特征、品种类型、栽培季节与茬口安排。

(2) 掌握山药的栽培管理知识及栽培中常见问题及防治对策。

【技能目标】

(1) 掌握山药的繁殖方法。

(2) 掌握山药的高产高效栽培管理技术，山药开洞和打洞栽培的基本技能。

(3) 正确分析判断山药栽培过程中常见问题的发生原因，并采取有效措施加以防治。

【情感目标】

(1) 养成耐心、细致的习惯。

(2) 具有实事求是的科学态度和团队协作精神。

(3) 能积极地参与项目技能训练活动。

(4) 能够主动发现山药栽培管理中的问题并积极解决问题。

山药（Dioscorea spp.），又名薯蓣，大薯，薯蓣科，一年生或多年生缠绕性藤本植物，始载于《神农本草经》，以地下块茎为食，富含淀粉、蛋白质等碳水化合物及副肾皮素、皂苷等营养成分，产量高、含多种药用成分。山药既是营养丰富的粮菜兼用作物，又是滋补功能较强的中药材。

品种类型

我国栽培的山药是薯蓣属下，能形成地下肉质块茎的栽培种。

1. 普通山药

普通山药又名家山药。叶对生、茎圆、无棱翼，叶脉 7~9 条突出。这类按块茎形状又可分为以下 3 类。

(1) 扁块种：块茎扁形，似脚掌，如江西省、湖南省、四川省、贵州省的脚板薯，浙江省瑞安的红薯。

(2) 圆筒种：块茎短圆形或不规则团块状，如黄岩薯药、台湾圆薯。

(3) 长柱种：块茎长 30~100cm，直径 3~10cm，如江西省南城的淮山药，江苏省宿迁、郯县、沛县的线山药、牛腿山药、鸡腿山药等。

2. 田薯

又名大薯，茎具棱翼，叶柄短、叶脉多为 7 条，块茎甚大，有的重达 40kg 以上。按块茎形状可分扁块种、圆筒种和长柱种三类。扁块种有广东葵薯、福建银杏薯；圆筒种有台湾白薯、广州早白薯；长柱种有台湾长白薯、江西省广丰的千金薯和牛腿薯等。

生育周期

（1）幼苗期。从休眠芽萌动至出苗，约需 35 天。10℃时块茎开始萌动。

（2）发棵期或块茎生长初期。从出苗到现蕾，并开始发生气生块茎为止，需 60 天。此期以茎叶生长为主。茎叶生长期温度以 25℃～28℃为宜。

（3）块茎生长盛期。从现蕾至茎叶生长基本稳定，需 60 天。此期的茎叶与块茎生长皆旺盛。块茎生长期地温以 20℃～24℃为宜。

（4）块茎生长后期。茎叶不再生长，块茎体积不再增大，但质量仍有增加。

（5）休眠期。霜后茎叶渐枯，块茎进入休眠状态。块茎能耐-15℃的地温。

茬口安排

山药以露地栽培为主。有单作和间套作两种栽培方式。单作春种秋收，生长期长达 180 天以上。土温为 10℃种植，终霜后出土，适当早栽有利于提早发育，增加产量。

华南地区 3 月份栽植，四川省 3 月下旬至 4 月上旬栽植，长江流域 4 月上中旬栽植。山药前期生长缓慢，间套作应用普遍，可与瓜类、蔬菜类间作。

山药设施生产技术

（一）品种选择

栽培品种根据各地实际而定，贵州省铜仁地区以棍棒状山药作主栽品种。山药种秧要求长 15～20cm，重约 20g，最好放置在室外通风处，经 5～6 天晾晒后再使用。

（二）繁殖方法

1. 顶芽繁殖法

顶芽繁殖法又称为山药栽子繁殖法。山药栽子是山药块茎与藤连接点以下 18～22cm 长的一段，此段肉质粗硬、不堪食用，又称山药嘴子，可以用来繁殖。用山药栽子繁殖，一般每块切取 60～80g，栽下后有顶端生长优势、产量较高，但繁殖系数不能提高，可连续繁殖 3～4 年。

2. 切块繁殖

为了提高繁殖系数，紧接山药栽子的食用部分切块成 7～10cm 的小段催芽，待长出不定芽后栽植。此法出芽较晚，播种时间应提前 10～15 天。

3. 零余子繁殖法

零余子是山药叶腋中长出的气生块茎，可以用来扩大繁殖。第一年秋季，晴天，选饱满、圆形或椭圆形、毛孔稀疏、富有光泽的零余子，晒种 3～5 天后，沙藏过冬。翌年春季播种前 15～20 天，取出贮藏的零余子，晾晒 3～4 天后，放在经过晾晒后的湿润细沙中，温度 23℃～25℃（细沙）催芽 10～15 天。75%～80%的零余子露白、种芽长 1～2mm 时，即可播种。

选用零余子繁殖花工少、占地小、繁殖系数大，山药不易退化，复壮效果好，是生产上不可或缺的繁殖方法。但用零余子繁殖法秋余只能收到 13～16cm 长、200～250g 重的小山药，必须在翌年春季再种，前后需三年方能收到产品。山药繁殖示意图如图 2-49 所示。

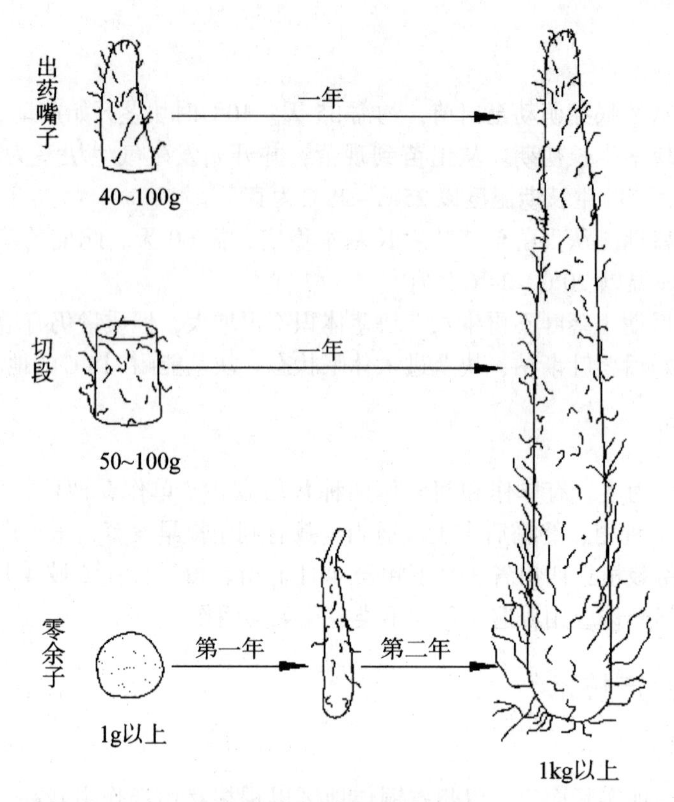

图 2-49　山药繁殖示意图

（三）整地、施基肥

选择轻松肥沃、土层深厚、排灌良好、中性或微酸性的平地与缓坡地块，深翻土地 80~100cm，以利于块茎向下蔓延生长。一般栽培山药需深翻，按宽 60cm、深 100cm 挖栽植沟（可用山药打沟机），沟距 90cm，晒土 30~40 天，回填 40cm 厚到栽植沟内。播种前，每亩施腐熟饼肥 150kg，粪肥6 000kg，三元素复合肥 75kg，与沟土充分混合后施入，将沟填平，浇 1 次水后将栽植沟培土高地面 15cm，中间挖宽 15cm、深 10cm 浇水沟，浇水沟两边即为山药栽植垄，然后顺栽植沟覆盖宽 90cm 的黑色地膜。也可打洞栽培。打洞栽培主要是在冬闲时用打洞工具按 25~30cm 株距打洞，要求洞壁光滑结实，洞径 8cm 左右，深 150cm。

（四）播种

一般在 2~3 月份，当 5cm 地温稳定在 15℃左右时播种。栽植时在覆盖的黑色地膜上按株距 25cm 开穴，穴内浇水渗透，将山药嘴子插入穴内，每穴 1 株，芽朝上且方向一致，覆土压实。

如果采用打洞栽培，则先填部分细土，然后把种茎放入洞内，使其顶端距地表 8~10cm，再用细土填实，最后做成高垄。

（五）田间管理

1. 水分管理

山药灌溉的原则是“不旱不浇”。山药叶片正反面都有很厚的角质层，所以十分耐旱，在栽植前浇足底水，出苗前可以不再浇水。块茎迅速膨大期，保持湿润，雨季及时排涝。

2. 肥料管理

山药施肥要掌握重施基肥、磷钾肥配合的原则。苗期和甩蔓期以氮肥为主，施 1~2 次 20%腐熟粪肥或化肥。若用化肥每亩施 10~15kg 尿素，5~10kg 硫酸钾，或 15~20kg 高氮钾型复混肥。距植株 30cm 左右开沟施后覆土。在现蕾时，用同样的方法，每亩一次或分次施 30~40kg 氮磷钾复混肥。中后期还可喷施几次 0.2%磷酸二氢钾或腐殖酸叶面肥。

3. 支架、理基、整枝

山药茎长，纤细脆弱，易被风吹断，多数不整枝，但需除去基部 2~3 个侧枝，出苗就要用细竹竿或树枝搭人字支架引藤蔓向上生长，架高以 3m 为宜。山药零余子产量过高，会影响地下块茎的产量，因此应及早抹去过多的零余子。

（六）采收

一般山药应在茎叶全部枯萎时采收，过早采收产量低，含水量多易折断。南方冬季土壤不冻结，可在地里保存，随时采收供应。如果收获零余子，需提前 1 个月。

山药收获时先清除支架和茎蔓，从畦的一端开始，先挖出 $60cm^3$ 的土坑来。在土坑中用铁铲沿着山药生长在地面 10cm 处的侧根系铲出侧根泥土，铲到沟底见到块茎尖端为止，平握块茎的中上部，小心取出山药块茎。注意按顺序挨着挖，以降低破损率，避免漏收。

五 病虫害防控

生产上通过轮作换茬能够减轻或避免山药根结线虫等土传病害的危害。对于重茬地块使用 70%甲基托布津 500 倍液浸种 10min，播种后每亩撒施强力生根剂 8kg，喷施 30%恶霉灵 0.4kg，再用 0.3%苦参碱水溶液 2L 灌根可以降低线虫病、炭疽病和褐斑病的病情指数，提高山药品质。但对于绿色山药生产应慎重使用。采用优良种薯、黑地膜覆盖、合理密度、适量追氮等农业措施可减轻炭疽病对淮山药生产的危害和提高产量。对于发生炭疽病的地块在发病初期使用 32.5%阿米妙收杀菌剂1 000倍液防治山药炭疽病防效可达 95.47%，与 25%施保克1 200倍液交替使用会达到理想的控制效果。苯醚甲环唑与吡唑醚菌酯按质量比为 2：1 的混用对山药炭疽病的防效明显。百菌清 75%可湿性粉剂、代森锰锌 80%可湿性粉剂、福美双 50%可湿性粉剂对山药斑纹病的防治效果最好，可在生产中推广使用。敌磺钠对山药枯萎病菌具有较好的抑菌效果。

栽培中的常见问题及防治对策

1. 畸形山药

受不良环境条件、栽培措施、管理方面的影响，造成内部组织结构发生改变，从而产生各种奇形怪状，如山药块茎上端分杈、下端分杈、蛇形、扁头形、脚掌形、葫芦形和麻脸形等，这些统称为畸形山药。

防治措施：①去除沟内异物；②种植时按技术规程操作；③施用腐熟有机肥。

2. 山药烂种死苗

主要原因是种块质量差，山药出苗期如果遇到降雨量偏多、土壤湿度偏高、较长时间的寡照低温也会导致山药烂种死苗，在多雨高湿等不良气候条件下播种过深也是导致山药大面积烂种死苗的重要原因。品种之间也有差异，菜山药烂种死苗明显重于米山药。

防治措施：选择优质栽子，确保栽子质量；晒好山药种；早打沟，早晒田，提高地温；适期播种，当 10cm 地温稳定在 10℃以上，且在播种前 7~10 天为连续阴雨天气时，为山药最佳播种期；控制播种深度，山药最适合播种深度为 8~10cm。

3. 种性退化

主要原因是山药栽子连年使用造成生命力衰退，品质下降，商品性差，抗逆性能降低；山药地块连作，造成茎基线虫在土壤中大量积累，使山药地茎上端红斑病逐年加重，产量逐年下降。

防治措施：对山药栽子进行更新，每 3~4 年用山药豆子重新繁育栽子或用山药段子对山药栽子更新一次；采用轮作换茬的栽培方式，可减少山药茎基线虫在土壤中的积累，以降低种性退化的速度。

4. 山药苗小苗弱，生长势不强

主要原因是在种植时有些种植户为了减少成本投入，使用过小的山药栽子（平均单株重量在 50g 以下），造成山药出苗不整齐、发棵弱，生长势不强，导致比使用标准的山药栽子减产。

防治措施：按照种植要求使用单株重 80~120g 的栽子，加大生产投资的同时结合科学管理措施。

课后作业

一、填空题

1. 按块茎形状，可将山药分为________、________、________三类。

2. 山药的繁殖方法可分为________、________、________繁殖法。

3. 畸形山药防治措施，一是________；二是________；三是________。

4. ________是山药叶腋中长出的气生块茎，可以用来扩大繁殖。

5. 生产上通过________能够减轻或避免山药根结线虫等土传病害的危害。

6. ________又称为山药栽子繁殖法，山药栽子是山药________与________连接点以下 18~22cm 长的一段，此段肉质粗硬、不堪食用，又称________，可以用来繁殖。

二、单项选择题

1. 以下关于山药设施栽培技术说法错误的是（　　）。

A. 栽培山药以肥沃、土层深厚的沙壤土为宜

B. 山药出苗后需支架引蔓，一般用细竹竿或树枝插搭人字架，架高以 3m 为宜

C. 一般山药应在茎叶全部枯萎时采收

D. 山药喜温暖，耐寒，耐旱，不怕涝

2. 山药施肥的管理错误的做法是（　　）。

A. 重施基肥、磷钾肥配合

B. 苗期和甩蔓期以钾肥为主

C. 在现蕾时只施钾肥

三、判断题

1. 山药又名薯蓣，为薯蓣科一年生或多年生缠绕藤本植物，始载于《神农本草经》。（　　）

2. 山药喜有机肥，生长前期宜供给速效氮肥，生长中后期增施磷、钾肥，可连作。（　　）

3. 山药叶片正反面都有很厚的角质层，所以十分耐旱。（　　）

4. 山药种性退化的主要原因是山药栽子连年使用造成生命力衰退，品质下降，商品性差，抗逆性能降低。 ( )

四、简答题

1. 简述山药的繁殖方法。
2. 简述山药田间管理技术。
3. 简述山药栽培中的常见问题及防治对策。

【任务考核】

学习任务：		班级：	学习小组：			
学生姓名：		教师姓名：	时间：			
四阶段	评价内容		分值	自评	教师评小组	教师评个人	小组评个人
任务咨询 5	工作任务认知程度		5				
计划决策 20	收集、整理、分析信息资料		5				
	制订、讨论、修改生产方案		5				
	确定解决问题的方法和步骤		3				
	生产资料组织准备		5				
	产品质量意识		2				
组织实施 50	培养壮苗		5				
	整地作畦、施足底肥		5				
	山药定植、地膜覆盖		5				
	山药肥水管理		5				
	山药环境控制		5				
	山药病虫害防治		5				
	山药采收及采后处理		5				
	工作态度端正、注意力集中、有工作热情		5				
	小组讨论解决生产问题		5				
	团队分工协作、操作安全、规范、文明		5				
检查评价 25	产品质量考核		15				
	总结汇报质量		10				

拓展知识

山药的简约化栽培技术

传统的山药栽培对土壤厚度、土壤类型都有较为严格的要求，在适宜的土壤上栽培会获得较高的产量和优良的商品品质，但是，传统栽培需要挖沟、回填等操作，不论是采用机械，还是人工都需要付出较大的费用。以下几种新的栽培模式在不同程度上解决了这些问题。

1. 打洞栽培

这种栽培方法可以降低劳动强度，减少山药在收获中的损耗。具体方法是按照合理的株行距进行人工或机械打洞，洞的直径一般为10cm，洞孔的深度和直径可以根据山药的品种进行调节，洞孔内放入一些填充物，如粉碎麦秸、木屑、稻壳、草炭或细沙土均可，在洞孔上方播种。也可以在洞孔内安装直径为80~110mm、管长80~100cm的PVC套管进行栽培，套管需纵剖0.5cm宽长缝及4排直径1cm的圆孔，以便于山药根系向土壤中生长。

2. 浅生槽栽培

浅生槽栽培，降低了对土壤的要求，使山药能够在山坡地、丘陵地等土层较浅的地块种植，且商品率更高。浅土层土壤疏松、通透性好，长薯快、收获容易、能在多种类型土壤种植。浅生槽栽培人为地改变山药块茎垂直向下生长，引导为靠近垄面土层按一定倾斜度定向生长，采用浅生槽定向栽培的山药根系主要分布在表土层，因此，基肥无须深施，施到土层5~15cm即可。浅生槽一般单行种植，具体方法是：按行距1.4~1.7m，株距18~20cm开挖宽约7cm、长120cm、深15~30cm的平行斜小沟，用于放置浅生槽，斜度为15°~45°。浅生槽半管形，长0.8~1m，槽内置入粉砂加木糠或谷壳糠混合而成的松软填料后回填土壤。

3. 种植袋栽培

这是一种易于收挖山药的种植方法，具体做法是将编织袋内盛满沙质土壤，中心内置一个用于山药生长的生长模，在生长模的侧壁上设若干个小孔，用于山药的须根向土壤中生长，生长模内盛装有机质肥（可以按焦炭土30%~40%、农家肥30%~40%、草木灰10%、油菜籽饼10%的比例搅拌混合物），但目前采用种植袋栽培只适用于庭院经济或用于绿化栽培，大面积应用于山药生产尚不现实。

技能训练：　马铃薯催芽技术

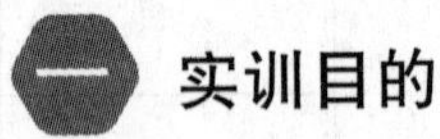

一　实训目的

掌握马铃薯的种薯选择、消毒技术，熟练操作催芽技术。

二　材料和用具

种薯、切刀、高锰酸钾（或福尔马林、多菌灵、酒精）、草木灰、日光温室、大棚等。

三　实训内容及技术操作规程

马铃薯发芽温度在12℃以上，早春地温低，直接播种需1个多月才出苗。催芽播种可缩短马铃薯在田间的生长期，并提早上市。切块催芽既可省种薯，剔除病块，又可减轻病害的发生和蔓延。

1. 筛选种薯

选未受冻害和热害、无病斑、无虫害、无腐烂、种皮较光滑、芽眼多、薯形正常的块茎。每亩用种薯150kg左右。

2. 晒种薯

催芽前晒种利于早发芽、发壮芽。在晴天上午10：00~下午15：00把筛选好的薯种放在棚架或草苫或草席上，让太阳光直接照射，晒2~3次。有条件的可在大棚或温室内，温度保持在15℃~20℃，单层摆放晒种2~3天。

3. 切薯块

用1%高锰酸钾或福尔马林、50%多菌灵800倍液、70%酒精液擦涂刀体，或用水冲洗刀体，避免刀体污染其他种薯。

4. 浸种消毒

切块后用50%多菌灵500倍液或0.05%高锰酸钾溶液浸种5~10min，捞出晾干，然后放入草木灰中滚动一下，使其均匀沾一层草木灰，稍晾即可催芽。

5. 催芽

床底铺一层酿热物，以马粪、麦秸、牛粪为主，加适量水，使种含水量在80%左右（以手捏有水而不滴为宜），厚度0.2m左右，然后在酿热物上铺一层厚为0.1m左右的细碎熟土。畦呈龟背形，背高于底平面0.1m。苗床面积依据催芽薯块的多少来确定，每平方米可催600~800个薯块（催3~4层）。摆种时将薯块切面向下排列，块与块之间留点空隙，摆满后在薯块上均匀覆盖一层厚为2cm的湿润细碎熟土，以利保墒。摆好种薯后，在熟土上摊一层地膜，然后在床上覆盖拱形农膜，四周拉紧压实，以利保温，温度控制在12℃~14℃。若温度高，则揭膜通风。

在大棚内催芽，可不用酿热物增温，覆土方法同阳畦建床催芽法（注意保湿保温）。湿度以半湿状态为宜，棚内温度控制在15℃~20℃。温度过高，薯块发热腐烂，且芽子生长快而细长，催芽效果差。当芽长至1~2cm时，即可在大田中移栽播种。播种前3~4天，可将发芽的种块放在阳光下晾晒，注意温度应保持在10℃~15℃，使芽粗壮，提高抗逆性。

四 注意事项

（1）在切块时应注意：切块不宜过小，因块越小，所带养分、水分越少，会影响幼苗发育。而且过小的切块，其抗旱性差，播种后易出现缺苗现象。

（2）切到病薯时，应将其销毁，同时应将切刀消毒，否则会传播病菌。消毒方法是用火烧烤切刀，或用75%酒精反复擦洗切刀，或用1%高锰酸钾浸泡切刀20~30min。

五 作业

（1）在马铃薯催芽技术中哪些环节有利于种薯出芽早、芽壮？

（2）以小组为单位完成马铃薯催芽技术训练。

子项目八　多年生蔬菜设施栽培

任务一　香椿设施栽培

【知识目标】

（1）掌握香椿的品种类型、栽培类型与茬口安排模式等。

（2）掌握栽培香椿管理知识、病虫害防治对策。

【技能目标】

（1）能进行香椿育苗技术管理。

（2）掌握香椿的栽培及田间管理技术。

【情感目标】

（1）养成耐心、细致的习惯。

（2）具有实事求是的科学态度和团队协作精神。

（3）能积极地参与项目技能训练活动。

（4）能够主动发现香椿栽培管理中的问题并积极解决问题。

香椿（Toona sinensis roem.），又名椿、椿芽、春甜树、春阳树、香椿头等，是楝科香椿属落叶乔木，是我国特有的集材、菜、药为一体的高档木本蔬菜，起源于中国，在公元前369—公元前286年即有香椿的记载。香椿栽培在我国已有超过2 000年的历史，其分布区域从辽宁省南部到华北、西北、西南、华中、华东等地均有分布，主要分布在黄河和长江流域之间。香椿以嫩芽为食用器官。香椿芽馥郁芳香，营养丰富，可炒食或腌渍，味道鲜美、风味独特。香椿还具有防止感冒和去肠火等药用价值，深受广大消费者青睐。

传统的香椿栽培大多处于零散状态，主要作物为林木栽培，附带采摘嫩芽作为蔬菜。20世纪80年代，山东等地采用密植栽培技术，使菜用香椿得到迅速发展，尤其以山东省、河北省、河南省、安徽省、江苏省、陕西省等地发展迅速，特别是日光温室栽培面积迅速扩大。

一　品种类型

香椿依芽苞和幼叶颜色可分为红香椿和绿香椿。

（1）红香椿：主要品种有红油椿和黑油椿。红香椿树皮灰褐色，初出幼芽绛红色，有光泽，香味浓郁，纤维少，含脂肪多，品质佳。

（2）绿香椿：主要品种有青油椿和薹椿。树皮绿褐色，椿芽嫩绿色，香味淡，含油质较少，品质稍差。

生育周期

香椿为落叶乔木。实生香椿树从栽植后2~3年开始采摘椿芽，5~6年为营养生长期，7~10年可开花结实。

菜用香椿因连年多次采收嫩梢，摘除顶芽，树势弱，一般不开花。保留顶芽的香椿树，5月下旬至6月中旬开花，10月中下旬种子成熟。

露地种植的香椿树在每年的3月份春芽萌动，4月份采摘椿芽，6~8月份为苗木的迅速生长期，10月下旬落叶后进入休眠期，休眠期为4~5个月。

温室种植的，在露地培育苗木，待休眠后温室假植，1~3月份采摘椿芽。

香椿的设施栽培技术

（一）品种选择

选择株行紧凑、适宜矮化栽培的优良品种。目前栽培品种较多，以品质优、风味佳、产量高、色泽红艳的红香椿、褐香椿、红叶椿等品种为好。

（二）播种育苗

1. 浸种催芽

香椿种子粒小，种皮较厚，并带有翅膜，不易吸水，干籽直播出苗慢且出芽率低，因此应浸种催芽。浸种催芽时选饱满、颜色新鲜的当年新种子或上一年采收且没有经历过夏季高温的种子。先用手搓去种翅，投入50℃~55℃的温水中烫种10~15min，并不断搅拌，进行种子消毒。水温降至30℃左右再浸种12h左右，捞出沥干后装入纱布袋中，在20℃~25℃下催芽3~5天，催芽期间每天早晚翻动种子并用清水冲洗，30%以上的种子出芽即可播种。

2. 苗床准备

育苗采用大棚育苗以提早播种，到秋后能成大苗壮苗。育苗地应选择地势高燥、排水良好、避风向阳、光照充足的地块作苗床。床土应肥沃、疏松。作畦育苗，高畦宽1~1.2m，沟宽20cm。

育苗畦内需填入营养土，配制营养土的配方是：取未种过蔬菜的肥沃大田土6份，腐熟的有机粪肥4份，掺入适量的过筛炉渣灰，以增加床土的通透性，按1m^3床土0.5~0.75kg加入三元复合肥，混合均匀后过筛，填入育苗畦，整平整细，浇透水。

3. 播种

在2月上中旬至3月上旬，将催好芽的香椿种子均匀撒播于准备好的塑料大棚内的苗床中，播种前2天整地作畦，施足底肥，一般每亩大棚需栽5万~6万株，需3~4kg种子。撒播的，浇足底水撒籽，覆土厚度1cm，播种量45~60kg/hm^2。条播的开沟2~3cm深，行距30~40cm，沟内条播种子，覆土厚度2~3cm。播种后覆盖地膜提温保湿，保持床温25℃左右，拱土出苗时撤地膜。

4. 苗期管理

当幼苗出齐后，适当降低苗床温度，白天温度保持20℃~22℃，夜间维持在15℃左右，当幼苗长至1~2片真叶时，加强通风，防止幼苗徒长，并及时清除杂草和适当间苗。待幼苗3~4片真叶展开时，分苗1次，可在灌水后将幼苗挖出栽入10cm×10cm的纸杯或塑料营养钵内。分苗后晴天白天要适当遮阴防晒，促进幼苗快速恢复生长。幼苗6~8片真叶展开，植株

20cm 左右高时，即可定植。

（三）定植

1. 整地施肥

定植前每亩大棚施优质腐熟农家肥2 000~3 000kg、三元复合肥 25~30kg，并做好地下害虫的防治工作。结合施肥深翻 20~25cm，整平后作畦，畦宽连沟 1.2~1.5m，深沟高畦。定植时先从畦的一端开始，按 10cm×10cm 株行距直立定植，高株栽在棚中间，矮株栽在棚两边，使植株呈中间高、两边低状，根部要交错栽牢，覆土要均匀。大棚栽完后浇 1 次透水，水渗下后最好在畦面上撒一层树叶、碎草或谷壳，以利保湿增湿。

2. 适当密植

大棚育苗的植株可在 4 月中下旬定植，香椿主根粗长，有时栽后还需搭阴棚遮阴，但用营养钵育苗的定植后成活率高，一般不需遮阴。栽前注意进行规划，留出建棚操作场地，按建棚大小及方位作畦，在建棚范围内，每亩栽 8 000~10 000 株。

（四）田间养护管理

1. 肥水调控

为实现提早长芽、采芽的目的，在养苗期必须保证有充足的肥水供应。定植时要施足基肥，一般每亩施优质腐熟土杂肥 5 000kg、过磷酸钙 30kg。植株生长期间可追肥 2~3 次，以速效肥为主，也可开沟追施饼肥，撒草木灰等，一般每亩追施尿素 20~30kg、草木灰 60~100kg、腐熟饼肥 100kg。浇水以土壤见干见湿为原则。雨季注意清沟排水，香椿不耐涝，水淹易使根部窒息死亡。到保护期前期不追肥，适当浇水即可。

2. 植株调整，矮化整形

香椿顶端优势强，幼苗直立生长，不扩杈，即使主干再高，也只能形成一个顶芽，所以应及时进行植株调整，矮化树型是多产椿芽的关键。可于 6 月下旬，对二年生以上的苗木，植株离地 15~20cm 处短截修剪，使树木矮化，多发侧枝。截干的时间不能过早或过迟。截干过早，会导致侧枝生长过旺、过高，形成过度荫蔽，甚至引起死亡；截干过晚，侧枝当年难以形成顶芽，会导致产量下降，上市期延迟，影响大棚种植效益。长江流域一般以 6 月底截干为好。截干后亦可喷施 1 次多效唑，促进矮化分枝快速发育。而对当年生的苗则在 7 月上中旬苗高 40~50cm 时打顶摘心，以促使多发分枝。摘心不能过早或过迟。过早会使侧枝充分长高，不能矮化；过迟，虽抽生侧枝，但侧枝不易形成顶芽。长势弱的苗木，长江流域一般宜在 7 月上旬进行摘心；长势强的苗木宜在 7 月下旬，并且要重摘心。经过摘心或截干处理，若苗木还是生长过旺，应通过摘叶加以控制。摘叶应从基部开始摘除 1/3 或 1/2 的叶片，并从心叶以下 2~3 片叶开始剪去每片叶的 1/3，以抑制生长。6~7 月旺长时，可喷多效唑 300 倍液进行矮化处理。

3. 中耕除草

中耕除草要结合松土进行，1 年 4~5 次，松土深度 3~6cm，随着苗木长大而加深。及时中耕除草，可减少水分蒸发，防止地表板结，促进气体交换，提高土壤有效养分的利用率，同时可消灭香椿园的杂草，铲除病虫害寄生场所。除草要做到“除早、除小、除了”。除草办法采用人工除草和化学除草相结合。

（五）及时扣棚保温

1. 打破休眠

为提高椿芽的整齐度，多采用喷施赤霉素的方法打破香椿的休眠期，促其早萌芽、早上市，提高其前期产量。进入10月中旬后，树苗已停止生长，及时用300mg/L的乙烯利溶液喷施叶片，促进落叶；进入12月，及时喷施40mg/L的赤霉素溶液打破休眠，促进发芽。

2. 扣棚保温

香椿落叶后，自然休眠期长达4~5个月，但采用大棚覆盖，休眠期可缩短至50~60天，一般在落叶后1个月左右扣棚膜，11月中下旬后维持棚温16℃左右，一般40~50天即可打破休眠，顶芽开始萌动。萌芽前后正值12月至翌年1月外界低温，要覆严大棚膜，宜进行多重覆盖保温。保持白天棚温18℃~25℃，夜间温度在12℃~15℃，不要低于8℃~10℃，雨雪天气棚内还可用简易火炉加温。香椿萌芽后，保持较高温度，并维持8℃~10℃的昼夜温差，一般15天左右即可长到20cm，达到采收标准。

3. 肥水管理

12月至翌年1月，气温较低，土壤水分蒸发量不大，可不用浇水。早春气温回暖，第一茬椿芽采收后，第二茬椿芽刚刚萌动，需水量增加，要及时浇水，以后每次采芽结束时应灌水1次，保持田间持水量在60%~70%，结合灌水随水追施尿素每亩施7~10kg，以促进腋芽萌发生长。此时棚内湿度不宜过大，高湿会导致发芽迟缓，芽尖萎缩，生长速度慢，椿芽香味变淡。晴天中午温度高于30℃时，若此时棚内湿度大，要打开通风口通风，使湿度降到50%左右；椿芽生长过程中遇湿度过低时，在晴天中午可用喷雾器喷水。

大棚香椿施肥方式主要是追肥，并且以叶面喷肥为主。顶芽或侧芽长至4~6cm时，应喷施浓度为0.5%的尿素溶液或磷酸二氢钾溶液，每5~7天喷1次。

（六）采收

采收一般在芽长15~20cm时进行。肥嫩、芽色红、无渣、质脆、香味浓郁时采收最好。采收过早，芽小，产量低；采收太晚，芽长叶大，香味淡，口感粗糙，品质差，总产值降低。采收宜在早晚进行，确保椿芽鲜嫩、水分充足、产量高。采收应用剪刀剪芽，不宜用手掰芽，以免损伤树体，破坏隐芽的再生能力。

顶芽整芽采收。侧芽留1~2片羽状复叶，用剪刀剪下。一般7~10天采收一次。

一般春节前即可进行第一次采芽，将顶芽和大小适宜的萌芽全部采掉。第二次采收以侧芽为主，为保持树势，基部可留2~3片叶作辅养叶。露地香椿开始大量采芽时，保护地栽培应停止采芽，起苗，移植到露地，按每亩定植6 000株，继续培育苗木，以备下次冬季保护栽培。

四 病虫害防控

1. 白粉病

白粉病主要危害叶片，有时也侵染枝条。发病初期在香椿叶面、叶背及嫩枝表面形成白色粉状物，后期逐渐扩展形成黄白色斑块，白粉层上产生初为黄色、逐渐转为黄褐色至黑褐色大小不等的小粒点，即病菌闭囊壳。发病严重时布满厚层白粉状菌丝，叶片卷曲枯焦，嫩枝染病后扭曲变形，最后枯死。

防治措施：及时清除病枝、病叶，并将处理的病枝叶集中堆沤处理或烧毁，减少初次侵染来源；在栽培过程中培育壮苗，增强树体的生长势和抗病能力；合理施肥，底肥需增施磷、钾肥；合理密植，及时整枝打叶，改善通风透光条件，提高抗病能力；发病期可喷洒15%粉锈宁1 000倍液，或高脂膜与50%退菌特等量混用，视病情连续喷2~3次。

2. 叶锈病

感病后生长势下降，叶部出现锈斑，受害植株生长衰弱，提早落叶，影响次年香椿芽的产量。初期叶片正反两面出现橙黄色小点（病菌的夏孢子堆），散生或群生，以叶背为多，严重时可蔓延全叶，后期叶背面出现黑褐色小点（病菌的冬孢子堆），受害后使叶变黄、脱落。

防治措施：冬季清除病叶，携带林外集中烧毁，减少初次侵染来源。栽培过程中可通过以下生物方法减少病害发生：①及时排灌，降低湿度，创造不利于病害发生的条件；②合理施肥，避免过晚或过量施用氮肥，适当增施磷钾肥，促进香椿生长健壮，提高抗病能力；③合理密植，注意通风透光，改善林内小气候，减轻病害。发现香椿叶片上出现橙黄色的夏孢子堆时，初春用15%可湿性粉锈宁600倍液喷洒防治，喷药次数根据发病轻重而定。当夏孢子初期时，向枝上喷100倍等量式波尔多液，每隔10天喷1次，每次每亩用药100kg左右，连喷2~3次，有良好的效果。

3. 虫害

香椿害虫有椿皮蜡蝉、云斑天牛、蝼蛄、地老虎等。

防治措施：椿皮蜡蝉属蛀食性害虫，可采用45%马拉硫磷1 000倍液喷雾进行防治，也可采用人工摘除烧毁；云斑天牛属蛀杆型害虫，可用80%敌敌畏乳油200倍液注入排粪孔，再用黄泥堵孔进行防治杀害，也可以选择人工捕杀；蝼蛄和地老虎属地下害虫，可以采用诱饵进行捕杀。在冬季，也可通过用石硫合剂涂刷树干以消灭虫卵。

五 栽培中常见问题及防治对策

1. 枯梢

香椿大棚栽培中容易出现枯梢。枯梢的主要原因是水肥管理不当。例如，栽植沙砾地块的植株，由于肥力差和水分不足会导致植株矮小、细弱，入冬前形成的顶芽不充实饱满，容易产生枯梢；秋季未及时控制水肥，植株贪青徒长，枝条和芽苞积累养分不够也易形成枯梢。另外，棚内温度长期处于5℃以下或33℃以上也易枯梢。

防治措施：栽植时选保水保肥能力强的地块栽培；秋季管理过程中及时控制肥水；管理过程中为植株生长提供适宜的温度，减少极端的高低温危害。

2. 萌发推迟，不整齐

香椿栽培中也容易出现萌发不整齐且萌发推迟。其原因是大棚内温度管理不当。

防治措施：在香椿芽采收期，保持大棚内白天温度保持在18℃~25℃，夜晚温度12℃~14℃。

课后作业

一、填空题

1. 香椿，又名椿、椿芽、春甜树、春阳树、香椿头等，是________科________属落叶乔木，是我国特有的集材、菜、药为一体的高档木本蔬菜，起源于________。

2. 香椿依芽苞和幼叶颜色可分为________和________。

3. 香椿栽培时，一般选择________，适宜________栽培的优良品种。

4. 浸种催芽时选饱满、颜色新鲜的________新种子或上一年采收且没有经历过________的种子，先用手搓去________。

5. 定植时先从畦的一端开始，按 10cm×10cm 株行距直立定植，________栽在棚中间、________栽在棚两边，使植株呈________状。

6. 顶芽________采收。侧芽留________片羽状复叶，用剪刀剪下。一般________天采收一次。

二、单项选择题

1. 为提高椿芽的整齐度，多采用喷施（　　）的方法，打破香椿的休眠期。

A. 乙烯　　　　B. 赤霉素　　　　C. 乙烯利

2. 采收一般在芽长（　　）时进行。

A. 15~20cm　　　　B. 10~15cm　　　　C. 10~12cm

【任务考核】

学习任务：		班级：	学习小组：				
学生姓名：		教师姓名：	时间：				
四阶段	评价内容		分值	自评	教师评小组	教师评个人	小组评个人
任务咨询 5	工作任务认知程度		5				
计划决策 20	收集、整理、分析信息资料		5				
	制订、讨论、修改生产方案		5				
	确定解决问题的方法和步骤		3				
	生产资料组织准备		5				
	产品质量意识		2				
组织实施 50	培养壮苗		5				
	整地作畦、施足底肥		5				
	香椿定植、地膜覆盖		5				
	香椿肥水管理		5				
	香椿环境控制		5				
	香椿病虫害防治		5				
	香椿采收及采后处理		5				
	工作态度端正、注意力集中、有工作热情		5				
	小组讨论解决生产问题		5				
	团队分工协作、操作安全、规范、文明		5				
检查评价 25	产品质量考核		15				
	总结汇报质量		10				

任务二 芦笋设施栽培

【知识目标】

（1）掌握芦笋的品种类型、栽培类型与茬口安排模式等。

（2）掌握栽培芦笋管理知识、病虫害防治对策。

【技能目标】

（1）能进行芦笋育苗技术管理。

（2）掌握芦笋的栽培及田间管理技术。

【情感目标】

（1）养成耐心、细致的习惯。

（2）具有实事求是的科学态度和团队协作精神。

（3）能积极地参与项目技能训练活动。

（4）能够主动发现芦笋栽培管理中的问题并积极解决问题。

芦笋（Asparagus officinalis L.），又名石刁柏，为百合科天门冬属多年生宿根草本植物，雌雄异株，以嫩茎供食，含有丰富的蛋白质、维生素、矿物质和人体所需的微量元素等，另外芦笋中含有特有的天门冬酰胺，及多种甾体皂甙物质，对心血管病、水肿、膀胱炎、白血病均有疗效，也有抗癌的效果，因此芦笋有很高的营养保健价值，被誉为“蔬菜之王”。

芦笋外形与禾本科植物芦苇的嫩芽相似，但截然不同。因其供食用的嫩茎，形似芦苇的嫩芽和竹笋，因此我国很多人习惯将石刁柏称为芦笋。芦笋枝叶呈须状，又有人称其为“龙须菜”“猪尾巴”“蚂蚁杆”“狼尾巴根”。我国东北、华北等地均有野生芦笋，东北人称之为“药鸡豆子”；甘肃人称之为“假天麻”“猪尾巴”“假天门冬”等。芦笋起源于地中海沿岸和小亚细亚一带，已有2 000年以上的栽培历史，17 世纪传入美洲，18 世纪传入日本，20 世纪初传入中国。但因其种植效益高，近年来在国内发展迅速，现已成为很多地区新的农村经济增长点和农民增收的重要来源。

一 品种类型

1. 根据产品需要分类

（1）绿色品种：茎秆色泽较深，对光照反应敏感，不易散头，粗细较均匀，粗笋产出率较低。

（2）白色品种：茎秆色泽浅淡，嫩茎粗度大，均匀度低，露天生长易散头。

(3) 兼用品种：兼用品种是绿白均可使用，种性不突出。

2. 根据种性分类

一代品种（F1）：生长势强，抗逆、抗病和丰产，其价值昂贵，种子生产量少。

二代品种（F2）：由遗传性状相对稳定的一代品种所生产出的种子，其种性相对下降，丰产性、抗逆性和粗笋产出率低，其种源广泛，价值较低。

优良的石刁柏品种应具有良好的栽培特性、丰产性和加工特性。主要包括：植株生长旺盛，抗病性强；幼茎抽生较早，数量多，肥大呈圆柱形，粗细均匀，适于机械剥皮；幼茎顶端鳞片包裹紧密，不易松散；质地细嫩，纤维少，味美，苦味小；采收后呈洁白色或深绿色等特点。

生育周期

石刁柏为雌雄异株宿根性多年生草本植物，可连续生长 10~20 年。这期间，根据其一生的生长过程可分为幼苗期、幼株期、成株期和衰老期。幼苗期从种子发芽到定植，一般为几个月至一年。幼株期从定植至开始采收，主要形成地下茎，需 2~3 年。成株期开始采收后，产量逐年增加，5~6 年后进入盛采期。在 10~12 年后，产量下降，进入衰老期。

1. 生长动态

种子发芽后，先有胚根向下生长，并形成细小的次级侧根；同时向上抽生第一条地上茎，根茎处有极短缩的地下茎。该地下茎水平生长的同时，向上抽生地上茎，向下发生肉质根。肉质根上长出纤细的吸收根。随着年龄的增加，地下茎不断发生分枝。

2. 一年内的生育过程

成株期，在北方一年内要经过鳞茎萌动生长、嫩茎采收、采收后的地上部生长、开花结籽、养分累积和休眠越冬几个阶段。采收期 2.5~3 个月。

芦笋的设施栽培技术

(一) 品种选择

品种宜选格兰德、太平洋早生、特利龙、丰岛 1 号、H2 等抗性好、产量高、商品性佳的杂交一代品种。

(二) 播种育苗

1. 浸种催芽

先用 55℃热水烫种 15~20min，再在 25℃水中浸种 48~72h，浸种期间每天早晚换水 1 次，换水时适当搓洗一下种子，浸种结束将种子平摊于平盘等容器中，覆湿毛巾保湿，置于 25℃~28℃恒温箱中催芽 3 天左右，每天用清水淘洗 1~2 次，有 1/3 种子露白即可播种。

2. 育苗

春季定植的，播种时间安排在 2 月份，4 月份可以移栽；秋季定植的，播种时间安排在 8 月份，9 月底可以移栽。春季育苗盖地膜或搭小拱棚保温保湿，秋季育苗盖遮阳网降温。采用直径 8~10cm 的营养钵育苗，在每个装好营养基质的营养钵内放 1~2 粒经过催芽处理的种子，然后浇透水保温保湿。出芽后加强肥水管理，60 天后每棵地上部分可长成 10 多株石刁柏嫩茎，根系发达，地下鳞芽发育良好。

壮苗标准是须根多，肉质根有 4 条以上，鳞芽发育良好，地上有植株 12 株以上，无病虫害。

（三）苗期管理

播后适当浇水，保持苗土湿润。30%幼苗出土后及时揭去地膜或遮阳网等覆盖物，保持苗床温度白天 20℃~25℃，最高温度不超过 30℃，夜间温度在 15℃~18℃，最低温度不低于 13℃。当幼苗高 15~20cm 时，可揭去小棚膜或采取通风不揭膜的办法炼苗，使幼苗适应外界环境。采用苗床育苗的，播后 1 个月左右，每亩用三元复合肥 1.5~2kg 对水浇施，以后每隔 20 天追肥 1 次；秋播苗于 12 月清园时在畦侧沟施三元复合肥颗粒并盖土浇水，冬季地上部枯萎后及时割去以清园过冬。

（四）整地定植

定植应选土质疏松、土层深厚、地下水位较低、排灌方便、肥力较好、pH 为 6.5~7.8 的壤土或沙壤土地块。定植前 10~15 天整地，每亩施腐熟有机肥2 000~3 000kg、三元复合肥 30~40kg、钙镁磷肥 50kg。春季苗龄 45~60 天，在 5 月中旬至 6 月底定植，秋季育苗可在次年 3 月下旬至 4 月上旬定植。单行种植，畦宽 150cm（连沟），按行距 150cm、株距 30cm 开好定植穴，每亩栽1 300~1 500株。定植时幼苗地下茎上着生鳞芽的一端与定植沟方向一致，以便于日后田间操作。定植后 3h 内浇足定根水，最好是一边定植一边浇水。

（五）田间管理

1. 定植后第一年管理

定植后第一年不采收，主要培育地下鳞茎与根系生长，做好浇水、排涝、中耕、除草、施肥等田间管理。定植初期为缓苗期，芦笋生长缓慢，田间杂草易生长，应及时锄草松土，一般定植后半年内进行 3~4 次中耕除草，同时结合培土，应避免伤及嫩茎和根系；芦笋不耐涝渍，浇水遵循“少量多次”原则。前期隔 3~4 天、中期隔 10~15 天、后期隔 1 个月浇 1 次水。可采用内镶式滴灌管或打孔式滴管带滴灌，每畦铺设 1~2 条。定植后 25 天开始追肥，前期隔 10~15 天、后期隔 20~30 天追施 1 次，每次每亩施三元复合肥 10kg，距植株两边 20~30cm 开沟施入。

2. 定植后第二年的管理

（1）覆膜前管理。在定植后第二年或第三年的冬季进行多重覆盖栽培。覆盖前全面清除芦笋地上部分枯萎枝、茎叶和杂草，中耕松土，每亩沟施有机肥1 500kg、磷肥 30kg（沟深 15cm 以上），及时覆土耙平，并结合墒情浇足水分。当外界平均温度降至 5℃，长江流域一般在 12 月中下旬时，需封闭大棚裙膜；用毛竹片等在大棚内搭建中棚，覆盖 0.06~0.07mm 的中棚膜。1 周后待地温升高后在畦面覆盖 1 层厚 0.015~0.02mm 的透明塑料地膜。

（2）覆盖后棚内管理。覆盖地膜保温 15 天后即开始萌芽，在此期间，白天不通风，夜间加强防寒保温，可在中棚外加盖稻草帘或无纺布，保持棚内夜温不低于 12℃。嫩芽出土后约 10 天，即可达到采收标准。此时白天应注意通风换气，使棚内温度不高于 25℃，同时揭掉中棚外覆盖物，增加透光性，以提高绿芦笋品质和商品性；夜间务必注意防寒，确保棚内温度不低于5℃。每天早上需检查出笋情况，及时用竹签或镊子挑破地膜，防止笋头弯曲，并及时采收。

（3）撤膜及母茎留养。一般在外界最低温度不低于12℃，大棚内平均气温稳定在18℃以上时，即可以撤除地膜。春芦笋采收期60~70天，长江流域一般在3月下旬终收留养春母茎，每墩选留直径1~1.2cm且分布均匀的实心茎3~5根，并打桩拉防倒网，当母茎长至1.2m左右时打顶，并及时追施1次采笋肥。外界平均气温稳定在22℃以上时，可撤掉中棚，大棚顶膜要求周年覆盖。通常40~45天后即可采收夏笋，直至8月中旬，拔秆清园，留养秋发母茎。

3. 采收期间的管理

（1）施肥：春季采笋采收结束前2周左右追施速效性肥料，如尿素80~120kg/hm^2。嫩茎采收结束后结合放垄，施入有机肥50~75kg/hm^2，并配合施入三元复合肥500~750kg/hm^2。秋季旺盛生长期应追施速效性氮肥和钾肥。

（2）浇水：春季培垄前不浇水，以免降低地温，造成嫩笋弯曲或空心，培垄后及时浇水。采笋期间保持土壤水分充足，则嫩茎抽生快而粗壮、组织柔嫩、品质好。地上部枝叶生长期间，也要保证水分充足供应，促使同化功能旺盛，为下一年嫩茎丰产奠定基础。土壤上冻前浇足冻水，防止冬旱。浇水和雨后及时中耕松土。

（3）培土：白芦笋栽培中应培土，以使嫩茎避光，获得鲜嫩、洁白、柔软、美观的嫩茎。在幼茎抽生前，地表下10cm处的温度在10℃以上时进行培土。培土过早，出笋推迟；培土过晚，则有部分芦笋嫩茎已出土面，见光后变绿，影响白笋质量。培土要选晴天，土壤干湿适度时进行，绝对不要在土壤湿度过大时进行，否则会使土壤严重板结。培成的垄土粒要细碎，分2~4次培成。采收绿芦笋的培土厚度为10~15cm；采收白芦笋的培土厚度为25~30cm。

4. 植株调整

为避免芦笋株丛过旺，防止倒伏，需采取以下措施进行植株调整。

（1）整枝。整枝是一种减少枝叶的措施，芦笋枝繁叶茂，既易使中部叶片发黄，也不利于喷药防病，因此，应及早剪除部分侧枝。

（2）母茎打顶。当新茎长到80cm高时摘去顶梢，这样可防止地上茎过高倒伏。打顶最好在晴天露水干后进行。

（3）埋桩拉绳防倒伏。芦笋茎秆又高又细，茎枝繁茂，容易倒伏，既妨碍光合作用，又易引发病害。为了防止倒伏，除了适时培土外，在行间每隔5m埋一木桩，桩与桩之间拉绳索或铁丝，拉绳高度为植株高的2/3，然后将芦笋茎秆分别捆在绳索或铁丝上。

（4）摘除雌花和幼果。芦笋雌株会大量开花和结果，消耗大量养分，要及时摘除雌花和幼果，可减少养分消耗，增加产量。

（5）株丛删除。如果芦笋采收后生长期较长，田间株丛过于繁茂，既影响通风透光，又容易倒伏和发生病害。早期要删割部分地上茎，控制株丛过旺生长。一般生育期越长，删割次数越多，早期留母茎也要少一些，至下霜前2个月，每穴形成15株左右的地上茎。

（六）采收

绿芦笋在定植后第二年即可开始采收少量嫩茎。当嫩茎高21~24cm时齐地表割下。无论白笋还是绿笋，劣质嫩茎必须及早割下，以免消耗地下茎贮藏养分降低产量。一般每天8：00~9：00采收，待幼茎伸出地面25~30cm高时，根据商品质量要求，用手握住基部，轻轻扭转、拔起，然后集中整理、分级出售。

当出笋数量减少并且变细弱时，必须停止采收。采收持续期过长，则绿色茎枝的生长日期被缩短，同化产物累积减少，造成下一年产量降低，而且植株抗性弱，易衰老和发生病害。一般定植后第四年至第十二年为盛采期，第十三年后植株趋于衰老，产量逐渐降低。若管理良好，可延长到15~20年。

四 病虫害防控

（一）病害

1. 茎枯病、褐斑病、菌核病

发病初期用70%甲基托布津800~1 000倍液，1：1：240波尔多液；50%代森铵的1 000倍液，每7~10天一次，连喷2~3次。

2. 根腐病、立枯病

幼苗定植时用苯菌灵或苯菌丹按有效成分的400~500倍液，浸根15min防治。

（二）虫害

主要有蛴螬、蝼蛄、种蝇、金针虫等地下害虫危害。可在田间撒25%敌百虫粉加5倍细土做成的毒土；或用90%敌百虫的30倍液拌在麦款或豆饼上，撒在田间做毒饵等方法防治。

五 栽培中的常见问题及防治对策

1. 变色

白芦笋作为罐头加工原料，要求笋条洁白，若为绿色或笋尖为绿红色，则为变色。变色主要是嫩茎见光所致。采收后未及时遮光保存；土壤过黏造成龟裂或过沙造成缝隙透光；土壤温度高、干燥，培土后干裂；培土过松、土壤空隙太大等均可导致白芦笋变色。

防治措施：为防止芦笋变色，栽培中应注意选用沙壤土，精耕细作，培土松紧一致。地温过高时应适当浇水减少龟裂。用黑色塑料薄膜覆盖进行软化栽培效果也非常好。

2. 畸形

笋茎变形、弯曲、粗细不均和扁平均为畸形。温度过高或过低，有机肥未腐熟、一次施肥过多、土壤干旱或掺有大石块、培土松紧不一、嫩茎抽生时遭虫害和机械损伤等均可导致畸形。

防治措施：注意水肥管理；精细耕作，使土壤疏松、无石块；培土松紧一致；注意防治地下害虫。

3. 空心笋

嫩茎中间组织呈空心状的为空心笋。采笋期遇低温和施肥不当易产生空心笋。

防治措施：采笋前期气温低时用地膜覆盖提高地温；采笋期要注意合理施肥，在施氮肥的同时要增施磷、钾肥，以确保地上茎叶生长健壮，制造和积累较多的营养。

4. 开裂

采笋期，嫩茎纵向裂成褐色深口，并引起腐烂。原因是土壤干湿不均、温度突然升高、偏施氮肥。

防治措施：应注意增施磷、钾肥；浇水应均匀，忌忽干忽湿。

5. 异味

芦笋异味包括苦味过重和其他异味，影响食用价值。苦味一般是由高温、干旱或氮肥施用过多引起的，其他怪味是由农药污染和其他环境污染造成的。

防治措施：栽培管理上应加强水肥管理、合理施肥、培土前后或采笋期严禁施用农药、禁止使用垃圾肥料和工业废水。

6. 锈斑

芦笋锈斑主要由镰刀菌感染所致。施入未腐熟粪肥带入病菌，当土壤过湿或排水不良时病菌大量发生并侵染嫩茎，造成锈斑。

防治措施：有机肥充分腐熟，保持田间清洁，采笋期间防治土壤过湿或积水。

课后作业

一、填空题

1. 芦笋，又名________，为________科________属________生宿根草本植物，雌雄异株，以________供食。

2. 壮苗标准是须根多，肉质根有________条以上，鳞芽发育良好，地上有植株________株以上，无病虫害。

3. 春季采笋采收结束前________周左右追施速效性肥料，如________ 80~120kg/hm^2。

4. 春季培垄前不浇水，以免降低地温，造成嫩笋________或________。

5. 当新茎长到________厘米高时摘去顶梢，这样可防止地上茎过高倒伏。

6. 为了防止倒伏，除了适时培土外，在行间每隔________米埋一木桩，桩与桩之间拉绳索或铁丝，拉绳高度为植株高的________，然后将芦笋茎秆分别捆在绳索或铁丝上。

7. 芦笋雌株会大量开花和结果，消耗大量养分，要即时摘除________和________，可减少养分消耗，增加产量。

8. 绿芦笋在定植后第________年即可开始采收少量嫩茎。当嫩茎高________厘米时齐地表割下。

9. 一般定植后第________年至第________年为盛采期，第十三年后植株趋于衰老，产量逐渐降低。

二、选择题

1. 芦笋浸种催芽时，须在（　　）℃水中浸种 48~72h。

A. 24　　B. 20　　C. 22　　D. 25

2. 定植时幼苗地下茎上着生鳞芽的一端与定植沟方向应（　　），以便于日后田间操作。

A. 一致　　B. 不一致

3. 母茎长至（　　）左右时打顶，并及时追施 1 次采笋肥。

A. 1m　　B. 1. 1m　　C. 1. 2m　　D. 1. 3m

4. 白芦笋栽培中应（　　）。

A. 施肥　　B. 培土　　C. 浇水

5. 采收绿芦笋的培土厚度为（　　）。

A. 8～10cm　　B. 10～12cm　　C. 10～15cm　　D. 12～14cm

6. 采收白芦笋的培土厚度为（　　）。

A. 28～30cm　　B. 25～30cm　　C. 20～25cm　　D. 22～24cm

【任务考核】

学习任务：		班级：	学习小组：			
学生姓名：		教师姓名：	时间：			
四阶段	评价内容		分值	自评	教师评小组	教师评个人	小组评个人
任务咨询 5	工作任务认知程度		5				
计划决策 20	收集、整理、分析信息资料		5				
	制订、讨论、修改生产方案		5				
	确定解决问题的方法和步骤		3				
	生产资料组织准备		5				
	产品质量意识		2				
组织实施 50	培养壮苗		5				
	整地作畦、施足底肥		5				
	芦笋定植、地膜覆盖		5				
	芦笋肥水管理		5				
	芦笋环境控制		5				
	芦笋病虫害防治		5				
	芦笋采收及采后处理		5				
	工作态度端正、注意力集中、有工作热情		5				
	小组讨论解决生产问题		5				
	团队分工协作、操作安全、规范、文明		5				
检查评价 25	产品质量考核		15				
	总结汇报质量		10				

任务三 黄花菜设施栽培

【知识目标】

(1) 掌握黄花菜的品种类型、栽培类型与茬口安排模式等。

(2) 掌握栽培黄花菜管理知识、病虫害防治对策。

【技能目标】

(1) 能进行黄花菜育苗技术管理。

(2) 掌握黄花菜的栽培及田间管理技术。

【情感目标】

(1) 养成耐心、细致的习惯。

(2) 具有实事求是的科学态度和团队协作精神。

(3) 能积极地参与项目技能训练活动。

(4) 能够主动发现黄花菜栽培管理中的问题并积极解决问题。

黄花菜（Hemerocallis citrina baroni），别名金针菜、萱草等，中医称为忘忧草，属百合科萱草属，多年生植物宿根草本植物。黄花菜以花蕾供食，营养丰富、味鲜质嫩，可以鲜食，也可加工成干菜。其含有丰富的花粉、胡萝卜素、氨基酸、钙、磷及多种维生素等营养成分，对健脑、抗衰、降低血清胆固醇有一定疗效，是一种不可多得的美容保健蔬菜。目前，黄花菜的需求量越来越大，市场前景较好。通过大棚设施栽培黄花菜，花期可提前 1 个月左右，是一个种植成本低、投产快、效益高、致富快的种植项目。

一 品种类型

黄花菜按成熟期可分为早熟、中熟及晚熟 3 种类型。

早熟型 4 月下旬至 5 月中旬采收。品种有四月花、五月花、清早花、早茶山条子花等。

中熟型 5 月下旬至 6 月上旬开始采收。品种有矮箭中期花、高箭中期花、猛子花、白花、茄子花、杈子花、长把花、黑咀花、茶条子花、炮竹花、才朝花、红筋花、冲里花、棒槌花、金钱花、青叶子花、粗箭花、高垄花、长咀子花等。

晚熟型 6 月下旬开始采收，品种有倒箭花、细叶子花、中秋花、大叶子花等。

二 生育周期

黄花菜生育期分为 7 个阶段，分别是萌芽期、展叶期、抽薹期、开花期、叶枯期、来年展叶期、休眠期。一般 2 月至 3 月上中旬为萌芽期，3 月中旬至 5 月下旬为分展叶期，5 月下旬至 6 月中旬为抽薹期，6 月中旬至 7 月上旬为萌蕾开花期，7 月上旬至 8 月上旬为采后枯叶期，8 月上旬至秋季初霜前为秋季展叶期，霜后到翌年 1 月为休眠期。

幼苗期：指从幼苗出土到花薹显露这个周期，旬均温 5℃以上时幼苗开始出土，叶片生长最适温度为 15℃~20℃，在此期间黄花菜植株会长出 16~20 片叶。

抽薹期：指从花薹露出心叶到开始采摘花蕾这个周期。

结蕾期：指从开始采摘花蕾到全部采摘完毕这个周期，中熟品种约 60 天以上，早、晚熟品种 30~40 天，如果肥水充足、气候适宜，还可以延长此周期。

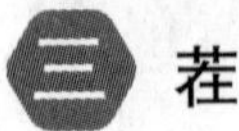

茬口安排

黄花菜一般在春季和秋季的时候进行种植，春栽通常在 4 月中下旬~5 月初完成播种，秋栽通常在 9 月下旬~10 月中旬完成播种。

四 黄花菜的设施栽培技术

（一）品种选择

选择植株长势强、品质好、产量高、分蘖快、抗逆性强的品种。

（二）种苗选择

选健壮、无病害株丛的分蘖作为种苗。在花蕾采收完毕到秋苗抽薹前挖取株丛的 1/4~1/3 分蘖作为种苗，连根从短缩茎切分，剪去衰老根和块状肉质根，将长条肉质根剪短即可栽植。

（三）整地施肥

设施栽培黄花菜应选择地势稍高，背风向阳、靠近水源、排水方便，地下害虫少，环境清洁的田块。黄花菜移栽前 2~3 周，深翻土壤 30~35cm，结合翻耕，每亩施入腐熟优质农家肥2 500~3 000kg，整平，作畦，畦宽 1.2~1.5m，沟宽 0.3m，沟深 0.3m。畦面上开 20~25cm 深沟，均匀施入 15-15-15 复合肥，每亩 35~40kg，施后盖土，等待栽种。

（四）合理密植

合理密植可以发挥群体优势，增加分蘖、抽薹和花蕾数，达到提高产量的目的。一般多采用宽窄行栽培，宽行 40~50cm，窄行 20~25cm，穴距 20cm，每穴栽 1 株，每公顷栽 7.5 万~9 万株。

（五）移栽

黄花菜宜适当深栽。黄花菜的新根是从基部短缩茎四周长出，1 年长 1 层，自下而上，发根部位逐年上移，适当深栽植株成活率高，生长旺盛，深度在 10~15cm 为宜。移栽后浇足定根水，苗长出前应经常保持土壤湿润，以利于新苗的生长。

（六）田间管理

1. 栽培管理时间流程

3 月至 4 月下旬种植；4 月至 11 月中耕管理；11 月下旬至 12 月上旬搭棚；12 月上旬至翌年 3 月为大棚中耕管理期；4 月~6 月为采花期；7 月至 11 月为后期管理。

2. 中耕管理

黄花菜为肉质根系，需要肥沃疏松的土壤环境条件，必须加强中耕管理，每年要进行 4 次。第一次在春季发芽以后进行，结合追肥时疏松土壤、翻埋肥料，以促进幼苗的生长；第二次在花薹开始抽出时结合追肥进行；第三次在黄花菜采完以后进行，这次疏松主要是铲除杂草，疏松土壤，接纳雨水；第四次则在割叶后进行，主要是培土，以保证根系能安全越冬。

3. 施肥

黄花菜的施肥原则是施足底肥、早施苗肥、重施薹肥、补施蕾肥。苗肥宜早不宜迟，在开始萌芽时追施，每公顷施清粪水 45~60t 加 15∶15∶15 的氮磷钾复合肥 1.5t。在花薹开始抽出时追施，每公顷施尿素 1.2t、硫酸钾 600kg。在开始采摘后 7~10 天，每公顷施尿素 600kg，每隔 7 天左右，叶面喷施 0.2%的磷酸二氢钾，对壮蕾和防止脱蕾有明显效果。

4. 适时灌水

黄花菜在整个生长期需充足水分，特别在抽薹期和蕾期对水分敏感，此期缺水会造成严重减产。应根据土壤情况适时灌水，抽薹期和蕾期应 7~10 天灌水 1 次，避免因干旱而造成减产。同时黄花菜苗不耐涝，若遇暴雨或田间有积水，应及时排涝。

5. 大棚温湿度管理

12 月至次年 6 月为大棚管理期，在此期间需严格控制大棚内温湿度，最高温度不超过 40℃，最低温度不低于 20℃，最适生长温度为 30℃~35℃，湿度不能低于 80%RH。

（七）采收

黄花菜采收以花蕾饱满未开放、中部色泽金黄、两端呈绿色、顶端尖嘴处似开非开为标准，如图 2-50 所示。采收适宜期为花蕾刚裂嘴前 2h，最佳采摘时间为上午 7：00~11：00。各地可根据收购商提供的质量标准进行采收。采回的花蕾要及时打包冷藏，以防裂嘴开花，如图 2-51 所示。

图 2-50　黄花菜花蕾

图 2-51　黄花菜包装

（八）后期管理

后期管理也是黄花菜田间管理的重要时期，目的是使秋苗早生旺发，为来年丰产打下良好的基础。

大棚黄花菜一般在 5 月下旬采收结束，此时外界的温度较高、光照强、水分充足，有利于黄花菜地下部分积蓄养分。此时把踩实的行间深挖 20cm 左右，松土、保墒。注意黄花菜边缘宜浅挖，避免伤及根系，空地可适当深锄。结合深翻土地增施 1 次底肥，每公顷施腐熟农家肥 90~120t 或施复合肥 2.25t，施肥后盖 3~5cm 厚细土。9 月起地面将老叶杆割掉，集中烧毁，以减少来年病虫害发生。

五 病虫害防控

(一) 病害

1. 锈病

锈病主要危害叶片及花茎，初侵染产生疱状斑点，后突破表皮，破裂散出黄褐色粉末即病菌的夏孢子，有时很多疱斑合并成一片，表皮翻卷，叶面上铺满黄褐色粉状夏孢子，疱斑周围往往失绿而呈淡黄色，整个叶片变黄，严重时全株叶片枯死，花茎变红褐色，花蕾干瘪或脱落。

防治措施：合理施肥，雨后及时排水，防止田间积水或地表湿度过大。采收后拔薹割叶集中烧毁，并及时翻土，早春松土、除草。在发病初期，用 50%多菌灵可湿性粉剂 600~800 倍液、75%百菌清可湿性粉剂 600 倍液、50%代森锌 500~600 倍液或 40%稻瘟净 600~700 倍液，每隔 7~10 天喷一次，连喷 2~3 次。

2. 叶枯病

叶枯病主要危害叶片，初侵染从叶尖开始呈现苍白圆形小斑点，以后顺叶边缘逐渐向下扩展变黄褐色而干枯，湿度大时病部产生黑色霉状物。病菌菌丝体随病残体在土壤中越冬，第二年产生的孢子借风雨传播侵染。温暖多雨条件有利病害发生，植株长势弱，栽种过密，地势低洼，排水不良等发病较重。

防治措施：常用等量式 0.5%~0.6%的波尔多液或 75%百菌清可湿性粉剂 800 倍液进行叶面喷施防治，出现病害后 7~10 天喷 1 次，共喷 2~3 次。

3. 叶斑病

叶斑病主要危害叶片和花薹。叶片初生浅黄色小斑点，扩大后呈椭圆形暗绿色病斑，最后发展成梭形或纺锤形大斑，边缘深褐色，中央由黄褐色变成灰白色，病斑四周有黄色晕圈，湿度大时，病斑背面有粉红色霉层。干燥时易破裂，病重时全叶发黄枯死。花薹感病，症状与叶部相似，有时多个病斑愈合成长达 10cm 左右的凹陷病区，病斑上常有较厚的淡红色霉状物，轻者影响花薹生长及花蕾形成，重者花薹折断而枯死。

防治措施：选用抗病品种，合理施肥，增强植株抗病性，采摘后及时清除病残体，集中烧毁或深埋。在发病初期，及时用 50%速克灵可湿性粉剂1 500倍液、40%多硫悬浮剂或 36%甲基硫菌灵悬浮剂 500 倍液、50%多菌灵可湿性粉剂 800~1 000倍液，每隔 7~10 天喷 1 次，连喷 2~3 次。

4. 炭疽病

炭疽病主要危害叶片，从叶尖开始变成暗绿色，后变暗黄色，并向叶基扩展，病斑边缘褐色，密生小黑点，严重时叶片枯死。病菌在病残体上越冬，借雨水传播，5~6 月为害严重。

防治措施：在发病初期，及时喷洒 1∶1∶100 波尔多液、50%甲基托布津或 50%多菌灵可湿性粉剂 800~1 000倍液、75%百菌清可湿性粉剂 600~800 倍液。

5. 白绢病

白绢病主要在叶鞘基部近地面处，整株或外部叶片基部，开始发生水渍状褐色病斑，后扩大，稍有凹陷，患部呈褐色湿腐状。在病部产生白色绢丝状物，蔓延至整个基部，甚至附近的土壤中也有白色绢丝状霉层。潮湿时产生紫黄色菌核，后变茶褐色至黑褐色，油菜籽大小。受害叶片因水分和养分输送受阻而变黄枯死。菌丝从外部叶片扩展到内部叶片，最后使整株枯死。

防治措施：采收后清园，减少越冬菌源。在发病初期，用50%多菌灵500~800倍液或70%托布津800~1 000倍液，每隔7~10天喷一次，连喷2~3次。

6. 褐斑病

褐斑病危害叶片，病部初生水渍状小点，后变成浅黄色至黄褐色纺锤形或长梭形病斑，边缘有一条非常明显的赤褐色晕纹，在外层与健部交界处有一圈水渍状暗绿色的环。病斑比叶斑病略小，一般为（0.1~0.2）cm×（0.5~1.5）cm，有时病斑愈合成不规则状，后期病斑中央密生小黑点。

防治措施：在发病初期，用50%多菌灵可湿性粉剂800~1 000倍液、75%百菌清可湿性粉剂600~800倍液、50%托布津可湿性粉剂500~800倍液喷洒。

（二）虫害

1. 红蜘蛛

红蜘蛛危害叶片，成虫和若虫群集叶背面，刺吸植株汁液。被害处出现灰白色小点，严重时整个叶片呈灰白色，最终枯死。

防治措施：用15%扫螨净可湿性粉剂1 500倍液，或73%克螨特2 000倍液喷雾。

2. 蚜虫

蚜虫主要发生在5月份，先危害叶片，渐至花、花蕾上刺吸汁液，被害后花蕾瘦小，容易脱落。

防治措施：用马拉硫黄乳剂1 000~1 500倍液或乐果溶液喷洒。新鲜小辣椒研磨兑水直接喷杀。在黄花菜鲜食地区，因为新鲜黄花菜每天采摘直接售卖，发现花蕾有蚜虫严禁使用农药喷杀，必须使用生物防治办法。

栽培中的常见问题及防治对策

黄花菜栽培中常见问题是落蕾。落蕾的原因是花期高温干旱、前期偏施氮肥、后期养分不够、缺硼、光照不足、暴风雨、采收不及时以及病虫害等。在花期适当多浇水、增施有机肥和硼肥、注重氮磷钾肥的搭配和施用、合理密植、预防和防治病虫害、及时采收等措施均可有效减少落蕾发生。

课后作业

一、填空题

1. 黄花菜别名________、萱草等，中医称为忘忧草，属________科________属，________生植物宿根草本植物。黄花菜以________供食。

2. 黄花菜为________，需要肥沃疏松的土壤环境条件。

3. 在花蕾采收完毕到秋苗抽薹前挖取株丛的________分蘖作为种苗，连根从________切分，剪去________根和________肉质根，将长条肉质根剪短即可栽植。

4. 黄花菜施肥原则是施足________、早施________、重施________、补施________。

5. 黄花菜在整个生长期需充足水分，特别________和________对水分敏感，此期缺水会造成严重减产。

二、选择题

1. 黄花菜采收适宜期为花蕾刚裂嘴前（ ）。

A. 2h　　B. 1h　　C. 3h　　D. 4h

2. 黄花菜最佳采摘时间为上午（ ）。

A. 5：00~6：00　　B. 7：00~11：00

C. 7：00~8：00　　D. 7：00~9：00

三、判断题

1. 9月齐地面将老叶杆割掉，集中烧毁，以减少来年病虫害发生。（ ）

2. 12月~次年6月为大棚管理期，在此期间需严格控制大棚内温湿度，最高温度不超过35℃，最低温度不低于20℃。（ ）

3. 黄花菜采收以花蕾饱满未开放、中部色泽金黄、两端呈绿色、顶端尖嘴处似开非开为标准。（ ）

【任务考核】

学习任务：		班级：	学习小组：				
学生姓名：		教师姓名：	时间：				
四阶段	评价内容		分值	自评	教师评小组	教师评个人	小组评个人
任务咨询 5	工作任务认知程度		5				
计划决策 20	收集、整理、分析信息资料		5				
	制订、讨论、修改生产方案		5				
	确定解决问题的方法和步骤		3				
	生产资料组织准备		5				
	产品质量意识		2				
组织实施 50	培养壮苗		5				
	整地作畦、施足底肥		5				
	黄花菜定植、地膜覆盖		5				
	黄花菜肥水管理		5				
	黄花菜环境控制		5				
	黄花菜病虫害防治		5				
	黄花菜采收及采后处理		5				
	工作态度端正、注意力集中、有工作热情		5				
	小组讨论解决生产问题		5				
	团队分工协作、操作安全、规范、文明		5				
检查评价 25	产品质量考核		15				
	总结汇报质量		10				

拓展知识

多年生蔬菜包括金针菜、石刁柏、草石蚕、百合、竹笋、香椿、韭菜等。

1. 金针菜

金针菜又名黄花菜，多年生草本，根簇生，肉质，根端膨大成纺锤形。叶基生，狭长带状，下端重叠，向上渐平展，全缘，中脉于叶下面凸出。花茎自叶腋抽出，花茎 0.7~1m，茎顶分枝开花，有花数朵，大，橙黄色，漏斗形，花被 6 裂。蒴果，革质，钝三棱状椭圆形。种子黑色光亮。

2. 石刁柏

石刁柏又名芦笋，为天门冬科天门冬属（芦笋属）多年生草本植物。石刁柏为须根系，由肉质贮藏根和须状吸收根组成。肉质贮藏根由地下根状茎节发生，肉质贮藏根上发生须状吸收根。石刁柏的茎分为地下根状茎、鳞芽和地上茎三部分。地下根状茎是短缩的变态茎，肉质贮藏根着生在根状茎上。根状茎有许多节，节上的芽被鳞片包着，故称鳞芽。根状茎的先端鳞芽多聚生，形成鳞芽群。地上茎是肉质茎，其嫩茎就是产品。石刁柏的叶分真叶和拟叶两种。真叶是一种退化了的叶片，着生在地上茎的节上，呈三角形薄膜状的鳞片。拟叶是一种变态枝，簇生，针状。石刁柏雌雄异株，虫媒花，花小，钟形，萼片及花瓣各 6 枚。雄花淡黄色，花药黄色，有 6 个雄蕊，仅有柱头退化的子房。雌花绿白色，花内有绿色蜜球状腺。果实为浆果，球形，幼果绿色，成熟果赤色，种子黑色。

3. 草石蚕

草石蚕又名宝塔菜，多年生草本。高 13~23cm，根状匍匐茎，其上密集须根及在顶端有患球状肥大块茎的横走小根状茎；在棱及节上有硬毛。叶对生；叶片卵形或长椭圆状卵形，先端微锐尖或渐尖，边缘有规则的圆齿状锯齿，轮伞花序通常 6 花，顶生假穗状花序；小苞片条形，具微柔毛；花萼狭钟状，花冠粉红色至紫红色，中裂片近圆形。果实为小坚果，卵球形，黑褐色。

4. 百合

百合是百合科百合属多年生草本球根植物，茎为球形鳞茎，淡白色，先端常开放如莲座状，由多数肉质肥厚、卵匙形的鳞片聚合而成，含丰富淀粉。百合根分为肉质根和纤维状根两类。叶互生，无柄，披针形至椭圆状披针形，全缘，叶脉弧形，花大，多为白色、漏斗形，单生于茎顶。蒴果长卵圆形，具钝棱。种子多数，卵形，扁平。

5. 竹笋

竹笋禾本科多年生木质化植物。具地上茎（竹竿）和地下茎（竹鞭）。竹竿常为圆筒形，极少为四角形，由节间和节连接而成，节间常中空，少数实心，节由箨环和杆环构成。从竹子的根状茎上发出的幼嫩的发育芽即为竹笋。叶有两种，一种为茎生叶，俗称箨叶；另一种为营养叶，披针形，大小随品种而异。竹花由鳞被、雄蕊和雌蕊组成。果实多为颖果。

6. 香椿

香椿是多年生的落叶乔木，树皮粗糙，深褐色，片状脱落。叶互生，为偶数羽状复叶，小叶长椭圆形，叶端锐尖，幼叶紫红色，成年叶绿色，叶背红棕色，轻披蜡质。复聚伞花序，下垂，两性花，白色，有香味，花小，钟状，子房圆锥形，5 室，果实为朔果，狭椭圆形或近卵形，成熟后呈红褐色，果皮革质，开裂成钟形。种子椭圆形，上有木质长翅，种粒小。

7. 韭菜

多年生草本植物。为弦线状须根，着生于茎盘基疔根茎上，没有主侧根之分。韭菜茎分为根茎、鳞茎和花茎；叶分为叶片和叶鞘两部分。叶片为条形，呈扁平状，深绿色或浅绿色。叶鞘互相合成为茎状，称为“假茎”，韭菜花为伞形花序，花序上着生小花，属两性花，花冠白色。果实多为蒴果，种子半圆形，表皮黑色而有细密的皱纹。

技能训练： 多年生蔬菜形态观察

一 实训目的

通过实训了解和识别多年生蔬菜金针菜、石刁柏、草石蚕、百合、香椿、韭菜的外部形态特征，以及其根、茎、叶、花、果实、种子、假茎、鳞茎、鳞芽等器官或特化组织。

二 材料与用具

金针菜、草石蚕、石刁柏、百合、香椿、韭菜的完整植株各 10 株。

解剖针、刀片、镊子及手持放大镜。

三 实验内容与方法

（1）每组取以上 6 种植株各一株，观察其形态特征。

（2）用放大镜观察石刁柏鳞芽及肉质根横切面的结构。

四 作业

1. 绘制金针菜、石刁柏、百合植株的外形图，并指出各部分的名称。
2. 绘制石刁柏鳞芽的外形和横切面图。
3. 常见多年生蔬菜的种类、植物学特征及主要食用器官填入下表。

蔬菜名称	植物学特征	主要食用器官

项目三

观赏蔬菜设施栽培

从广义上讲，观赏蔬菜是指所有可用作观赏目的的蔬菜；从狭义上讲，观赏蔬菜是色彩艳丽、风味独特，既可食用又可观赏的蔬菜，适合庭院和阳台绿化，家庭种养的一年生或多年生的草本或木本植物、食用菌等。它是继袖珍蔬菜、盆栽蔬菜之后的一种新型蔬菜，是21世纪蔬菜生产的一个新亮点，是休闲农业、生态旅游农业的重要组成部分。

根据观赏器官的不同，分为观果、观叶、观花、观茎、观根等类型。

观赏蔬菜设施栽培品种的选择应以植株相对较小、颜色艳丽、形态优雅或者形状奇特、观赏性强、观赏期长的品种为佳。观果类的品种有：苦瓜、蛇瓜、黄瓜、彩椒、朝天椒、小米粒椒、观赏南瓜、微型茄子、樱桃番茄和秋葵等；观叶类的品种有：羽衣甘蓝、薄荷、红叶生菜、紫叶生菜、细菊生菜、红甜菜头、番杏、木耳菜、紫甘蓝、紫背天葵和乌塌菜等；观花类的品种有：韭菜花、莲藕、黄花菜、百合和西兰花等。

任务一 羽衣甘蓝设施栽培

【知识目标】

（1）能识别不同品种的羽衣甘蓝。

（2）能描述不同品种羽衣甘蓝的观赏特性及应用价值。

（3）掌握不同品种羽衣甘蓝的设施栽培管理技术。

【技能目标】

能进行羽衣甘蓝设施栽培与管理。

【情感目标】

（1）养成耐心、细致的习惯。

（2）具有实事求是的科学态度和团队协作精神。

（3）能积极地参与项目技能训练活动。

（4）能够主动发现羽衣甘蓝栽培管理中的问题并积极解决问题。

羽衣甘蓝（Brassica oleracea L. var. acephala dc.），别名叶牡丹、花苞菜、无头甘蓝、海甘蓝等，十字花科芸薹属甘蓝种中的一个变种，是以采收嫩叶为产品的二年生草本蔬菜。原产地中海沿岸，在欧美一些国家地区栽培历史悠久。近年来，我国从美国、荷兰、德国等国家引进，在北京市、上海市等城市郊区作为特菜种植。羽衣甘蓝口感柔嫩、味道清香、营养丰富，其嫩叶中含有丰富的维生素，其中维生素C的含量非常高，是目前已知叶菜中含量最高的，每100g嫩叶中含有153.6~200mg维生素C；微量元素硒的含量为甘蓝类蔬菜之首，具有“抗癌蔬菜”的美称。可炒食、凉拌，烹调后能保持鲜美的绿色，配上别种颜色的蔬菜，可拼成各种图案的沙拉。羽衣甘蓝在欧美国家是重要的蔬菜之一，在我国还是一种正在推广普及的新型食疗蔬菜。由于羽衣甘蓝喜冷，耐寒性能好，且观赏期长，已成为冬季和初春花坛绿地的首选观赏植物。

一 品种类型

（一）按植株高度分

按高度可将羽衣甘蓝株型分为高生种、中生种和矮生种。高生种株高可达 3m，整枝后，“花”头明显，如法国的千头甘蓝和树甘蓝；中生种有沃特斯；矮生种株高 30cm 左右，茎短缩，大而略肥厚的叶片重叠着生在茎基部，形成莲座状叶丛。

（二）按叶片是否平滑分

按叶片是否平滑可分为皱叶和平滑两种类型。皱叶型叶皱成羽状分裂，裂片互相覆盖而卷曲，外观像一根羽毛。两种均采收嫩叶食用，而皱叶型更受消费者欢迎。

（三）按叶片颜色分

羽衣甘蓝的叶片颜色可分为红色、紫色、黄色、绿色和白色。

二 形态特征

羽衣甘蓝植株高大，开花时可高达 150cm。根系发达，主根粗大，根系主要分布在深 30cm 的耕作层内。叶片短圆形，羽状分裂，裂片互相覆盖形似皱褶。叶片颜色呈蓝绿色，肥厚，叶柄长，约占全叶的 1/3，果实为角果，种子圆形，褐色，千粒重 4g 左右。整个生育期可分为发芽期、幼苗期、观赏期和抽薹期。

三 茬口安排

羽衣甘蓝适应性强，根据市场需求可采用春、夏、秋播，实现鲜食型羽衣甘蓝设施栽培周年生产。春季栽培一般在 3 月上旬双膜覆盖育苗，4 月初定植，5 月初至 6 月收获；夏播一般在 5 月覆盖防虫网避雨设施育苗，6 月定植，7 月至 9 月收获；秋播一般在 7 月至 10 月初在大棚中育苗，8 月至 11 月定植，9 月至翌年 5 月收获。

四 羽衣甘蓝设施栽培技术

（一）品种选择

鲜食型羽衣甘蓝栽培选择生长势强，叶片绿色、羽状深裂、叶面褶皱，耐寒、耐热性较强，抽薹晚、采收期长，质地柔嫩、风味浓的优良品种，如国产品种开乐，进口品种沃特斯、穆期博、阿培达、温特博等。

（1）开乐。国家蔬菜工程技术研究中心研制，食用嫩叶、营养高、口感好、易栽培。可进行各种形式的保护地栽培并满足周年供应。

（2）沃特斯。它是 1987 年从美国引进的品种，适于鲜销和加工，植高 60～80cm，生长旺盛，叶色深绿，具蜡粉，嫩叶浅绿色、柔软，叶缘皱褶卷曲，密集成小花球状，质嫩，口感好，风味浓。耐寒耐热性强，喜肥，抽薹晚，采收期长，可春秋露地栽培或冬季日光温室栽培。从播种到采收约 55 天，露地春种若管理好可一直延续采收至初冬，产量很高。

（3）穆期博。杂交一代种，从荷兰引进。植株生长茂盛，株高中等，叶色深绿，叶缘皱褶卷曲度大，品质细腻、风味好，耐寒耐热，可春秋露地和冬季保护地栽培，采收期长。

（4）阿培达。它是1988年从荷兰引进的杂交一代早熟种。抗逆性强，适于加工。植株高50~60cm，叶卷曲度大，蓝绿色，外观丰满整齐，品质细嫩，风味好。可春秋露地栽培和冬季保护地栽培。

（5）温特博。杂交一代早熟种，从荷兰引进。植株中等高，叶深绿色，叶缘卷曲皱褶，生长势强。耐霜冻能力非常强。长江流域适秋冬季露地栽培，冬春季收获。华北地区冬、春季可在不加温温室和改良阳畦等设施中种植。

（二）播种育苗

羽衣甘蓝育苗选用土层深厚、富含有机质的壤土或沙壤土，每平方米土地中可加入50%多菌灵0.5kg进行消毒处理备用，苗床整理好后要先浇透底水，育苗时间应安排在计划定植前30~35天，每亩用种20g左右，种子可以事先浸泡。播种可条播或撒播，条播时按5~6cm的行距开浅沟，1cm左右撒1粒种子。撒播要注意下种均匀，然后用细土或细沙覆盖1cm左右，并覆盖地膜，保持床土湿润。温度保持在20℃左右，播种25天后，待幼苗长出2~3片真叶时，分一次苗，间隔约6cm，长出5~6片真叶时即可定植。

（三）整地定植

羽衣甘蓝的采收期很长，需肥量较大，定植前应整平土地，每亩施腐熟有机肥料2 000~3 000kg，复合肥50kg作基肥，深翻土地，耙平畦，一般畦宽110~120cm，每畦双行，株距45~50cm，行距50~60cm。食用型每亩定植密度为2 800~3 500株，多雨地区宜做高畦，干旱地区做平畦。观赏食用型每亩定植密度一般为4 000株。定植时，选择壮苗，淘汰弱苗，若外界温度较高，可先定植，后浇水；若外界温度较低时，应先挖穴灌水后定植覆土。缓苗期间，植株较弱，可上覆遮阳网。

（四）田间管理

1. 温度

当外界气温低于5℃时，扣棚并覆盖薄膜保温，通风排湿，保证白天温度在15℃~20℃，夜间温度在0℃~5℃。立冬后气温继续下降，夜晚需加盖草苫保温。保护地内采取CO_2施肥措施可增产。夏季生产可通过加盖遮阳网等方法降温。

2. 浇水

前期尽量少浇水，使土壤见干见湿。定植后7~8天浇1次缓苗水，当植株长到10片叶左右时浇水次数增多，经常保持土壤湿润。下雨时及时排水。

3. 施肥

定植缓苗后为促进茎叶生长，提高产量和品质，每亩施尿素10~15kg。生长期适当追肥，追肥以氮肥为主，适当配合磷钾肥。每次采收后，追施尿素10kg左右。生长后期每隔10天左右叶面喷施0.3%磷酸二氢钾和0.3%尿素的混合液1次，共喷4~5次。

（五）采收

羽衣甘蓝定植后25~30天，叶长到10~12片时，即可陆续采收嫩叶。可间隔10~15天采收一次，直到霜前，早春和晚秋叶片质地脆嫩、风味好，而夏季高温时，叶片较坚硬，纤维多，风味差，除采取遮阴处理外，应缩短采收的间隔时间，减轻叶片老化程度。

五 病虫害防治

1. 黑腐病

黑腐病是羽衣甘蓝的主要病害，也是多种十字花科蔬菜的常见病害，在全生育期均有发生，高温多雨、空气潮湿易发生病害，多在羽衣甘蓝生长中后期发生。黑腐病主要危害叶片，是一种细菌引起的维管束病害，发病使维管束坏死变黑，子叶发病呈水浸状后迅速枯死或蔓延至真叶，在真叶的叶脉上出现小黑点斑或黑条。

防治措施：发病初期及时拔除病株，可选用 1∶1∶200 波尔多液、抗菌剂“401”、农用链霉素或新植霉素、50%代森铵水剂、70%敌克松可湿性粉剂、50%福美双、络氨铜水剂、47%加瑞农可湿性粉剂进行防治。

2. 猝倒病

猝倒病是一种真菌病害，多发生于苗期，因湿度大引起。发病初期，在茎的基部会产生水渍状斑，继而逐渐绕茎扩展，最终茎部萎缩变成细线状，后倒伏于地。由于发病较快，幼苗倒伏时地上部仍为绿色，之后逐渐萎蔫枯死。一经发现发病，要及时拔掉病株，并做好药物防治。

防治措施：用 50%多菌灵可湿性粉剂 800 倍液喷施处理，每隔 7~10 天施用一次，连续施用 2~3 次。

3. 菜粉蝶

菜粉蝶，俗称菜青虫，适宜发育温度为 20℃~25℃，繁殖速度较快，幼虫取食叶片，使叶片产生孔洞或缺刻，严重影响羽衣甘蓝的观赏性。

防治措施：清理田间残株病叶，人工捕杀，减少虫源。生物防治可用 Bt 可湿性粉剂 800 倍液喷雾或每克含活孢子百亿以上的青虫菌。化学防治可用 20%天达灭幼脲悬浮剂 800 倍液、10%高效灭百可乳油 1 500 倍液、50%辛硫磷乳油1 000 倍液、20%杀灭菊酯 2 000~3 000倍液、21%增效氰马乳油 4 000 倍液或 90%敌百虫晶体 1 000 倍液等喷雾 2~3 次。

4. 蚜虫

蚜虫具有群集性，用刺吸式口器吸食寄主叶片、嫩茎、嫩荚的汁液，致使寄主部位蜷缩、扭曲、变形，延缓或停止植株生长，严重时可导致全株萎蔫枯死。蚜虫能够分泌蜜露，伤口处易诱发真菌病害发生，同时蚜虫本身也是病毒的载体，造成病毒的传播，对于植物的危害较重。

防治措施：物理方法可用黄色诱虫板进行诱杀；化学防治可选 50%抗蚜威可湿性粉剂 3 000~4 000倍液或 10%吡虫啉可湿性粉剂 1 000~2 000 倍液。

课后作业

1. 常见的羽衣甘蓝品种有哪些？
2. 简述羽衣甘蓝设施栽培技术要点。
3. 羽衣甘蓝常见病虫害有哪些？如何进行防治？

【任务考核】

学习任务：		班级：		学习小组：			
学生姓名：		教师姓名：		时间：			
四阶段	评价内容		分值	自评	教师评小组	教师评个人	小组评个人
任务咨询 5	工作任务认知程度		5				
计划决策 20	收集、整理、分析信息资料		5				
	制订、讨论、修改生产方案		5				
	确定解决问题的方法和步骤		3				
	生产资料组织准备		5				
	产品质量意识		2				
组织实施 50	培养壮苗		5				
	整地作畦、施足底肥		5				
	羽衣甘蓝定植、地膜覆盖		5				
	羽衣甘蓝肥水管理		5				
	羽衣甘蓝环境控制		5				
	羽衣甘蓝病虫害防治		5				
	羽衣甘蓝采收及采后处理		5				
	工作态度端正、注意力集中、有工作热情		5				
	小组讨论解决生产问题		5				
	团队分工协作、操作安全、规范、文明		5				
检查评价 25	产品质量考核		15				
	总结汇报质量		10				

任务二 观赏南瓜设施栽培

【知识目标】

(1) 能识别不同品种的观赏南瓜。

(2) 能描述不同品种的观赏南瓜的观赏与食用价值。

(3) 了解不同品种的观赏南瓜的设施栽培管理技术。

【技能目标】

能进行观赏南瓜设施栽培与管理。

【情感目标】

(1) 养成耐心、细致的习惯。

(2) 具有实事求是的科学态度和团队协作精神。

(3) 能积极地参与项目技能训练活动。

(4) 能够主动发现观赏南瓜栽培管理中的问题并积极解决问题。

观赏南瓜为葫芦科南瓜属一年生蔓生草本植物，原产热带地区，属于南瓜的变种，种类繁多，其果型新奇、色彩艳丽、适合赏玩，具有较高的观赏价值。观赏南瓜适应性强，栽培技术简单，既能在露地、温室种植，又可盆栽，是一种观赏和食用价值兼具的蔬菜。观赏南瓜果实成熟后，果皮角质化程度和纤维化程度高，果壳坚硬，可作为玩具或装饰品长期保存，别具情趣。还可在观赏南瓜成熟果实表面上雕刻艺术字与各式图案，或将不同形、色的果实合理配置，装于花篮之中，作为艺术品陈列于居室、客厅、橱窗中，深受人们喜爱。近年来，随着生态农业、观光旅游、休闲农业的逐渐兴起，观赏南瓜已成为农业示范园的主栽品种。

一 品种类型

观赏南瓜品种很多，主要以观赏果实为主，果实的大小、形状、颜色因品种不同而千姿百态。现在普遍栽培的品种主要有金童、玉女、鸳鸯梨、龙凤飘、瓜皮、地雷瓜、飞碟瓜、香炉瓜、鱼翅瓜、桔瓜、红灯笼、巨型南瓜、皇冠、金蛋、白蛋等。

（一）金童

金童，又名玩具南瓜。植株长蔓型，株幅较小，主侧蔓均可结果，易坐果，早熟。果实扁圆球形，有明显的棱纹线，嫩瓜墨绿色、绿色、白色，其对应的老熟瓜颜色分别为橙黄色、黄色、浅黄色。果实纵径 5~6cm，横径 7~8cm，单果重 100g 左右。该品种小巧可爱，只作观赏用，观赏价值较高。

（二）玉女

玉女，又名迷你白南瓜。植株长蔓型，株幅较小，主侧蔓均可结果，易坐果，早熟。果实扁圆球形，棱纹突起明显，形似大蒜头，嫩瓜浅白色，老熟后雪白色。果实纵径 5~6cm，横径 7~8cm，单果重 100~200g，硬度大，极耐贮藏。该品种只作观赏用，观赏价值极高。

（三）鸳鸯梨

鸳鸯梨，又名玲珑，植株为长蔓型，株幅较小，主蔓和侧蔓都能够结果实，结果数量为 3~5 个/株，成熟时间较早。该观赏品种的果实形状像梨，一般果实的底部为绿色，顶部为黄色，果皮有淡黄色的条纹相间。也有部分果实顶部、中间、底部的颜色各不相同，分别为绿色、黄色、绿色，并且单个果实各颜色所占的比例各不相同，观赏性极强。果实纵径 10cm 左右，横径 5~7cm，单果重 100g 左右。该品种不能食用，只供观赏。

（四）龙凤飘

龙凤飘，又名麦克风，长蔓型，株幅较小，主侧蔓均可结果，中早熟，果实弯曲如汤匙，底部为圆形，有可握式长柄，形态如麦克风，果实底部为绿色，上部为黄色，并有淡黄色条纹相间，果实也有全黄或全绿的情况，果实纵径 15cm，横径 6~9cm，单果重 150~200g。该品种只作观赏用，观赏价值极高。

（五）瓜皮

瓜皮，又名西瓜皮，长蔓型，株幅小，主侧蔓均可结果，易坐果，较早熟；果实扁圆球形，纵径 5~8cm、横径 8~10cm，单果重 100g 左右；嫩果和老熟果均为绿色，具 10 根浅绿色条带，与常见的西瓜皮颜色相近，故而得名。该品种观赏价值高，不可食用。

（六）地雷瓜

地雷瓜，又名黑珍珠。植株矮生，株形紧凑，易坐果，单株结果 5 个左右，早熟。果实圆球形，表面光滑，呈墨绿色，果实直径 10cm 左右，单果重 200~500g。该品种适合盆栽观赏，如珍珠落玉盘，观赏价值一般，可食用。

（七）飞碟瓜

飞碟瓜，又名碟形瓜、齿缘瓜。植株矮生，株形紧凑，易坐果，每株结瓜 4~5 个，早熟。果实碟形，顶部平滑，底部和边缘有齿形棱沟，果皮金黄色或乳白色，有黄飞碟与白飞碟之称。果实纵径 6~8cm，横径 10~13cm，单果重 350~700g。该品种观赏价值与食用价值均较高。

（八）香炉瓜

香炉瓜，又名福瓜、灯笼瓜等。植株长蔓型，株幅较大，一般为主蔓结果，结果少，果型较大，中晚熟。果实形状和颜色均很特别，上部扁圆形，红色或橙红色，表皮光滑；底部呈小包突起，形似香炉之“脚”，白色或灰绿色，或黄、绿、白色带状相间。果实纵径 11~13cm，横径 15~20cm，单果重1 500~3 000g。该品种耐贮性好，观赏性和食用性兼具。

（九）鱼翅瓜

鱼翅瓜，植株长蔓型，株幅中等，主侧蔓均可结果，中熟，单株结果 2~3 个。果实陀螺形，果上部分为黄色，下部墨绿色，有 5 对纵向沟棱，瓜型奇特，极像鱼翅。果实纵径 15~20cm，横径 10~15cm，单果重 400~500g。该品种极具观赏价值，可食用。

（十）桔瓜

桔瓜植株长蔓型，株幅中等，中熟。果实扁圆形，果皮淡黄底色镶嵌 10 条深金黄色竖条纹，似瓣状。果实纵径 10~15cm，横径 8~10cm，单果重 200~250g。该品种观赏价值高，可食用。

（十一）红灯笼

红灯笼，又名红栗，印度品种，植株长蔓型，株幅中等，主蔓结果，易坐果，较早熟，果实扁圆球形，幼果黄绿色，老熟果橘红色，具 10 条浅色条带，似挂起的红灯笼，美观艳丽，果实纵径 10～12cm，横径 12～15cm，单果重 600～1 200g；既可观赏又非常适合食用。

（十二）巨型南瓜

巨型南瓜植株长蔓性，晚熟，坐果数量少；果实磨盘状或短圆柱状，颜色灰黄色或橙黄色，果面光滑并有宽棱沟，果实直径达 50～100cm，单果重量 50kg 以上；除观赏外，还可以食用。可于果面上写诗、作画、刻字等。由于其果型巨大，非常引人注目。

 观赏南瓜设施栽培技术

（一）播种育苗

观赏南瓜对播种时间要求不严格，但为提高果实坐果率，减少高温时期病虫危害，南方地区以 3 月初在保护地内播种为宜，露地或盆栽直播可推迟到 3 月底 4 月初播种。用 50℃～55℃温水浸种，边浸烫边搅拌，待水温降低后，用温水将附在种子上的黏液冲洗干净，再将种子在 30℃左右的清水中浸泡 6h，然后捞出晾干，用纱布包好，置于温度在 28℃～30℃的环境中催芽。当芽长 1～2mm、种子胚根显露时即可播种。在育苗温室中，把育苗基质装入 8cm×8cm 营养钵中，每钵播 1 粒种子，为防止出苗时“戴帽”，种子应平放，上覆 1～2cm 厚的基质，浇透水，然后覆盖地膜以保温、保湿。此时白天温度保持 25℃～30℃，夜间不低于 15℃，5 天即可出苗。出苗后撤去地膜，白天温度降到 20℃～25℃，夜间 12℃～15℃，以防幼苗徒长。在定植前 1 周开始加大放风量进行炼苗，提高成活率。苗期少浇水，以免降低苗床温度。

（二）整地定植

观赏南瓜一般采用基质栽培方式，有箱培、槽培和盆栽等形式。可分春、秋两季种植。宜选用土层深厚肥沃、排水良好的沙壤土种植，深翻晒垡后，每亩施入腐熟发酵干鸡粪 1 000～1 200kg、菜饼肥 50～80kg、复合肥 30kg 作基肥。筑畦宽 1. 2m、沟宽 0. 4m，打碎畦面表土，整平覆盖地膜。当苗龄 35 天左右，幼苗长至 4～5 片真叶时，带育苗基质定植。采用双行定植，根据植株长势和株幅确定株距，一般为 60～90cm，每亩栽1 000～1 400株。选择阴天定植，移栽前 1 天，育苗畦浇 1 次透水，营养土干湿适度，土团不易散开，定植深度以埋住育苗基质为宜，定植后浇足定根水。

（三）田间管理

1. 水分

定植后的新苗要特别注意水分的管理，早晚喷水，保持湿润。观赏南瓜生长前期水分需要量较少，缓苗后可每天喷水 1 次，保持土壤湿润，如果天气潮湿可两天喷水 1 次；生长盛期及开花结果期需水较多，要保证水分供应。夏季太阳猛烈及空气干燥时每天喷 2～3 次水。

2. 温光管理

观赏南瓜是喜温作物，在生长期间要求温度稍高，适宜生长温度 25℃左右。要求棚内温度控制在 15℃～30℃。温度长期低于 15℃时雄花减少，甚至没有雄花，而且花容易脱落；长期超过 30℃时雄花易变为两性花，雌花减少，甚至无雌花。所以低于 15℃时遮盖棚膜保温，避免冻伤；温度高于 30℃时揭开棚膜加强通风，并在棚顶加盖遮阳网降温。观赏南瓜属短日

照植物，在长日照下雄花多，短日照有利于雌花的生成，雌花多且节位低。因此，在日常管理中要人为制造适宜温度环境和短日照条件，提高坐果率和观赏价值。

3. 肥料管理

观赏南瓜水肥管理与普通南瓜相似，过量施用氮肥容易引起落花落果或化瓜，对生长十分不利。观赏南瓜施肥原则为施足基肥，多次追肥，苗期少施，中期多施，后期适量施。定植 7 天后，可用 3%的复合肥水溶液或 0. 2%的尿素溶液淋根。抽蔓开花前间隔 10 天左右淋 1 次 0. 2%~0. 3%的尿素或磷酸二氢钾溶液或复合肥水，可促进植株生殖生长和提高坐果率。开花至长瓜期间要控制水肥，从雌花现蕾到第 1 瓜坐稳期间，土壤湿度过大或追肥过多易引起茎叶徒长影响坐果。一般在坐 2~3 个瓜后，每亩追施有机肥 50kg、复合肥 20kg 以促进幼瓜膨大。方法是在距茎基部 25cm 处穴施或条施。注意不要太近茎基部，否则易引起烧根。施后喷水；盛瓜期、采收期视植株坐瓜情况和叶色变化再追施 1 次肥料，方法同上所述。观赏南瓜需钾较多，生长中后期根系吸收养分能力下降，为促进果实生长，使果实成熟后硬度较高，可隔 10~15 天喷洒 0. 5%~1%氯化钾或磷酸二氢钾溶液作根外追肥。

4. 引蔓整枝

观赏南瓜生长发育期间喜光，高温弱光不利于其生长，低夜温可促进花芽分化，应注意适时进行整蔓。当植株长度达 25~35cm 时，就要搭竹篱或吊绳引其向上生长。观赏南瓜大多以主蔓结瓜为主，为促进主蔓生长和早结瓜，应加强通风透光。若侧蔓生长过多，叶子相互遮挡，则要适当剪除；1m 以下的侧蔓要及时全部摘除，以免造耗养料，影响开花结果。在主蔓上棚架后可适当多留 1~2 条侧蔓增加结果。生长后期植株基部的老叶既消耗养分，又易感白粉病，应及时摘除。

5. 人工授粉

一般定植后 15~20 天植株开始开花，为使植株坐果良好，增加果实数量，可采用人工授粉。人工授粉须在晴天早晨 6：00~9：00 进行，将第 1 雌花摘去，从第 2、第 3 雌花开始授粉，选择当天开的雄花，除去花冠后，将雄蕊的花粉撒到雌花的柱头上。同株授粉、异株授粉均可。如发现雌花子房基部出现褐色霉变，要及时清除，以防病菌感染植株。

6. 采收

观赏南瓜多数兼食用与观赏价值一体，采收时可根据用途不同，进行不同时间段的采收。一是南瓜仅供观赏用，则一般在枝蔓正常枯黄前不予采收，观赏南瓜开花后 40~50 天即进入成熟期，为延长果实贮藏期，可待果实充分老熟后再采收。采收标准主要看果皮硬度，硬度高的为老熟果，也可用手捏感觉硬度或用两个瓜相互敲打，发出清脆声的即可采收。采收时，用剪刀连果柄一起剪下。二是观赏南瓜用于食用，可以在成果后 20 天左右、果皮较软的时候采摘，采收可用剪刀带柄采摘。三是果实采收后用于制作工艺品，要等到果皮老熟后采收。

病虫害防治

（一）病害

观赏南瓜病害主要有病毒病、白粉病、枯萎病和叶斑病。病毒病以预防为主，关键是做好种子消毒，防治传病昆虫；白粉病主要发生在生长中后期，危害不大，可选用 20%粉锈宁乳剂2 000倍液或 50%硫悬浮剂 300 倍液，或甲基托布津 600 倍液等防治；枯萎病在定植缓苗前或发病初期用 30%恶霉灵1 200~1 500倍液灌根，或 30%甲霜恶霉灵1 500~2 000倍液喷雾；叶斑病可用百菌清或杀毒矾 500 倍液防治。

（二）虫害

观赏南瓜植株各部均密披细毛，蛾类害虫危害较少，虫害主要有蚜虫、白粉虱、朱砂叶螨，应注意观察，及时防治。蚜虫在叶片发生期可用10%吡虫啉可湿性粉剂2 000倍液或50%辟蚜雾可湿性乳剂2 000倍液防治，每隔7~10天喷1次，交替使用，连喷2~3次；白粉虱在育苗期应注意防治，可用2.5%功夫乳油5 000倍液或20%灭扫利乳油，或扑虱蚜粉剂2 000倍液等防治；朱砂叶螨初发时不易被发现，要进行重点监测，及时摘除有虫叶片以减少虫源，选用57%炔螨特乳油2 000~2 500倍液加99%绿颖乳油300倍液喷雾防治。

课后作业

1. 常见的观赏南瓜品种有哪些？
2. 简述观赏南瓜设施栽培技术要点。
3. 观赏南瓜常见病虫害有哪些？如何进行防治？

【任务考核】

学习任务：		班级：	学习小组：				
学生姓名：		教师姓名：	时间：				
四阶段	评价内容		分值	自评	教师评小组	教师评个人	小组评个人
任务咨询5	工作任务认知程度		5				
计划决策20	收集、整理、分析信息资料		5				
	制订、讨论、修改生产方案		5				
	确定解决问题的方法和步骤		3				
	生产资料组织准备		5				
	产品质量意识		2				
组织实施50	培养壮苗		5				
	整地作畦、施足底肥		5				
	观赏南瓜定植、地膜覆盖		5				
	观赏南瓜肥水管理		5				
	观赏南瓜环境控制		5				
	观赏南瓜病虫害防治		5				
	观赏南瓜采收及采后处理		5				
	工作态度端正、注意力集中、有工作热情		5				
	小组讨论解决生产问题		5				
	团队分工协作、操作安全、规范、文明		5				
检查评价25	产品质量考核		15				
	总结汇报质量		10				

任务三 薄荷设施栽培

【知识目标】

(1) 掌握薄荷的育苗繁殖技术。

(2) 掌握薄荷的设施栽培与管理技术。

【技能目标】

能进行薄荷设施栽培与管理。

【情感目标】

(1) 养成耐心、细致的习惯。

(2) 具有实事求是的科学态度和团队协作精神。

(3) 能积极地参与项目技能训练活动。

(4) 能够主动发现薄荷栽培管理中的问题并积极解决问题。

薄荷（Mentha haplocalyx Briq），又名菝兰、番荷、苏薄荷、香薄荷等，属唇形科，薄荷属，多年生宿根草本植物，薄荷是原产我国的特种经济作物之一，主要分布于我国华北、华东、华中、华南等地。薄荷是比较适合作为家庭种植的植物之一，不仅可以当花草观赏，还可作蔬菜或调味、泡茶等。其幼嫩茎尖可食用，是一种菜药兼用的保健蔬菜。薄荷可全草入药，性味辛凉，具有疏风散热、理气解郁等作用。薄荷全株可提取薄荷油，每 100g 鲜薄荷含蛋白质 4.4g，膳食纤维 5g，糖类 1.6g，维生素 A 213μg，维生素 C 6mg，钾 677mg，钠 4.5mg，钙 341mg，镁 133mg，铁 4.2mg，锌 0.9mg，磷 99mg。

薄荷的品种类型按花梗长短分为短花梗和长花梗两种类型，每个类型中有较多品种。国外多栽培长花梗中的绿薄荷、姬薄荷、西洋薄荷、日本薄荷和皱叶薄荷等品种为主，此类型花梗很长，着生在植株顶端，穗状花序，含薄荷油很少。我国则以短花梗的品种栽培较多，此类型花梗较短，轮伞花序。

根据茎叶形状、颜色，又分为青茎圆叶、紫茎紫脉、灰叶红边、紫茎白脉、青茎大叶尖齿、青茎尖叶及青茎小叶等品种。

常见的栽培品种为青茎和紫茎紫脉。青茎植株的茎上部呈青色，叶短、卵圆形、有光泽，株矮、分枝多，高产特性最为明显；紫茎紫脉品种，植株茎为深紫色，叶长圆形、锯齿尖而密，分枝较少，产量低于青茎，但油的含脑量高出青茎 2%~5%。

一 薄荷生长发育周期

1. 发芽期

发芽期是从幼苗发芽至分枝的一段时间，又称返青生长期。头刀 40 天左右，3 月~4 月上旬左右完成。二刀 15~25 天，老苗返青生长。

2. 分枝期

分枝期是从幼苗开始分枝至开始现蕾，是植株迅速生长时期。

3. 现蕾开花期

现蕾开花期是从现蕾至开花，需 15 天左右。

4. 种子成熟期

种子成熟期是从开花至种子成熟，需 20 天左右。

5. 休眠期

休眠期是地上部分停止生长，一般从 10 月下旬开始至次年 3 月上旬。

栽培茬口

薄荷喜温暖环境，种植时间因各地的环境和气候差异而不同。广东、海南地区全年气温较高，可一年四季种植。江浙一带可在 4 月初前后种植，北方地区可在温室大棚中种植。

薄荷设施栽培技术

（一）品种选择

亚洲薄荷原产我国。人们在长期的栽培过程中，先后培育出许多优良品种。迄今为止，已有 60 多个品种在生产上栽培应用。目前，江苏省、安徽省的薄荷主产区采用的品种主要为“73-8”薄荷、上海 39 号、“阜油 1 号”薄荷品系。

（二）繁殖方法

薄荷再生能力强，可采用种子、根茎、扦插、分株等方式进行繁殖。种子繁殖和扦插繁殖所形成的幼苗生长比较缓慢，而且容易发生变异，成苗后植株萃取精油的品质比较差。因此，生产上常以根茎繁殖和分株繁殖为主。

1. 种子繁殖

薄荷种子比较小，出芽率低，播种采用撒播的方式，可在春季 3~4 月或秋季 9~10 月进行播种，育苗床土壤要求疏松透气，撒播后表面覆土 1~2cm，覆盖稻草，播后浇水并保持土壤湿润，温度控制在 25℃~28℃，14~21 天即可出苗，出苗后温度降低到 20℃~22℃，当幼苗长出 3~4 片真叶时即可定植。

2. 扦插繁殖

扦插时间 3~10 月均可，但以 4 月进行最佳，将母株的地上茎剪切成 10cm 的小段，每段带 1~2 个茎节，把剪好的穗条放置清水中浸泡 24h，然后前插于消毒好的基质或土壤中，给予适当的遮阳，约 2 周后，植株萌发出新根即可进行定植。

3. 根茎繁殖

根茎繁殖栽植期在 3 月下旬~4 月上旬或 10 月下旬~11 月上旬，以秋末栽植为最好。按行距 25~30cm 的距离，横向开沟，沟深 10cm，准备育苗床，再从留种地里挖取粗壮的根状茎，选择色白、健壮、无病虫害以及节间较短的新根茎，切成长 8~10cm 的小段作为繁殖的材料，每段上至少带 3~5 个芽，按株距 15cm 埋入沟内，覆细土耙平压实即可。大约 20 天就能形成新株。

4. 分株繁殖

薄荷分株繁殖又称秧苗繁殖，即拔苗移栽。多在 4~5 月进行，留种地要选择生长良好、品种纯一、无病虫害的生产地块。当苗长到10~15cm时，即可起苗，进行分株移栽。以株行距15cm×20cm挖穴，每穴移栽2株。栽后盖土压紧，再施入稀薄人畜粪水进行定根。为了提高产叶量和薄荷油、薄荷脑的含量，移栽在清明前进行最好，不宜推迟到6月后，否则产量会很低。

（三）整地作畦

薄荷对土壤要求不严，但为了获得高产，应选择土质肥沃，土壤pH为6~7，保水、保肥力强的土壤、砂土壤。土壤过黏、过沙、酸碱度过重，以及低洼排水不良的土壤不宜种植。

产区不选用薄荷连茬地，或前茬为留兰香的地块，选择以前茬为玉米、大豆的地块为好。前茬收获后及时翻耕、作畦，一般畦宽为1.2m左右，整成龟背形。要求畦面整平、整细。种植前深耕细作，每亩地施入约2 500kg腐熟厩肥、堆肥或土杂肥作基肥，然后做宽1.5m、深15cm的高畦，挖宽30~40cm的排水沟。

（四）定植

在栽培畦上浇透水后覆地膜，按行距50cm、株距35cm开穴定植，每穴定植1株。栽后浇定根水，促进新根萌发。

（五）田间管理

1. 补苗

移栽成活后，在田间要及时查苗补苗，保证田间不缺苗断条，一般保持株距15cm左右，发现缺苗及时补苗，每公顷保苗在30万株以上。

2. 去杂去劣

与良种薄荷不同者即为野杂薄荷。去杂宜早不宜迟，后期去杂，地下茎难以除净，须在早春植株有8对叶以前进行。

3. 摘心

薄荷在种植密度不足或与其他作物套种、间种的情况下，可采用摘心的方法增加分枝数及叶片数，弥补群体不足，增加产量。当植株长到20cm左右高时，要适时进行摘心，促进侧枝生长，有利于产量的提高。摘心以摘掉顶端两对幼叶为宜，摘心宜在晴天中午进行。

4. 浇水

薄荷喜欢湿润的环境条件，生长期间，要保持土壤湿润，视天气情况2~3天浇透一次，浇水的原则是“不干不浇，浇则浇透”。生长发育前中期对水分需求较多，干旱时应及时灌水，夏秋季节降雨量大，要排除田间积水，以防根茎窒息死亡。植株封垄后适量轻浇，防止植株茎叶徒长，出现倒伏及下部叶片脱落，产量降低。收割前20~25天停止浇水。

5. 追肥

薄荷喜肥，肥料以有机态氮肥为主，为更好地促进养分的转化吸收，要配合施用适量的磷钾肥。生长期一般要追肥4次，第一次施用在出苗时，目的是促进幼苗生长；当苗高长到15cm时，就可以第二次行间开沟深施覆土；第三次施肥目的是促进早发棵和恢复良好株形，可以在薄荷第一次收割后结合中耕浅锄进行；在9月上旬，苗高30cm时进行第四次施肥。每次施肥应深施于行间沟内，不能直接施到根部，一般每亩追肥尿素20kg。

（六）采收加工

薄荷可采收多年，一般在主茎高20cm左右时即可开始采收嫩茎叶供食，每次采收间隔15~20天。采收应在晴天12：00~14：00进行，此时薄荷叶中含油、脑量达到最高。

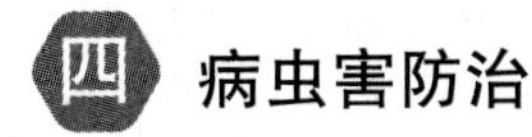

病虫害防治

薄荷因含有特殊的香味，病虫害较少，露地栽培在 5~10 月雨水多时，容易发病，常见的病虫害有薄荷锈病、薄荷斑枯病、地老虎、造桥虫等。

（一）常见病害

1. 锈病

锈病主要危害薄荷的叶片和茎。5~6 月连续阴雨或 7~8 月过于干旱天气条件下易发病。发病初期，叶面上形成圆形至纺锤形黄色病斑，病斑逐渐扩大，后期产生黑褐色粉状冬孢子堆。发病严重时，病部肥厚畸形，叶片枯萎脱落，以致全株枯死。

防治措施：加强田间管理，薄荷生长期间及时拔除病株，并带离种植田；合理密植，保持田间通风透光；大雨过后及时排水；前茬薄荷收获后，及时清除病残体，远距离销毁或者近距离深埋。药剂防治：锈病应在发病初期用 15%粉锈宁可湿性粉剂1 000倍液，或用 40%多菌灵胶悬剂 800 倍液喷雾防治。

2. 斑枯病

斑枯病又称白星病，为真菌性病害，病害在 5~10 月易发生，主要危害薄荷叶片，发病初期，叶片上先是出现暗绿色小而圆的病斑，大小 2~3mm，逐渐扩大变为灰暗褐色，中心灰白色，周围具褪色边缘，病斑上生有黑色小粒点，即病原菌分生孢子器。发病重的病斑周围叶片组织变黄，致早期落叶或叶片局部枯死。

防治措施：斑枯病可以通过轮作方式减轻，发病时要及时摘除病叶并烧毁，减少侵染源。可用 120 倍的波尔多液喷洒，或用 65%代森锌 500 倍液叶面喷雾。

3. 黑胫病

主要发生于苗期，症状是薄荷茎基部收缩凹陷，变黑、腐烂，植株倒伏、枯萎等，严重影响薄荷的生长。

防治措施：采用 65%代森锌可湿性粉剂 500 倍液，每隔 7 天喷施 1 次，连续喷施 3 次，防治黑胫病对薄荷的危害。采用药剂防治，一定要在收获前 20 天停止用药。

（二）常见虫害

1. 地老虎

又名土蚕、切根虫。主要在薄荷苗期为害，咬断幼根，造成植株死亡，引起间缺苗断垄。

防治措施：结合整地作畦，每平方米使用 3%辛硫磷颗粒 10~15g，或栽植时沟施白僵菌，每平方米用量 20~25kg，防治地老虎对薄荷根部为害。

2. 造桥虫

危害期在 6 月中旬左右、8 月下旬左右。该虫主要为害薄荷叶片、花、蕾、果和嫩枝，严重影响植株的生长。

防治措施：虫以物理防治措施为主，立夏至芒种，用黑光灯诱杀成虫，一般光源位置高出薄荷植株 30~40cm；利用成虫趋糖醋特性诱杀，每亩地设置 1 个糖醋液盒，放置高度高于薄荷植株，白天加盖，傍晚揭开；卵孵化盛期，用苏云金杆菌乳剂 100 倍液，或用 100 亿活芽孢/克苏云金杆菌可湿性粉剂 500~1 000 倍液喷雾防治。

课后作业

1. 薄荷的繁殖技术有哪些？生产上如何进行选择？
2. 简述薄荷设施栽培田间管理技术要点。
3. 薄荷常见病虫害有哪些？如何进行防治？

【任务考核】

学习任务：		班级：		学习小组：		
学生姓名：		教师姓名：		时间：		
四阶段	评价内容	分值	自评	教师评小组	教师评个人	小组评个人
任务咨询 5	工作任务认知程度	5				
计划决策 20	收集、整理、分析信息资料	5				
	制订、讨论、修改生产方案	5				
	确定解决问题的方法和步骤	3				
	生产资料组织准备	5				
	产品质量意识	2				
组织实施 50	培养壮苗	5				
	整地作畦、施足底肥	5				
	薄荷定植、地膜覆盖	5				
	薄荷肥水管理	5				
	薄荷环境控制	5				
	薄荷病虫害防治	5				
	薄荷采收及采后处理	5				
	工作态度端正、注意力集中、有工作热情	5				
	小组讨论解决生产问题	5				
	团队分工协作、操作安全、规范、文明	5				
检查评价 25	产品质量考核	15				
	总结汇报质量	10				

拓展知识

薄荷的食用价值

薄荷作为一种药食两用的植物，已日益成为人们日常生活中家喻户晓的绿色食品和营养保健食品。薄荷茎叶可用于汤类、肉类、鱼类和甜点的调味，可泡茶，也可生吃或榨汁服用。嫩茎、叶营养丰富，含蛋白质及多种维生素和微量元素，菜用可生食、凉拌或炒食。薄荷可作为佐料，用来调香料、糖果、糕点、酱汁、腌制食品或腌制食品的配料。薄荷也可作为饮料，具有消暑止渴，预防口腔溃疡，长期饮用具有保健作用。将其制成薄荷茶，可消除胀气，缓解胃痉挛及恶心感，食欲不振，改善调节睡眠，刺激脑部思考，清除杂念及加强记忆力。另外，也可用薄荷制作薄荷粥、薄荷糕和薄荷豆腐等食品。

薄荷里可提取薄荷精油，用于各类化妆品、食品、药品、口香糖、巧克力、牙膏、酒、烟草和其他用品中，以增加香气。

技能训练： 观赏蔬菜的盆栽技术

一 实训目的

了解观赏蔬菜的观赏特性，能根据不同的用途进行观赏蔬菜品种的选择，掌握不同类型观赏蔬菜的栽培技术。

二 实训地点

校内实训大棚。

三 材料和用具

蔬菜品种：彩椒、袖珍南瓜、羽衣甘蓝、薄荷、黄秋葵等。

用具：盆栽器具、营养土、小铲。

四 方法步骤与技术要点

（一）品种选择

观赏蔬菜品种的选择应以植株相对矮小、株型美观、叶色鲜艳、花形奇特、花色丰富、果实形态奇特等特征的种类，便于室内外布置，美化环境，增加生活情趣。如观果类的品种有：彩椒、袖珍南瓜、微型茄子、珍珠番茄、珍珠苦瓜、秋葵等；观叶类的品种有：番杏、羽衣甘蓝、紫叶生菜、木耳菜、紫甘蓝、紫背天葵、乌塌菜等；观花类的品种有：韭菜花、黄秋葵、红秋葵、紫色菜花等。

（二）盆栽器具

花盆的选择关系到盆栽观赏蔬菜栽培是否成功，同时也是提高盆栽蔬菜观赏性的重要环节。栽培容器要求质地坚固、容纳营养土多、透气性好，有利于蔬菜的生长和发育；挪动和摆设方便，艺术效果好，大小适宜。可选择塑料花盆、陶瓷瓦盆、木盆等。根据品种、造型、造景要求选择相应的规格。

（三）盆土配置

盆栽宜选疏松、透气、重量轻、易于搬动的基质，采用常规的土壤栽培，最好选择肥沃疏松、病虫源少、pH 6~7 的园土。为了提高土壤栽培的疏松度，可在园土中加入适量的炉渣、蛭石、细沙或泥炭土等，例如，可采用园土：泥炭：炉渣（或蛭石）：细沙=3：1：1：1的比例配制或80%泥炭和20%疏松园土。在配好的基质中每平方米加氮磷钾复合肥5kg，混合均匀。此外，为增加基质的美观，可用珍珠岩、陶瓷土等覆盖。盆的选择应以通风透气性较好的瓦盆为佳，并附有底碟，防止浇水时渗出，影响环境及观赏效果。

（四）移栽技术

盆栽观赏蔬菜除了根菜类及多数叶菜类采用直播外，大多数观赏蔬菜采用育苗移栽。移栽定植前要事先准备好栽培基质，在花盆装土前，最好与种植花卉一样，先进行垫盆，即在盆底排水孔上垫两块瓦片，二者不能挤在一起，两块瓦片上再盖 1 片大瓦片，3 块瓦片构成桥型。对于用土壤基质栽培的，还可以在上面填上蚕豆大小的瓦块或细砖块，约占花盆的 1/5 高，最后填上培养土，但不填足（填土高度视幼苗的大小而定）。

观赏蔬菜最好采用护根育苗，以利于定植时根系带土不损伤。未能带土移栽的幼苗，甚至是裸根的幼苗，一定要做好定植操作，以提高定植的成活率。定植时把幼苗放于盆中间加入培养土后把幼苗稍上提，使根系伸展并用手轻轻压紧，最后加培养土到距盆边 2～3cm，一边加土一边把土压实。定植时注意种植深度，种正不倾斜，并且种于盆中央。定植后要立即浇水，一次浇透，直到盆底有水渗出。室内种植的盆栽观赏蔬菜摆放时，可在每个花盆下垫一个塑料盆托，以防止浇水时排水孔水分渗出。

（五）苗期管理

观果类的观赏蔬菜，苗期施肥应全面，保证氮、磷、钾的比例适宜。一般在定植后 15 天开始追肥，每隔 10 天左右施用 1 次，以轻施稀薄复合肥或尿素水溶液为主。为保证室内环境不被污染，应避免使用异味较重的粪肥。植株有花蕾时，可适当缩短追肥间隔时间，每 2～8 天 1 次，应做到薄肥勤施，保持盆土湿润。植株挂果后，施肥量应增加为原来的 1 倍，追肥间隔时间 5 天左右，还可用复合叶面肥进行叶面喷施，促使多花多果，以利观赏。

观叶的蔬菜，施肥宜以氮肥为主。在定植后 7 天用尿素水溶液淋施，每隔 10 天追施 1 次，以轻施、薄施为宜。叶片进入生长旺盛期，每隔 7 天可用复合肥水溶液淋施一次，肥水要适量，淋施时尽量避免肥液淋在叶片上，以免烧叶致萎。

（六）病虫害防治

观果类的观赏蔬菜以茄科、葫芦科蔬菜居多，常见的病害主要有病毒病、白粉病、叶霉病，以预防为主，对种子、土壤等进行严格消毒，加强管理，合理施肥、浇水，再辅以药剂防治。发病初期，病毒病可用病毒剑 500 倍液防治；白粉病用白粉净 500 倍液防治；叶霉病可用甲基托布津可湿性粉剂 600 倍液防治。虫害主要有白粉虱、蚜虫、斑潜蝇，可用爱福丁、特灭蚜虱 800 倍稀释液防治，效果良好。

观叶类的观赏蔬菜，病害以软腐病危害最重。以防为主，选用无病种子，及时清除杂草，剪除病株，还可用农用链霉素防治。

（七）观赏养护

盆栽观赏蔬菜要及时摘除有病斑、黄化的叶片，并且要尽量增加光照，经常通风换气，以增强植株的光合作用，防止落花、落果及病害的发生。开花结果后植株容易倾斜，可用小竹竿或钢丝支撑，以增强观赏效果。浇水时不要从植株上部喷淋，最好把花盆放在室温条件下的水中，从下部渗入。植株进入生长旺盛期即观赏期后，应及时追加肥料，尤其以磷、钾肥为主，以保证植株生长所需的养分。

项目四

特色蔬菜设施栽培

特色蔬菜是指富含人体必需的或对人体有益的营养物质，如蛋白质、矿物质、有机物、膳食纤维和微量元素等，具有特殊的风味、营养、颜色、功能、形态和特殊环境要求的蔬菜。大致可以将特色蔬菜分为六类：①现有蔬菜的产品器官特殊变异；②野生蔬菜；③引进的特色蔬菜；④粮菜兼用型作物；⑤地方特有品种或种质资源；⑥特色食用菌。

任务一 黄秋葵设施栽培

【知识目标】

（1）掌握黄秋葵的品种类型、栽培类型与茬口安排模式等。

（2）掌握栽培黄秋葵管理知识、病虫害防治对策。

【技能目标】

（1）能进行黄秋葵冬春育苗技术管理。

（2）掌握黄秋葵的栽培及田间管理技术。

【情感目标】

（1）养成耐心、细致的习惯。

（2）具有实事求是的科学态度和团队协作精神。

（3）能积极地参与项目技能训练活动。

（4）能够主动发现黄秋葵栽培管理中的问题并积极解决问题。

黄秋葵（Abelmoschus esculentus L. moench），是锦葵科秋葵属的一个种，为花、药、菜兼用型一年或多年生草本植物，别称还包括羊角豆、补肾果、咖啡豆、洋辣椒（福建）等。其果实具有一种特有的黏状物质（果胶、半乳聚糖、阿拉伯树胶等混合物），能帮助消化，且具有保护肠胃、肝脏、皮肤和黏膜的作用，对胃炎、胃溃疡也有一定疗效，所以，在有的国家黄秋葵是运动员的首选蔬菜。

一 生育周期

黄秋葵的生育周期分为发芽期、幼苗期和开花结果期。

1. 发芽期

发芽期是从播种到2片子叶展平，需要10~15天。地温15℃左右，种子即可发芽。种子发芽和生长发育期适温均为25℃~30℃。

2. 幼苗期

幼苗期是从2片子叶展平到第一朵花开放，一般需要40~45天。

3. 开花结果期

开花结果期是从始花到采收结束，需 90~120 天，通常播种后 70 天左右即可第一次采收。

黄秋葵生产技术

1. 品种分类

根据植株高矮黄秋葵可分为矮秆种、中秆种、高秆种。南方种植最好采用矮秆种，株高在 1m 左右，侧枝多，结荚早，成熟荚长可达 20cm，主要品种有琦玉五角、东京五角、台湾五福等。

2. 选地与整地

土地选择要通风向阳，排水良好，同时地层肥厚，地下水位低。黄秋葵不宜重茬，前茬不可以是棉花或者果菜类植物。种前结合整地施入腐熟农家肥1 500kg 或生物有机肥 600kg，平衡型复合肥 30kg，然后翻入土中，使土、肥充分混合，耙平起畦待播。作畦要上虚下实，方便种植管理，畦形要求面宽 1.2m，沟宽 30cm，深 25cm。

3. 播种育苗

长江中下游播种一般以 4 月底 5 月初为最佳。

播种前种子需要催芽，在 28℃温水下浸泡，时间控制在 24h 以内，当种子出现 80%露白即可播种，每穴播 2 粒种子，株距 15cm。

4. 苗期管理

当苗长出 3~4 片真叶时进行一次间苗、补苗，去掉病残弱苗，每穴留 1 株壮苗，用间出的壮苗来补缺苗。

5. 肥水管理

定植过后主要施 3 次肥，分别为提苗肥、促花肥、壮果肥。提苗肥以高氮型肥料为主，可亩施尿素 5kg，或淋施海精灵生物刺激剂（根施型）300 倍液；促花肥以平衡型肥料或高磷钾型肥料为主；壮果肥从进入结果初期开始追施，每亩可施平衡型复合肥 40kg+钾肥 7.5kg，南方地区适量补一些硼肥。

黄秋葵为耐湿性植物，植株高大，需水较多，在高产高效栽培中，既要防旱、防涝，又要保水保湿。

6. 土壤管理

在补苗成活后进行 1~2 次中耕培土，以提高地温，促进生长。

始花期应加强中耕，促进根系发育。

结果初期，植株生长加快，结合追肥，及时中耕培土、清园、清沟等，以利根系伸长，植株健壮生长。

7. 植株调整

对正常生长及弱小植株，只需剪除部分弱小分枝，留下粗壮枝，以增加结果枝。

进入盛果期后，植株出叶较快，应及时摘除无效老叶、残叶，减少养分消耗，利通风透光，防止病虫蔓延。

在采收嫩果时，要适时打顶摘心，可促进侧枝结果，提高产量。

8. 适时采收

种植黄秋葵采收的产品以嫩果荚为主，采收时用剪刀在果柄靠枝干处剪下，保证摘下的果荚果柄有 2~3cm，同时注意不要伤害枝干。

如果是收获种子，待黄秋葵果荚变黄、变干，尖端出现裂缝后即可采收，晒干后收取种子。

另外，有的地方也将黄秋葵的花采摘下来，经过一定工艺制作成黄秋葵花茶，这不仅充分挖掘了黄秋葵的生物价值，同时也给种植户带来了更高的经济收益。黄秋葵结果期如图 4-1 所示。

图 4-1　黄秋葵结果期

三　病虫害防控

黄秋葵病虫害较少，应以预防为主、综合防治，一般采用农业防治、生物防治、物理防治及生态防治等方法，尽量预防病虫害的发生。

黄秋葵病害主要有立枯病、炭疽病、猝倒病和病毒病。立枯病、炭疽病和猝倒病主要在苗期发生，可通过种子消毒和轮作换茬等方式进行防治，也可喷洒代森锰锌、百菌清、多菌灵等预防；病毒病主要在生长期发生，且可由蚜虫传播，可通过防治蚜虫来预防。在发病初期可选用病毒 A 可湿性粉剂 500~800 倍液叶面喷雾，一般每 5~7 天喷 1 次，连续喷 3 次。

黄秋葵虫害主要有蚜虫、地下害虫、盲蝽象和斜纹夜蛾。蚜虫、地下害虫主要发生在幼苗期；中后期虫害主要有盲蝽象、斜纹夜蛾。可用 Bt（200 IU/mg）乳剂 200 倍液或 0.3%苦参碱水剂 1 000 倍液喷雾防治蚜虫、斜纹夜蛾；用 2.5%溴氰菊酯乳油 1 500~2 000 倍液喷雾防治盲蝽象。

课后作业

1. 黄秋葵果实具有一种特殊的黏性物质，主要包括果胶、半乳聚糖和阿拉伯树胶等。（　　）
2. 成熟黄秋葵果荚一般长10~20cm，一个果实只有1粒种子。（　　）
3. 黄秋葵主要以采收嫩果荚为主，也有采收花和种子进行加工的。（　　）
4. 下列关于黄秋葵的栽培管理方面说法错误的是（　　）。

A. 黄秋葵喜欢土层深厚、土壤肥沃、排水良好的壤土或沙壤土

B. 种植黄秋葵的地块前茬作物可以是棉花、番茄、辣椒等作物

C. 黄秋葵为耐湿性植物，需水量较多

D. 危害黄秋葵的病虫害主要有疫病、病毒病和斜纹夜蛾等

【任务考核】

学习任务：		班级：	学习小组：				
学生姓名：		教师姓名：	时间：				
四阶段	评价内容		分值	自评	教师评小组	教师评个人	小组评个人
任务咨询 5	工作任务认知程度		5				
计划决策 20	收集、整理、分析信息资料		5				
	制订、讨论、修改生产方案		5				
	确定解决问题的方法和步骤		3				
	生产资料组织准备		5				
	产品质量意识		2				
组织实施 50	培养壮苗		5				
	整地作畦、施足底肥		5				
	黄秋葵定植、地膜覆盖		5				
	黄秋葵肥水管理		5				
	黄秋葵环境控制		5				
	黄秋葵病虫害防治		5				
	黄秋葵采收及采后处理		5				
	工作态度端正，注意力集中，有工作热情		5				
	小组讨论解决生产问题		5				
	团队分工协作、操作安全、规范、文明		5				
检查评价 25	产品质量考核		15				
	总结汇报质量		10				

任务二 芽苗菜设施栽培

【知识目标】

（1）掌握芽苗菜的栽培类型、品种类型与生产特点。

（2）掌握栽培芽苗菜管理知识、病虫害防治对策。

【技能目标】

（1）能进行芽苗类育苗技术管理。

（2）能掌握芽苗菜的栽培及田间管理技术。

【情感目标】

（1）养成耐心、细致的习惯。

（2）具有实事求是的科学态度和团队协作精神。

（3）能积极地参与项目技能训练活动。

（4）能够主动发现芽苗菜栽培管理中的问题并积极解决问题。

凡是利用植物种子或其他营养贮存器官，在黑暗或光照条件下直接生长出可供食用的嫩芽、芽苗、芽球、幼梢或幼茎的均可称为芽苗类蔬菜。

一 品种类型

根据芽苗类蔬菜产品形成所利用的营养来源可分为种芽菜和体芽菜。

1. 种芽菜

种芽菜是指利用种子贮存的养分直接培育成幼嫩的芽或芽苗，分为软化型和绿化型，软化型包括黄豆、绿豆、赤豆、蚕豆类等；绿化型包括香椿、豌豆、萝卜、荞麦、蕹菜、苜蓿芽苗等。

2. 体芽菜

体芽菜是指利用 2 年生或多年生作物的宿根、肉质直根、根茎或枝条中累积的养分，培育成的芽球、嫩芽、幼芽或幼梢。由肉质直根育成的体芽菜有芽球菊苣、由宿根培育成的有菊花脑、苦荬芽等；由根茎培育成的体芽菜有姜芽、蒲芽等；由植株、枝条培育的体芽菜有树芽香椿、枸杞头、花椒和豌豆尖、辣椒尖、佛手瓜尖等。

二 芽苗菜的生产特点

1. 易达到绿色食品的要求

芽苗菜产品生长所需的营养，主要依靠种子或根茎等营养贮藏器官累积的养分，栽培管理上一般不必施肥。芽苗菜很少感染病虫害，不必使用农药。因此，只要所采用的种子等养分贮藏器官以及栽培环境清洁无污染，则芽苗菜产品便易达到绿色食品的要求。

2. 具有很高的生产效率和经济效益

芽苗菜产品形成周期最短只需5~6天，最长也不过20天左右，平均每年可生产30茬，复种指数比一般蔬菜生产高出10~15倍。

芽苗菜生物效率高，可达到4~9倍。萝卜苗在5~7天，每75g种子可形成500g芽，生物效率可达6.7，每平方米可生产3 300g产品。香椿在15~20天，每50~100g种子可形成500g芽苗，生物效率可达5~10，每平方米可生产2 300~3 300g产品。

芽苗菜大多较耐弱光，适合进行多层立体栽培，土地利用率可提高3~5倍。

3. 生产技术具有广泛的适用性

（1）对设施性能要求不高。由于大多数芽苗较耐弱光、耐低温，可在不同光照或黑暗的条件下进行“绿化型”“半软化型”和“软化型”产品的生产。

（2）生产场地灵活，露地遮光栽培、设施内栽培、土壤平面栽培或无土立体栽培均可。可在工业厂房或房室中进行半封闭式、多层立体、苗盘低床、无土免营养液栽培，发展规范化集约生产新模式。极适合于土地资源紧缺的繁华城市以及外界环境条件恶劣的科学考察站、海岛前哨、边远绿林区、航行中的船只等环境的栽培。

三 发展芽苗菜生产应注意的问题

1. 注意销路和引导消费

在发展芽苗菜生产时首先要考虑销路，打通销售渠道，切忌贸然进行大批量生产，以免遭受损失；同时应着力于“引导消费”，通过各种渠道作广泛介绍和宣传。

2. 避免产品积压

由于芽苗菜品种繁多，应采取“小批量、多品种、多茬次”“排开播种、分期收获、均衡上市”等措施加以弥补。

3. 避免产品远销

由于芽苗菜产品均为柔嫩、容易失水萎蔫的芽苗、嫩芽、芽球、幼梢或幼茎，因此不耐长途运输，因此芽苗菜生产应“就近生产，就近供应”。

4. 产品上市形式以活体为主

由于芽苗菜均属于组织柔嫩、营养丰富的优质、高档蔬菜，因此应进行小包装、精包装，并应千方百计地提高产品质量，以确保产品的高档次。在高温下离体芽苗极易腐烂，所以种芽应采用“整盘活体销售”，以延长货架期。

5. 保持无公害品质

芽苗菜因清洁、无污染而备受消费者欢迎，所以在栽培过程中应严格按照绿色食品的生产要求进行管理，以确保产品不受农药、化肥和激素的污染。

四 芽苗菜生产关键技术

1. 苗盘消毒

先用清水冲洗，彻底清除苗盘内的杂质，然后用0.1%多菌灵溶液浸泡2h，取出用清水冲洗干净并晾干后使用。

2. 品种选择

一般选择籽粒饱满、发芽率高、生长快、发芽势强、品种幼芽肥嫩、适口性好、价格便宜、来源可靠、少污染的品种。

3. 浸种消毒

首先消除杂物，除去瘪粒，然后用50℃~55℃温水浸种10min，清洗干净后，在20℃左右清水中浸泡2h，即可用来播种。

4. 播种催芽

首先，在盘底铺1~2层吸水纸，用水浸湿纸床，将浸泡好的种子均匀撒在纸床上，盖上旧报纸保湿遮光，最后将其放到苗盘架上。

也可用沙、珍珠岩或蛭石等做基质，将种子与基质按体积1∶1混匀，均匀平铺于苗盘底部，上面盖报纸即可。

5. 环境调控

（1）湿度上：生产芽苗菜对湿度要求较高，需水量较大，要保证每日2~4次喷水以保持湿度，夏季可适当增加喷水次数。在芽苗菜生长过程中，如果湿度不够，生长会比较缓慢，而且容易纤维化，口感变差、产量降低；如果湿度过大，又容易积水沤根，降低产品的商品性。

（2）温度上：一般室温保持在20℃~25℃，最高不能超过30℃，最低不能低于15℃，温度过高则纤维化程度偏高，口感不好；温度过低则芽苗生长瘦弱，口味比较差。

6. 适时采收

在遮光条件下，保温保湿培养6~7天，待芽苗长到10cm高后即可采收上市。如果培养绿苗菜，当子叶展平真叶出现时可见光培养，第一天可见散射光，第二天可见自然光照射，待叶片由黄变绿即可采收上市。

五 豌豆苗生产技术

豌豆芽菜又叫龙须豌豆苗、豌豆苗，是利用豌豆种子培育出来的幼嫩茎叶。

豌豆芽菜含有丰富的维生素（100g豌豆苗含4.27mg胡萝卜素和32.19mg维生素C）和矿质元素，且色泽鲜绿，口感脆嫩，香味独特，深受人们喜爱。

传统的豌豆芽菜生产是采用沙培法，既费工，又不利于大面积生产。中国农业科学院蔬菜花卉研究所等单位，对其生产技术进行改进并取得了成功，使豌豆芽菜既可在温室、改良阳畦进行简易水培生产，又可进行工厂化规模生产。

1. 品种选择

通常选用籽粒饱满、纯度和净度高、发芽率高、发芽势强、价格便宜、豆苗产量高、生长速度快、产品品质柔嫩的新种子或贮藏1年的种子。

为降低成本，一般以种子千粒重在150g左右的小粒光滑品种为宜。大粒品种生产成本高，不适于芽菜生产。种皮太薄的豌豆品种，浸种后种皮易破，产生破瓣现象，烂种严重，也不适于芽菜生产。

常用的优良品种有：青豌豆、麻豌豆、中豌4号、小灰豌豆等。

2. 设备用具

生产场地多选用日光温室，也可选用改良阳畦、厂房、居室等。

一般可在 9 月份至第二年 5 月份进行生产。栽培床多选用塑料育苗盘，其规格多为 60cm×30cm×5cm，盘底有孔，以利渗水防止烂种。栽培基质多选用纸张、白棉布、无纺布、泡沫塑料片以及珍珠岩等。

3. 播前处理

首先对种子进行挑选，剔除瘪籽、畸形籽、虫蛀籽、杂质等。然后用 55℃左右的温水浸种消毒 10min，之后在 25℃~30℃下清水浸种 24h 左右。浸种时间短的，种子吸水量不足，发芽期间应多次补水，但发芽缓慢。浸种时间超过 48h，发芽率较高，但产量较低，易出现破皮烂种现象。

捞出种子装入编织袋或布袋中在 18℃~25℃下催芽。待 1~2 天大部分种子出芽后及时播种。

4. 适时播种

在育苗盘底铺 2 层卫生纸或 1 层 0. 5cm 厚的珍珠岩，以利根系生长和保湿，然后撒种。每平方米播种量 1. 5~3kg，播后盖 1 层报纸，用小喷壶从纸上浇水，直至苗高约 10cm 时揭去报纸绿化。

5. 播后管理

豌豆芽菜喜较大湿度，纸床持水量较少，易蒸发，播种后出苗前应注意多次喷水保持纸床湿度。豌豆芽菜栽培不需浇灌营养液。

豌豆芽菜在 10℃~24℃可正常生长。

豌豆芽菜喜 2 000~5 000Lx 的弱光。冬季光线弱，一般不必遮光；春季光线较强，要用遮阳网、旧膜或黑膜等进行遮阴。

6. 适时采收

在苗高 10~15cm 时，即可整盘活体上市，还可剪割采收小包装上市。一般春秋季节温度高，生长快，生产每茬需要 10~14 天，而严冬季节需 15~25 天。

一般每千克种子可生产 6~7kg 产品，去掉豆粒和根系的嫩苗有 2~3kg 产品。

课后作业

1. 从营养的来源我们可以将芽苗菜分为________和________。

2. 判断正误

A. 所有的芽苗菜都不喜欢光照，需要避光栽培。 (　　)

B. 沙子、珍珠岩、蛭石等材料不能用于生产芽苗菜。 (　　)

3. 下列对于选择生产芽苗菜的种子说法不正确的是（　　）。

A. 籽粒饱满

B. 发芽率高

C. 刚采收的新鲜的种子

D. 发芽势强、适口性好的种子

【任务考核】

学习任务：		班级：		学习小组：			
学生姓名：		教师姓名：		时间：			
四阶段	评价内容		分值	自评	教师评小组	教师评个人	小组评个人
任务咨询 5	工作任务认知程度		5				
计划决策 20	收集、整理、分析信息资料		5				
	制订、讨论、修改生产方案		5				
	确定解决问题的方法和步骤		3				
	生产资料组织准备		5				
	产品质量意识		2				
组织实施 50	品种选择		5				
	种子处理		6				
	播种		6				
	播后管理		10				
	采收及采后处理		8				
	工作态度端正、注意力集中、有工作热情		5				
	小组讨论解决生产问题		5				
	团队分工协作、操作安全、规范、文明		5				
检查评价 25	产品质量考核		15				
	总结汇报质量		10				

技能训练：芽苗菜生产技术

一 实训目的

掌握芽苗菜种子的浸种、催芽方法，以及生产过程中温度、湿度、光照等管理技术。

二 材料和用具

几种芽苗菜的种子、育苗盘、浸种容器、喷淋器械、恒温箱、温度计、基质、草纸等。

三 方法与步骤

1. 种子处理

（1）把种子过筛，并剔除发霉、破损、不成熟的种子。

（2）根据芽苗菜的种类，采取一般浸种或热水烫种等方法进行浸种，注意选择适宜的水温和浸泡时间。根据不同种类芽苗菜的要求，浸好的种子可直接播种或预生后播种上盘。

2. 播种上盘

播种前先准备好播种盘，并在盘上铺好基质，根据芽苗菜的种类确定播种量，然后把浸好的种子均匀平铺于苗盘，播种标准以 60cm×25cm×4cm 大小的育苗盘为例，每盘播种量根据不同的种子确定，绿豆芽为 450～600g/盘，绿色大豆芽 350～400g/盘，豌豆芽 500g/盘左右，苜蓿芽 50g/盘左右。

3. 叠盘催芽

播种完毕后，将苗盘叠摞在一起，放在平整的地面进行叠盘催芽。每 5～10 个为一摞码在一起，在最上层盖一层湿麻袋片、黑色农膜或双层遮阳网。保持 20℃～25℃的温度，每天淋水 2~3 次，同时进行倒盘。

4. 生产管理

根据每种芽苗菜的生长要求，做好光照、温度、湿度、浇水次数、通风等控制。

5. 产品采收

根据每种芽苗菜的生长期和采收标准及时采收。

四 注意事项

芽苗菜生长过程中常常出现烂种、芽苗不整齐、芽苗菜过老等问题。

（1）烂种。芽苗菜生产过程中，尤其是叠盘催芽时，容易发生烂种现象。须严格控制浇水量和温度。苗盘应进行严格的清洗和消毒。

（2）芽苗不整齐。为使芽苗菜生长整齐，应注意以下几方面：①采用纯度高的品种；②均匀进行播种和浇水；③要水平摆放苗盘，经常倒盘。

（3）芽苗菜过老。芽苗菜生产过程中，应避免干旱、强光、高温或低温生长期过长等情况的出现，以防止芽苗菜纤维的迅速形成。

五 作业

1. 简述芽苗菜种子处理、叠盘催芽技术要点。
2. 分析芽苗菜生产过程中容易出现的问题。

项目五

无土栽培技术

任务一 蔬菜无土栽培技术

【知识目标】

(1) 掌握无土栽培的概念、优缺点。

(2) 掌握无土栽培的主要类型。

(3) 掌握无机营养无土栽培技术要点。

(4) 掌握生态型无土栽培技术要点。

【技能目标】

(1) 掌握无土栽培基质的种类、如何混合以及消毒技术。

(2) 能进行无土栽培营养液的配置及其管理。

【情感目标】

(1) 养成耐心、细致的习惯。

(2) 具有实事求是的科学态度和团队协作精神。

(3) 能积极地参与项目技能训练活动。

(4) 能够主动发现蔬菜无土栽培管理中的问题并积极解决问题。

根据国际无土栽培学会的规定：凡是不用天然土壤而用基质或仅育苗时用基质，在定植以后不用基质而用营养液灌溉的栽培方法，统称为“无土栽培”。作为设施园艺的核心技术，无土栽培与我们的生物技术一起被列为20世纪对农业生产产生巨大影响的两大具有划时代意义的高科技农业技术。

现如今，无土栽培已经发展成为世界上最先进的蔬菜生产方式，非常适宜蔬菜的规模化、商品化、自动化生产。

一 无土栽培的优缺点

(一) 优点

(1) 适应性广。无土栽培不受土壤条件及栽培场所限制，可以在太空、海岛、荒滩、盐渍化土地等进行生产。

(2) 减少病虫害，避免连作障碍。无土栽培可有效解决土壤栽培中连作造成的地力衰竭、病虫害严重等问题。

(3) 产量高，品质好。无土栽培可以最大限度地满足作物对温度、光照、水、肥料、空气的要求，从而大幅度提高作物的产量和品质。

(4) 省水、省肥、省工。在无土栽培过程中，我们可以根据蔬菜种类及不同生长发育时期按需定量进行灌水施肥，其耗水量是土壤栽培的1/10~1/4，可节省肥料用量50%~70%。同时，无土栽培简化了耕作工序，不需要进行翻耕土壤、中耕除草、土壤消毒等，大大节省了劳力。

（5）有利于实现工厂化、自动化和现代化生产。

（二）缺点

（1）一次性设备投资较大，一般平均投资在1 000～1 500元/m^2，面积10 000～15 000m^2，总投资达1 000万～1 500万元，而且用电多，肥料费用也较高。

（2）对技术水平要求高，不管是仪器的使用与维护、营养液的配置与使用，还是种植过程中的管理等都要求有一定专业基础知识的人才。

无土栽培的主要类型

（一）无基质栽培

无基质栽培是指除了育苗时采用固体基质外，定植后不用固体基质的栽培方法，通过特定的固定装置使植株从配制的营养液中吸取营养，按照营养液供给方式不同又分为以下两类。

1. 水培

定植后，蔬菜根系直接浸泡在营养液内，由流动着的营养液为蔬菜提供营养。主要分为以下两种。

（1）营养液膜法（NET）：将蔬菜种植在浅层流动的营养液中。营养液循环利用，营养液层深度不超过1cm。

（2）深液流法（DFT）：将蔬菜定植于定植网筐或悬杯定植板的定植杯内，蔬菜悬挂在营养液面上方，根系浸入营养液中。营养液循环流动，深度5～10cm。

2. 雾培

雾培又叫气培，将蔬菜根系悬挂在栽培槽内，根系下方安装自动定时喷雾装置，每隔3min喷30s，间断地将营养液喷到蔬菜的根系上。

（二）基质栽培

基质栽培是指将蔬菜栽种在固体基质上，用基质固定蔬菜并从基质中吸收营养和氧气。固体基质栽培的方法比较多，按照基质的盛装方式不同分为以下几种。

（1）袋培法。用一定规格的专用袋，内盛基质，蔬菜栽种在基质袋上，采用滴灌系统供液。

（2）槽培法。用一定规格和形状的栽培槽盛装基质，在槽内栽种蔬菜。该法多用滴灌装置向基质提供营养液和水，部分采取微喷灌法。

（3）岩棉培法。岩棉是一种用多种岩石熔融在一起，喷成丝状冷却后粘合而成的疏松多孔、可成型的固体基质。一般将岩棉切成一定大小的块状，外部用塑料薄膜包住，做成形似一枕头袋块状的岩棉种植垫。种植时，将薄膜切开一小穴，种上带育苗块的小苗，并滴入营养液，植株即可扎根其中吸收养分和水分。

（三）有机生态型无土栽培

有机生态型无土栽培是指利用有机肥代替营养液，并用清水灌溉，排出液对环境无污染，能生产合格的绿色食品的一种新型无土栽培模式。

（四）无机耗能型无土栽培

无机耗能型无土栽培是指全部用化肥配置营养液，排出液污染环境和地下水，生产出的产品中硝酸盐含量高，营养液循环中耗能多的一种无土栽培模式。

三 无机营养液无土栽培技术要点

（一）基质的准备

1. 基质种类

固体基质的种类很多，按基质的来源可以分为天然基质和合成基质两种。天然基质有砂、石砾、蛭石等；合成基质有岩棉、陶粒、泡沫塑料等。

按基质的化学组成可以分为无机基质和有机基质两种。无机基质有砂、蛭石、石砾、岩棉、珍珠岩等；有机基质有泥炭、木屑、树皮等，是由有机残体组成。

按基质的组合可以分为单一基质和复合基质。单一基质是以一种基质作为生长介质的，如沙培、砾培、掩面培等；复合基质是由两种或两种以上的基质按一定比例混合制成的基质。

按基质的性质可以分为活性基质和惰性基质。活性基质是指具阳离子代换量、本身能供给植物养分的基质，如泥炭、蛭石等；惰性基质是指基质本身无养分供应或不具有阳离子代换量的基质，如砂、石砾、岩棉、泡沫等。

2. 基质混配

基质混配的要求是容重适宜，增加孔隙度，提高水肥和空气的含量，同时根据混合基质的特性，与作为营养液配方相结合，只有这样才有可能充分发挥其在栽培上的生产、优质的潜能。生产上以2~3种基质混合为宜。不同蔬菜作物对混配基质的要求不同，一般应根据蔬菜作物的种类、栽培季节、管理方法的不同，选择不同的基质配方。国内绝大多数穴盘育苗采用草炭和蛭石混配基质进行育苗，一般比例按照体积2∶1或者3∶1进行混配后利用。

3. 基质消毒

（1）蒸汽消毒。具体方法是基质可以堆成20cm高，长度根据地形而定，全部用防水高温布盖上，通入蒸汽后，在70℃~90℃下，消毒1h就能杀死病菌。采用蒸气消毒效果良好，而且也比较安全，缺点是成本较高。

（2）化学药品消毒。这是利用一些对病原菌和虫卵有杀灭作用的化学药剂来进行基质消毒的方法。优点是消毒方法较为简便，特别适合在大规模生产上使用，因此使用广泛。缺点是消毒的效果不及蒸气消毒的效果好，而且对操作人员有一定的副作用。常用的消毒药剂有甲醛、高锰酸钾、氯化苦、漂白剂等。

（3）薄膜覆盖高温消毒。夏季高温季节，把基质堆成高20~30cm的堆（长、宽视具体情况而定），同时喷湿基质，使其含水量超过80%，然后用塑料薄膜覆盖基质堆，密闭温室或大棚，暴晒10~15天，消毒效果良好。薄膜覆盖高温消毒法在南方温室大棚中使用很普遍。

（二）营养液的配制与管理

1. 营养液组成

营养液是将含有各种植物营养元素的化合物溶解于水中配置而成的，其主要原料是水和含有营养元素的化合物。

营养液水质要求纯净、无污染，酸碱度适中，不含钙、镁、钾、硝态氮等营养元素或含量甚微。

营养元素的化合物根据化合物纯度的不同，可分为四类：化学试剂、医药用化合物、工业用化合物和农业用化合物。

营养液中必须含有作物生长所必需的全部营养元素，即碳、氢、氧、氮、磷、钾、钙、镁、硫、铁、锰、铜、锌、硼、钼、氯（锰、铜、锌、硼、钼、氯为微量元素）16 种。营养元素的化合物是由含有 13 种营养元素的各种化合物组成。

目前，应用较广的主要是 Hoagland、山崎和日本园式配方，比较重要的观果、观叶及实验配比的相关营养液都是以此为基础的。

2. 营养液的配制

配置过程：称量→调节 pH→配制母液→配制工作营养液。

（1）浓缩贮备液配制

A 母液：以钙盐为主，如 $Ca(NO_3)_2 \cdot 4H_2O$ 和 KNO_3可以溶解在一起。

B 母液：以磷酸盐为主，如 KH_2PO_4和 $MgSO_4 \cdot 7H_2O$ 可以溶解在一起。

C 母液：由铁和微量元素配制而成的。

一般 A 母液和 B 母液浓缩 200 倍，C 母液浓缩1 000倍。母液应贮存于黑暗容器中。母液如果较长时间贮存，可用 HNO_3酸化，使 pH 达到 3~4，能够更好地防止发生沉淀。

（2）工作营养液配制

由母液稀释而成。具体步骤为：第一步先在贮液池内加入一定量的水；第二步按预定浓度加入 A 母液和 B 母液；第三步加入 20g 混合后的微肥；第四步加入 223ml 磷酸，混匀，调节营养液酸碱度。

3. 营养液的管理

（1）浓度管理：营养液浓度管理的指标通常用电导率即 EC 值来表示，EC 值代表了营养液离子的总浓度。工作液 EC 值一般为标准浓度的 1/3~1/2，如果过低则需加入母液进行调节；如果太高则加清水进行稀释。

（2）pH 调整：营养液 pH 的适宜范围为 5. 5~6. 5。若过酸，可加入碱性试剂氢氧化钠或氢氧化钾进行调节；若过碱，则加入酸性试剂稀硫酸或稀硝酸进行调节。

（3）温度管理：夏季液温不超过 28℃，冬季液温不低于 15℃。

（4）营养液含氧量调整：可通过搅拌、营养液循环流动、适度降低营养液浓度或用充气泵向营养液中充气加氧。

四 有机生态型无土栽培技术要点

（一）有机肥料的处理

（1）发酵腐熟：由于原料来源的不同，有机肥的发酵腐熟方法也有多种方式，生产的各类有机肥料必须符合堆肥腐熟度鉴别的综合指标，即腐熟的堆肥，肥堆的体积比刚堆积时塌陷 1/3~1/2，堆肥的秸秆变成黑褐色，有氨臭味，手握秸秆湿时柔软，干时易碎。堆肥浸出液的颜色呈黄褐色，碳氮比为（20~30）：1，腐殖化系数 30%左右。

（2）干燥处理：腐熟好的有机肥应及早晒干或烘干，降低含水量，以便于贮存和进行追肥。干燥的有机肥比较容易搬运和进行施肥操作，并且含水量减少也不容易滋生杂菌。

（3）粉碎过筛：堆肥需过 12mm 的筛，除去大块的砖块瓦砾，堆肥产品中的杂物（包括塑料、玻璃、金属、橡胶等）不得超过 3%。

（二）栽培基质的选择与配制

选择栽培基质之前，我们首先要对各种基质的特点有所了解，例如，基质本身是否具有营养、基质的理化性状、各种基质的价格情况等，然后，将准备好的基质按照一定比例混合均匀。

一般常用的比例有：草炭和炉渣为4：6；河沙和椰壳为5：5；葵花秆、炉渣和锯末为5：2：3；草炭、珍珠岩为7：3。

最后，将混合均匀的基质堆成高20cm左右，在阳光下暴晒一段时间，或者用40%甲醛溶液40~50倍液均匀喷洒在基质上，这样可以有效杀死基质中的杂草种子、线虫以及真菌等。

（三）栽培设施系统建造

无土栽培的设施一般由栽培床（槽）、贮液池（罐）、供液系统和控制系统4部分组成。不同的无土栽培类型在设施结构及建造要求上存在一定差异。在生产实际中应根据生产条件、作物种类、育苗与栽培方式等因素综合考虑。

（四）操作管理规程

1. 营养管理

定植前在基质中混入一定量的有机肥作为基肥。

果菜在定植20天后每隔10~15天追肥1次，均匀地撒在距根部5cm以外的基质内。

每次每立方米基质追肥量全氮（N）80~150g、全磷（P_2O_5）30~50g、全钾（K_2O）50~180g。

2. 水分管理

定植前一天，灌水量以达到基质饱和含水量为宜。

定植后，每天1次或2~3次，保持基质含水量达60%~85%（按占干基质计）。

成株期，浇水量必须根据气候变化和植株大小进行调整，阴雨天停止浇水，冬季隔1天浇1次。

课后作业

一、选择题

下列关于无土栽培的特点说法不正确的是（　　）。

A. 可减少病虫害的发生，避免连作障碍

B. 产量高、品质好

C. 省水、省肥、省人工

D. 投资小，效益高

二、填空题

根据基质种类的不同，无土基质栽培可分为________、________和________。

三、判断题

1. 无土栽培就是指用水作为介质，用营养液进行灌溉的一种作物栽培方式。（　　）
2. 浇灌营养液时，我们将三种母液按照一定比例混合后就可以用来浇灌了。（　　）

任务二 蔬菜水培技术

【知识目标】

（1）掌握蔬菜水培的优缺点。

（2）能总结水培蔬菜栽培的工艺流程。

【技能目标】

（1）能熟练操作叶菜类蔬菜水培的播种育苗、定植分苗、日常管理、采收包装技术。

（2）能根据蔬菜水培的生产技术要点，从事管理和生产，使之达到优质、高产。

【情感目标】

（1）养成耐心、细致的习惯。

（2）具有实事求是的科学态度和团队协作精神。

（3）能积极地参与项目技能训练活动。

（4）能够主动发现蔬菜水培管理中的问题并积极解决问题。

水培是指植物根系直接与营养液接触，不用固体基质并能正常生长的栽培方法。植株生长发育所需的营养以及环境条件均是可控的，因此，水培蔬菜的产量和品质都是传统土壤栽培无法比拟的，无论是从安全性，还是蔬菜口感、品质上，都要比土壤栽培优越。

一 水培蔬菜的优缺点

（一）优点

1. 产量高

营养液为水培蔬菜根系直接提供营养和水分，因此蔬菜的营养供应更加充足、均衡和迅速，采用这种方式种植的蔬菜，在产量上要比传统土壤栽培或基质栽培的高几倍甚至是十几倍。

2. 品质好

水培蔬菜营养供给均衡，并且可以根据蔬菜种类和生长阶段的不同来进行营养供应的精准控制。由于水培蔬菜是在温室大棚等保护性设施条件下栽培的，不易受到像露地栽培那样不利于生长的条件的干扰和影响，植株体内不会过多地积累为抵御干旱、淹水、染病、虫咬和营养不平衡等胁迫而产生的次生代谢物，所以水培蔬菜的口感更好，内在品质更佳。

3. 易于自动化控制

由于水培设施采用营养液作为提供植物根系生长的根际条件，其营养水平易通过自动控制设备进行精确控制，只需增加各种检测探头和相应的控制设备即可实现生产过程的自动化控制。

4. 设施设备管理简单

水培设施设备采用管道或各种可以盛装营养液的种植槽等来进行种植，其设备相对简单，只要将设施设备建设好，就可以对作物种植进行良好管理，而且水培的设施设备比较耐用，管理上较为方便。

（二）缺点

1. 投资较大

相对于传统的土壤栽培或基质栽培，水培的设施设备投资较大，造成了整个规模化水培蔬菜生产基地的投资较大，这是目前规模化水培蔬菜发展的一个瓶颈。但是，随着各种简化、耐用、低成本设施的研发，投资较大的问题也得到了一定程度上的解决。

2. 有可能出现病害的大量传播

水培蔬菜的营养液是循环流动的，如果种植系统中出现病害，特别是根系病害时，有可能出现病害的大范围传播，因此做好生产用水、育苗基质的消毒，营养液和设施设备的消毒非常重要。

3. 技术要求较高

水培蔬菜是在营养液中进行的，它没有传统土壤栽培中土壤的缓冲性，因此对营养液浓度、各营养物质比例、酸碱度以及温度等条件的控制需更加严格，因而在管理和控制的技术上要求更高。

水培蔬菜的种类与品种

适合于水培的蔬菜种类很多，目前常见的有两类：一类是果菜类，另一类是叶菜类。

（一）果菜类水培蔬菜

果菜类蔬菜由于其生长周期相对较长，一般都在 1 年左右，且在从定植到采收的整个生长周期内要进行 2~3 次的营养液更新，栽培管理难度比较大，因此不太适合水培培育。

目前我国培育的果菜类蔬菜主要以番茄为主，较常见的是番茄树的水培，其特点是：抗病性强，可以进行长季节栽培；果肉硬实，果皮较厚，不易裂果；植株长势旺盛，结果能力强；对环境条件的适应性较强，对高温、低温、弱光等均有一定的抗性。

番茄树一株的占地面积达 50~100m^2，且植株的高度在 2~2.5m。因此，番茄树栽培需要在相对高大的温室内进行。由于番茄是草本植物，半蔓性的茎不能像树木一样支撑茂盛的枝叶，番茄树的栽培需要专门的支架支撑茎叶和果实，以形成理想的树形。

番茄树的栽培对温度条件的要求与普通番茄一样，白天的温度为 25℃~28℃，夜间温度为 15℃~18℃。温度高于 30℃，或低于 12℃，番茄树均不能正常生长，因此，进行番茄树栽培的温室冬季要有加温设施，夏季要有降温设施，以保证给番茄树的生长提供适宜的温度。

光照是影响番茄开花坐果的重要环境因素，弱光常常造成落花落果，因此，温室的顶部应选择透光性较好的太阳板，同时使用遮光网改善光照条件。

用于番茄树栽培的培育池，又称水培床，是番茄树根系生长的容器，通常使用长 3m、宽 1.5m、深 30cm 的水泥池，且要求一株一个池子。水培床表面需用白色泡沫板覆盖，以使根系有一个黑暗的生长环境，并防止青苔的滋生。

水培床上方应有给液水管，床底要有回液孔洞，以便于营养液的循环，此外，还应有充氧装置，包括充气泵和充气管，其作用是给水培床中的营养液补充氧气。

（二）叶菜类水培蔬菜

绝大多数叶菜类蔬菜均可采用水培的方式栽培，比较常见的品种有：生菜、菠菜、水芹、芥蓝、菜心、油菜、小白菜、羽衣甘蓝、紫背天葵等，其中，生菜是最重要、最常见的水培叶菜类蔬菜之一。原因主要有以下几点。

（1）产品质量好。叶菜类多食用植物的茎叶，如生菜、菊苣等叶菜以生食为主，这就要求产品鲜嫩、洁净、无污染。土培蔬菜容易受污染，沾有泥土，清洗起来不方便，而水培叶菜类比土培叶菜质量好，洁净、鲜嫩，品质上乘。

（2）适应市场需求，可进行周年栽培。叶菜类蔬菜不易贮藏，但为了满足市场需求，需要周年生产。土培叶菜倒茬作业烦琐，需要整地作畦，定植施肥，浇水等作业，而无土栽培换茬很简单，只需将幼苗植入定植孔中即可，例如生菜，每天可以播种、定植、采收，不间断地连续生产。所以水培方式便于茬口安排，适合于计划性、合同性生产。

（3）蔬菜淡季供应的良好生产方式。叶菜类一般植株矮小，不需要增加支架设施，因此设施投资小于果菜类无土栽培。水培蔬菜生长周期短，周转快。水培方式又属设施生产，一般不易被台风所损坏。沿海地区台风季节能供应新鲜蔬菜的农户往往可以获得较高利润。

（4）节省肥料。由于叶菜类生长周期短，如果中途没有大的生理病害发生，一般从定植到采收只需定植时配一次营养液，无须中途更换营养液。果菜类由于生长期长，即使没有大的生理病害，为保证营养液养分布均衡，也需要半量或全量更新营养液。

（5）经济效益高。水培叶菜可以避免连作障碍，复种指数高。设施运转率一年高达20茬以上，生产经济效益高，因此，一般叶菜类蔬菜常采用水培方式进行。

 水培蔬菜的设施与设备

水培蔬菜的培育与种植通常是在温室大棚中进行的。为保证蔬菜正常健康的生长，温室大棚内必须设有光照调节设施、通风设施，以及温湿度调节设施等。在夏季还要挂上防虫板，以防止虫害发生。

水培设施与设备的构成由营养液槽、育苗设备、培育池和栽培板、加液系统、排液系统、循环系统等组成。

（一）营养液槽

营养液槽是用来储存营养液的，一般用砖和水泥砌成水槽置于地下。营养液槽的具体宽窄可根据温室地形灵活设计。

（二）育苗设备

育苗设备是用来播种和育苗的，由育苗盘和育种基质组成。育苗盘多使用平底不漏水的塑料制成，盘长60cm，宽30cm，高3cm。育种基质可选用孔隙度较大的海绵块儿或可降解的岩棉块儿。

（三）培育池和栽培板

培育池是蔬菜生长的主要场地，也是水培设施的主体部分。蔬菜被种植在栽培板上，放置在培育池中。蔬菜的根部从池中的营养液中得到水分、养分和氧气等，从而满足正常生长

的生理需要。

培育池一般用水泥砌成，其形状、大小根据不同蔬菜的种类而有所不同。栽培叶菜类的培育池一般较大，长可达上百米，宽达数十米，具体大小则根据温室大棚的面积而定；栽培果菜类的培育池一般较小，长不超过 3m，宽为 1.5m。这两种培育池均为长方形，池深要求为 30cm。此外，还有沟渠型培育池和管道型培育池，这两种培育池多用于小规模生产和观赏目的。

栽培板也称定植板，是用以固定蔬菜根部，防止灰尘侵入，遮挡光线射入，防止藻类产生并保持培育池内营养液温度稳定的设备。栽培板一般由聚苯板制成，根据蔬菜的种类和不同生长期的需要，其规格、大小也有所不同，一般长为 80~100cm，宽为 50~70cm，厚为 3cm，上面排列直径 3cm 的定植孔，根据孔距大小分为 288 孔板、99 孔板、72 孔板、24 孔板、18 孔板、6 孔板等。

（四）加液、排液系统及营养液循环系统

水培设施的给液，一般是由水泵把营养液抽进培育池。池中保持 5~8cm 深的水位，向培育池加液的设施由铁制或塑料制的加液主管和塑料制的加液支管组成。

营养液由水泵从营养液槽中抽出，经加液主管、加液支管进入培育池，被蔬菜的根部吸收。高出排液口的营养液，则顺排液口通过排液沟流回营养液槽，从而完成一次循环。

四 水培蔬菜营养液的配制与管理

水培蔬菜所使用的营养液就是把肥料溶于水中，并通过蔬菜的根部吸收，供给蔬菜生长发育所必需的水分和养分的水溶液。营养液的配制与管理是水培技术中的关键技术，对蔬菜生长起着决定性的作用。

用于配制营养液的主要肥料有：硝酸钙、硝酸钾、硝酸、硫酸镁、硅酸钾、磷酸二氧钾。微肥有：螯合铁、硼酸钠、硫酸锰、硫酸铜、硫酸锌、钼酸铵。具体用量及营养液的浓度配比依据蔬菜种类和品种的不同、培育地的地理情况的不同、季节的不同等而各不相同。在栽培管理过程中，还要根据蔬菜的实际生长情况随时观察，及时调整。

营养液不仅供给蔬菜生长所必需的水分和养分，而且还需要供给蔬菜根呼吸所需要的溶氧。因而在培育池中必须安装增氧设施，及时增加营养液中的溶氧量，这一点对于水培蔬菜的培育是极为重要的。

营养液的更新与补充是水培蔬菜培育过程中营养液管理的主要工作。通常，果菜类蔬菜从定植到采收的整个生育期内，需要对营养液进行 2~3 次更新；而叶菜类蔬菜从定植到采收的整个生育期内，如果没有出现大面积的生理病害，营养液不需要进行更新，只需每周补充 1~2 次所消耗的营养液量即可。

五 水培蔬菜的工艺流程（以生菜为例）

（一）播种育苗

水培蔬菜播种通常在上午进行。播种前，准备好播种器和选择好种子。播种时，接通播种器的电源，然后将种子倒入播种器的吸盘内，打开开关，均匀摇晃，使种子吸附在吸盘的

孔洞中。之后将多余的种子倒出。

确定每个孔洞均有种子，且保持每粒种子的品质。将育种基质倒扣在播种器的吸盘上，有孔的一面向下，盖上底盖，将播种器翻转过来，关上开关，掀开底盖放置一旁，检查每个育种基质的孔内是否均有种子。将育种基质移至育苗盘内，将育苗盘摆放在育苗台上，用喷壶浇洒营养液，使营养液浸没育种基质。

播种后的种子保湿非常重要，每天用喷壶喷洒营养液 1~2 次，以保持种子表面的湿润和提供种子发芽出苗必需的营养。有条件的地方可使用潮汐台进行育苗，每天两次使育种基质浸泡于营养液中，每次浸泡的时间为 40~60min。

育种期间应注意温度的控制，光照不能太强，必要时可使用遮阳网调节光照。定期观察、了解种子发芽、生长情况。正常情况下 3~5 天即可发芽出苗，5~7 天齐苗。

（二）定植分苗

定植前先要准备好定植板，根据品种的不同，可选用 288 孔或 99 孔的定植板。

定植又称一间苗，是将成长状况良好的基质苗移置在定植板上，并放入培育池中培育。一般播种后 3~7 天进行定植。定植时，将育种基质逐个掰开，将每个小苗插入定植板上的定植孔中。定植时手要轻，不要伤害小苗。定植板应插满小苗，插满后应将定植板尽快放入培育池中。

生菜定植后的管理非常简单，除保证营养液的正常循环和控制好温度外，不需要中耕除草，打药等。平时注意观察小苗的生长情况。

为了便于生菜正常生长，从而使其有足够的空间生长发育，需要对生菜进行必要的分苗。通常，在播种后 7~11 天进行第一次分苗。第一次分苗又称二间苗，即将定植在 288 孔或 99 孔定植板上的幼苗，移置在 72 孔或 24 孔栽培板上继续进行培育。

分苗时，将幼苗轻轻拔出，再轻轻插入栽培板上的定植孔中。插入时，要用钩子轻轻勾住幼苗的根系，使根系充分接触营养液。移植后，要尽快将培育板放入培育池中。

播种后的第 14~21 天还要进行一次分苗。二次分苗又称三间苗，是最后一次分苗，即将种植在 72 孔或 24 孔栽培板上的小苗，移置在 18 孔或 6 孔栽培板上，一般每块栽培板上种植 6~9 棵生菜。

（三）日常管理

水培生菜的日常管理极为简单，主要是控制好温湿度、调整光照和定期通风。

生菜喜冷凉，在冬春季节 10℃~25℃的温区范围内生长最好，低于 10℃生长缓慢，高于 30℃则生长不良，极易抽薹开花。一般白天温度应控制在 15℃~21℃，夜间应控制在 10℃~15℃为宜。

光照的调节主要是使用遮阴网，而通风一般使用排风扇。

播种后的第 20~40 天，要进行移池，即将生长在培育池中的生菜，移到预成池中。移池时，将栽培板从培育池中取出，放入运输槽，槽内事先要注入营养液，再由运输槽取出放入预成池中。此时应观察生菜的生长情况。

播种后 30~50 天，还要进行一次移池，即将在预成池中生长的生菜，移置在成菜池中。第二次移池后 10 天左右即可采收了。

（四）采收包装

水培生菜的生长周期一般为40～60天，此时便可以采收了。采收可根据实际需要进行，同一天播种的生菜，不一定同一天采收，可留在成菜池中继续种植。采收应选择生长良好、棵大叶茂的成菜。

采收时，先将栽培板从成菜池中取出，放入运输槽内，再从运输槽内取出，放入采收台上。采收过程中，要将根系周围的烂叶、黄叶去除，同时去除根系。有时为了直观表现水培蔬菜的特点，带一部分洁净根系更好。采收时可以将根系盘绕起来。

采收后的生菜，应及时包装后上市，以保证其新鲜品质。如果不能及时上市，为了防止采收后生菜组织老化，保持其鲜度，可放到0℃～5℃的环境中储存，一般保存期为5～7天。

课后作业

1. 蔬菜水培的优缺点有哪些？
2. 为什么绝大多数叶菜类蔬菜都可以采用水培的方式栽培？
3. 水培蔬菜的设施与设备有哪些？
4. 水培蔬菜的工艺流程？

技能训练：蔬菜的水培技术

一 实训目的

了解蔬菜水培营养液的营养元素组成，能进行营养液的选择与配置，掌握不同叶类蔬菜的水培技术。

二 实训地点

校内实训大棚。

三 材料和用具

硝酸钙，硝酸钾，硫酸镁，磷酸二氢铵，EDTA铁钠盐，硼酸，硫酸锰，硫酸锌，硫酸铜，钼酸钠或钼酸铵等药品，可根据不同的品种选择不同的药品。

无病虫害、生长健壮的蔬菜幼苗，如番茄、黄瓜、绿叶菜、莴苣等。

1mol/L H_3PO_4或H_2SO_4、1mol/L NaOH。

四 方法步骤与技术要点

（一）准备幼苗

培育好水培的蔬菜幼苗，选择无病虫害、生长整齐健壮的幼苗，根部洗净备用。

（二）营养液配方

营养液的营养元素由氮、磷、钾、钙、铁、镁、硫、硼、锌、铜、钼、氯等常量和微元素组成，不同的作物需要的肥料条件不同，因而营养液配方也有所不同。营养液用水采用井水或自来水。下面列举几种营养液配方，可按需求选择配方或作为参考。

（1）园艺均衡营养液配方：硝酸钙 950mg/L，硝酸钾 810mg/L，硫酸镁 500mg/L，磷酸二氢铵 155mg/L，EDTA 铁钠盐 15mg/L ~ 25mg/L，硼酸 3mg/L，硫酸锰 2mg/L，硫酸锌 0. 22mg/L，硫酸铜 0. 05mg/L，钼酸钠或钼酸铵 0. 02mg/L。

（2）番茄营养液配方：配方一（荷兰温室园艺研究所）硝酸钙1 216 mg/L，硝酸铵 42. 1mg/L，磷酸二氢钾 208mg/L，硫酸钾 393mg/L，硝酸钾 395mg/L，硫酸镁 466mg/L；配方二（陈振德等），尿素 427mg/L，磷酸二铵 600mg/L，磷酸二氢钾 437mg/L，硫酸钾 670mg/L，硫酸镁 500mg/L，EDTA 铁钠盐 6. 44mg/L，硫酸锰 1. 72mg/L，硫酸锌 1. 46mg/L，硼酸 2. 38mg/L，硫酸铜 0. 20mg/L，钼酸钠 0. 13mg/L；配方三（山东农业大学），硝酸钙 590mg/L，硝酸钾 606mg/L，硫酸镁 492mg/L，过磷酸钙 680mg/L。

（3）黄瓜营养液配方（山东农业大学）：硝酸钙 900mg/L，硝酸钾 810mg/L，硫酸镁 500mg/L，过磷酸钙 840mg/L。

（4）绿叶菜营养液配方：硝酸钙1 260mg/L，硫酸钾 250mg/L，磷酸二氢钾 350mg/L，硫酸镁 537mg/L，硫酸铵 237mg/L。

（5）莴苣营养液配方：硝酸钙 658mg/L，硝酸钾 550mg/L，硫酸钙 78mg/L，硫酸铵 237mg/L，硫酸镁 537mg/L，磷酸一钙 589mg/L。

（6）芹菜营养液配方：配方一，硫酸镁 752mg/L，磷酸一钙 24mg/L，硫酸钾 500mg/L，硝酸钠 644mg/L，硫酸钙 337mg/L，磷酸二氢钾 175mg/L，氯化钠 156mg/L；配方二（王学军），硝酸钙 295mg/L，硫酸钾 404mg/L，重过磷酸钙 725mg/L，硫酸钙 123mg/L，硫酸镁 492mg/L。

（7）茄子营养液配方：硝酸钙 354mg/L，硫酸钾 708mg/L，磷酸二氢铵 115mg/L，硫酸镁 246mg/L。

（8）微量元素用量（各配方通用）：EDTA 铁钠盐 20-40，硫酸亚铁 15，硼酸 2. 86，硼砂 4. 5，硫酸锰 2. 13，硫酸铜 0. 05，硫酸锌 0. 22。

（三）配制营养液时需要注意的问题

配制营养液时需要注意以下问题。

（1）配制营养液时，忌用金属容器，更不能用金属容器来存放营养液。最好使用玻璃、搪瓷、陶瓷器皿。

（2）浓度管理：第一周使用新配制的营养液，第一周末添加原始配方营养液的一半，第二周末把营养液罐中所剩余的营养液全部倒掉，从第三周开始重新配制新的营养液，并重复以上过程。

（3）营养液用水问题：自然雨水是最安全的水源，但从使用聚氯乙烯薄膜的棚室中接收的雨水则受可塑剂酞酸酯影响；从玻璃温室接收的雨水易引起硼过剩症。井水多含氯、钙、铁、镁及微量元素锌、铜、钼等，须预先分析水中元素含量，以决定营养液配制时的适宜增减量。利用自来水和河水时，常因残留氯和混入除草剂引起生育障碍，特别是自来水未做去氯处理，残留氯会引起蔬菜根腐病发生。当河水、井水及自来水等营养液用水含盐过量时，可用蒸馏法、离子交换法、电渗析法等去除。用雨水做营养液比用水更为经济。

（四）调整营养液的酸碱度

pH 的测定可采用混合指示剂比色法，根据指示剂在不同 pH 的营养液中显示不同颜色的特性，以确定营养液的 pH。用 1mol/L H_3PO_4或 H_2SO_4、1mol/L NaOH 调整营养液的酸碱度，将 pH 调至 5.5~6.5 为最宜。

（五）定植移栽

定植前先要准备好定植板，根据品种的不同，将准备好的蔬菜幼苗定植在 288 孔或 99 孔的定植板上。7~11 天后进行第一次分苗，即将定植在 288 孔或 99 孔定植板上的幼苗，移置在 72 孔或 24 孔栽培板上继续进行培育。第 14~21 天进行二次分苗，即将种植在 72 孔或 24 孔栽培板上的小苗，移置在 18 孔或 6 孔栽培板上直至采收。

附　录

附录 1　2018 年国家禁用和限用的农药名录

根据《中华人民共和国食品安全法》（以下简称《食品安全法》）第 49 条，食用农产品生产者应当按照食品安全标准和国家有关规定使用农药、肥料、兽药、饲料和饲料添加剂等农业投入品，严格执行农业投入品使用安全间隔期或者休药期的规定，不得使用国家明令禁止的农业投入品。禁止将剧毒、高毒农药用于蔬菜、瓜果、茶叶和中草药材等国家规定的农作物。

《食品安全法》第 123 条：违法使用剧毒、高毒农药的，除依照有关法律、法规规定给予处罚外，可以由公安机关依照第一款规定给予拘留。2018 年国家禁用和限用的农药名录如下。

一、禁止生产销售和使用的农药名单（42 种）

禁止生产销售和使用的 42 种农药名单见附表 1-1。

附表 1-1　禁止生产销售和使用的农药名单（42 种）

<table>
<tr><td colspan="2">六六六、滴滴涕、毒杀芬、二溴氯丙烷、杀虫脒、二溴乙烷、除草醚、艾氏剂、狄氏剂、汞制剂、砷类、铅类、敌枯双、氟乙酰胺、甘氟、毒鼠强、氟乙酸钠、毒鼠硅，甲胺磷、甲基对硫磷、对硫磷、久效磷、磷胺、苯线磷、地虫硫磷、甲基硫环磷、磷化钙、磷化镁、磷化锌、硫线磷、蝇毒磷、治螟磷、特丁硫磷、氯磺隆，福美胂、福美甲胂、胺苯磺隆单剂、甲磺隆单剂（38 种）</td></tr>
<tr><td>百草枯水剂</td><td>自 2016 年 7 月 1 日起停止在国内销售和使用</td></tr>
<tr><td>胺苯磺隆复配制剂，甲磺隆复配制剂</td><td>自 2017 年 7 月 1 日起禁止在国内销售和使用</td></tr>
<tr><td>三氯杀螨醇</td><td>自 2018 年 10 月 1 日起，全面禁止三氯杀螨醇销售、使用</td></tr>
</table>

二、限制使用的农药（见附表 1-2）

附表 1-2　限制使用的农药

序号	中文通用名	禁止使用范围
1	甲拌磷（3911）、甲基异柳磷、内吸磷、克百威、涕灭威、灭线磷、硫环磷、氯唑磷	蔬菜、果树、茶树、中草药材
2	水胺硫磷	柑橘树
3	灭多威	柑橘树、苹果树、茶树、十字花科蔬菜
4	硫丹	苹果树、茶树

续表

序号	中文通用名	禁止使用范围
5	溴甲烷	草莓、黄瓜
6	氧乐果	甘蓝、柑橘树
7	三氯杀螨醇、氰戊菊酯	茶树
8	杀扑磷	柑橘树
9	丁酰肼（比久）	花生
10	氟虫腈	除卫生用、玉米等部分旱田种子包衣剂外的其他用途
11	溴甲烷、氯化苦	登记使用范围和施用方法变更为土壤熏蒸，撤销除土壤熏蒸外的其他登记
12	毒死蜱、三唑磷	自 2016 年 12 月 31 日起，禁止在蔬菜上使用
13	氟苯虫酰胺	自 2018 年 10 月 1 日起，禁止在水稻作物上使用
14	克百威、甲拌磷、甲基异柳磷	自 2018 年 10 月 1 日起，禁止在甘蔗作物上使用
15	2，4-滴丁酯。不再受理、批准 2，4-滴丁酯（包括原药、母药、单剂、复配制剂，下同）的田间试验和登记申请；不再受理、批准 2，4-滴丁酯境内使用的续展登记申请。保留原药生产企业 2，4-滴丁酯产品的境外使用登记，原药生产企业可在续展登记时申请将现有登记变更为仅供出口境外使用登记	
16	磷化铝应当采用内外双层包装。外包装应具有良好密闭性，防水、防潮、防气体外泄。自 2018 年 10 月 1 日起，禁止销售、使用其他包装的磷化铝产品	

三、限用农药原药毒性

剧毒：涕灭威（神农丹、铁灭克）。

高毒：甲拌磷（3911）、甲基异柳磷、克百威（呋喃丹）、灭线磷、灭多威、氧乐果、水胺硫磷、硫丹、内吸磷（1059）、硫环磷、氯唑磷、溴甲烷。

中等毒：氰戊菊酯、氟虫腈、毒死蜱、三唑磷。

低毒：三氯杀螨醇、丁酰肼（比久）。

注意：毒死蜱和三唑磷虽为中等毒有机磷杀虫剂，但农药残留验证试验结果表明，毒死蜱即使按照正确的方法和剂量使用，仍存在农残超标的风险；根据大份额膳食数据短期膳食风险评估结果，三唑磷在结球甘蓝上使用对儿童、普通群体的风险不可接受。同时，近几年农产品质量安全例行监测发现，使用毒死蜱、三唑磷易造成蔬菜农残超标。所以，为更好地保障公众的生命健康，最大限度降低风险，农业部①决定在蔬菜上逐步禁用这两种农药。

① 农业部：今为农业农村部。

四、《农药管理条例》相关规定

《农药管理条例》第 27 条规定：使用农药应当遵守国家有关农药安全、合理使用的规定，按照规定的用药量、用药次数、用药方法和安全间隔期施药，防止污染农副产品。

剧毒、高毒农药不得用于防治卫生害虫，不得用于蔬菜、瓜果、茶叶和中草药材。

附录 2　蔬菜种子的重量、每克种子粒数和需种量参考表

附表 2-1　蔬菜种子的重量、每克种子粒数和需种量参考表

蔬菜种类	千粒重/克	每克种子粒数	需种量/（克/亩①）
大白菜	0.8~3.2	313~357	50（育苗）；125~150（直播）
小白菜	1.5~1.8	556~667	250（育苗）~500（直播）
结球甘蓝	3.0~3.4	233~333	50（育苗）
花椰菜、青花菜	2.5~3.3	303~400	50（育苗）
球茎甘蓝	2.5~3.3	303~400	50（育苗）
大萝卜	7~8	125~143	200~250（直播）
水萝卜	8~10	100~125	1 500~2 500（直播）
胡萝卜（净重）	1~1.1	909~1 000	1 500~2 000（直播）
芹菜	0.5~0.6	1 667~2 000	50~100（育苗）；1 000（直播）
芫荽/香菜	6.85	146	2 500~3 000（直播）
茴香	5.2	192	2 000~2 500（直播）
菠菜	8~11	91~125	3 000~4 000（直播）
茼蒿	2.1	476	1 500~2 000（直播）
莴苣	0.8~1.2	800~1 250	50~75（直播）
结球莴苣	0.8~1.0	1 000~1 250	50~75（直播）
大葱	3~3.5	286~333	300~400（育苗）
洋葱	2.8~3.7	272~357	250~350（育苗）
韭菜	2.8~3.9	256~357	5 000（育苗）
茄子	4~5	200~250	50（育苗）
辣椒	5~6	167~200	150（育苗）
番茄	2.8~3.3	303~357	40~50（育苗）
黄瓜	25~31	32~40	100~150（育苗）
冬瓜	42~59	17~24	150（育苗）
南瓜	140~350	3~7	150~200（直播）
西葫芦	140~200	5~7	200~250（直播）

续表

蔬菜种类	千粒重/克	每克种子粒数	需种量/（克/亩①）
丝瓜	100	10	100~120（直播）
甜瓜	30~55	18~33	100（直播）
菜豆	180	5~6	1 500~2 000（直播）
豇豆	81~122	8~12	1 000~1 500（直播）
豌豆	125	8	7 000~7 500（直播）
苋菜	0. 73	1 384	4 000~5 000（直播）

注：①1 亩≈666. 7m^2。

附录 3　蔬菜种子的寿命和使用年限

附表 3-1　蔬菜种子的寿命和使用年限

蔬菜名称	寿命/年	使用年限	蔬菜名称	寿命/年	使用年限
大白菜	4~5	1~2	番茄	4	2~3
结球甘蓝	5	1~2	辣椒	4	2~3
球茎甘蓝	5	1~2	茄子	5	2~3
花椰菜	5	1~2	黄瓜	5	2~3
芥菜	4~5	2	南瓜	4~5	2~3
芜菁	3~4	1~2	冬瓜	4	1~2
萝卜	5	1~2	瓠瓜	2	1~2
胡萝卜	3~4	1~2	丝瓜	5	2~3
菠菜	5~6	1~2	甜瓜	5	2~3
芹菜	6	2~3	菜豆	3	1~2
莴苣	5	2~3	豇豆	5	1~2
洋葱	2	1	豌豆	3	1~2
大葱	1~2	1	扁豆	3	2
韭菜	2	1	蚕豆	3	2

参考文献

[1] 黄金贵. 蔬、菜与菜色. 中国社会科学报 [N], 2015-09-08.

[2] 姜钧武. 设施蔬菜栽培特点及其调控技术 [J]. 吉林蔬菜, 2012 (04): 27-28.

[3] 韩世栋. 蔬菜生产技术 [M]. 北京: 中国农业出版社, 2002.

[4] 贵州省农业办公室, 贵州省农业科学院. 贵州夏秋反季节无公害蔬菜栽培技术 [M]. 贵阳: 贵州科技出版社, 2006.

[5] 梁称福. 蔬菜栽培技术 (南方本) [M]. 北京: 化学工业出版社, 2009.

[6] 浙江农业大学. 蔬菜栽培学总论 [M]. 2 版. 北京: 农业出版社, 1998.

[7] 蒋欣梅, 张清友. 蔬菜栽培学实验指导 [M]. 北京: 化学工业出版社, 2012.

[8] 韩芳, 颜琳琳, 史凤艳, 王娟. 山药生产中常见问题及防治措施 [J]. 上海蔬菜, 2010 (03): 52-54.

[9] 胡松梅, 刘梅秋, 曾贤才. 湖南省秋延后辣椒露地栽培技术要点 [J]. 南方农业, 2019, 13 (15): 9-10.

[10] 池菊英. 南方秋延后辣椒高产栽培技术 [J]. 蔬菜, 2014, 7: 50-51.

[11] 王英. 辣椒秋延后栽培技术 [J]. 现代农业科技, 2010, 22: 123, 126.

[12] 徐君良, 钟兴华, 李明良, 何宇贵, 陈岗, 黄开泽. 香椿树的病虫害及其防治措施 [J]. 安徽农学通报, 2012, 18 (10): 224-226.

[13] 董杰. 香椿栽培管理技术 [J]. 乡村科技, 2016 (5): 5-6.

[14] 陈白凤. 温室甘蓝病虫害无公害防控措施 [J]. 中国农技推广, 2013, 10: 49.

[15] 陈志杰, 张淑莲, 等. 设施栽培甘蓝病虫害绿色防治技术 [J]. 西北园艺, 2009, 11: 52-53.

[16] 王海清, 于克俭, 张宝贤. 山药栽培技术研究进展 [J]. 农业科技通讯, 2017 (10): 161-164.

[17] 武志芳. 花椰菜高效栽培技术 [J]. 瓜果蔬菜, 2016, 8: 22.

[18] 张志焱等. 花椰菜栽培中的常见问题及防止措施术 [J]. 蔬菜, 1997, 3: 35.

[19] 徐淮. 芹菜高产栽培技术 [J]. 中国农业信息, 2016, 9: 71-72.

[20] 许小江, 黄伟忠. 芹菜高产高效设施栽培技术 [J]. 中国园艺文摘, 2013, 11: 151.

[21] 刘莹. 番茄畸形果的成因及防治措施 [J]. 农业科学, 2016, 36 (8): 26.

[22] 林川渝. 温室四段变温管理 [J]. 农业科学试验, 1983 (10): 23-24.

[23] 崔亚静. 茄子嫁接技术的操作规程分析 [J]. 农业与技术, 2016, 36 (22): 13.

[24] 陶洪福. 辣椒种植技术及病虫害防治 [J]. 吉林农业, 2018, 20: 74.

[25] 黄其术. 辣椒三落病因分析及综合防治措施 [J]. 农业与技术，2019，39（22）：132-133.

[26] 任卫卫，付小松，张万萍，詹永发. 贵州地方辣椒品种资源主要类别、分布及利用潜力 [J]. 长江蔬菜，2015，(2)：6-12.

[27] 刘合民. 日光温室冬春茬西葫芦栽培技术 [J]. 安徽农业科学，2006（15）.

[28] 刘升，龚德荣，伏震. 早春西葫芦栽培技术 [J]. 农技服务，2008（5）.

[29] 赵文怀，殷学云，陈年来. 日光温室蔬菜简易无土栽培技术 [J]. 中国瓜菜，2008（2）.

[30] 何永梅. 羽衣甘蓝类型和优良品种（上）[J]. 北京农业，2011（4）：17.

[31] 何永梅，曹如亮. 菜用羽衣甘蓝栽培技术 [J]. 农家参谋·种业大观，2010（10）：48.

[32] 高丽红. 无土栽培固体基质的种类与理化特性 [J]. 温室园艺，2004（2）：28-30.

[33] 许如意，李劲松，孔祥义，陈冠铭，曹兵. 浅谈无土栽培基质消毒 [J]. 现代园艺，2007（3）：31-32.

[34] 周亚，董爱云. 大棚莴苣栽培技术 [J]. 农民致富之友，2014，11：197.

[35] 鲁艳华，李野. 马铃薯栽培技术 [J]. 现代农业科技，2020，3：77.

[36] 兰成云，舒锐等. 山药实用栽培技术浅析 [J]. 中国果菜，2016，8：64-68.

[37] 王海清，于克俭. 山药栽培技术研究进展 [J]. 农业科技通讯，2017，10.

[38] 陈志敏，潘少霖. 生姜的栽培技术 [J]. 东南园艺，2015，3：74-76.

[39] 白冰. 春季大白菜抗病丰产栽培管理技术 [J]. 农业开发与装备，2015，(4)：112.

[40] 孟凡磊，施启荣，项华，陈泉生. 高丽金娃娃菜春季保护地栽培技术 [J]. 上海蔬菜，2016（1）：24-25.

[41] 李树芳. 盘县甘蓝的栽培技术 [J]. 农民致富之友，2014（2）：165，298.

[42] 郭世荣，王丽萍. 设施蔬菜生产技术 [M]. 北京：化学工业出版社，2016.

[43] 闫凯，汤青林. 青花菜栽培技术 [J]. 中国园艺文摘，2018（3）：196，222.

[44] 柯勇，汪李平. 长江流域塑料大棚莴苣栽培技术（上） [J]. 长江蔬菜，2019，16：18-23.

[45] 董恩省，颜兴，王天文，李桂莲，何庆才. 贵州高原夏秋莴笋无公害丰产栽培技术 [J]. 贵州农业科学，2002，30（增刊）：46-47.

[46] 柯勇，汪李平. 长江流域塑料大棚莴苣栽培技术（下） [J]. 长江蔬菜，2019，20：10-18.

[47] 汪李平. 长江流域塑料大棚芹菜栽培技术（下）[J]. 长江蔬菜，2018（24）：11-15.

[48] 汪李平. 长江流域塑料大棚芹菜栽培技术（上）[J]. 长江蔬菜，2018（22）：15-20.

[49] 杨敏，任人，汪李平，杨静. 长江流域塑料大棚韭菜栽培技术 [J]. 长江蔬菜，2017（20）：21-24.

[50] 云祥瑞. 韭菜病虫害及杂草的综合治理 [J]. 吉林蔬菜，2020，1（24）：35.

[51] 王振龙. 无土栽培技术 [M]. 北京：中国农业大学出版社，2012.

[52] 杜兰萍. 冬春蒜黄效益高栽培技术掌握好 [J]. 农村农业农民，2019（2）：55.

[53] 刘峻荣. 蔬菜生产技术（南方本）[M]. 北京：中国农业大学出版社，2017.
[54] 郎德山. 山药播种零余子当年高产栽培技术 [J]. 中国蔬菜，2017（10）：99-100.
[55] 邹元礼. 安顺山药栽培技术要点 [J]. 南方农业，2018，12（19）：62-63，66.
[56] 黄敏，王玉萍. 山药双膜覆盖高产高效栽培技术 [J]. 农家参谋（种业大观），2014（9）：35.
[57] 乔玉霞. 芦笋品种如何选 [J]. 山西农业，2006（7）：19.
[58] 谢小燕，周梅，严传军，芦峰，何晓明. 铜仁市马铃薯高产栽培技术 [J]. 耕作与栽培，2014（1）：60-61.
[59] 王苏林. 马铃薯种薯种性退化加速的原因与预防减缓对策 [J]. 陕西农业科学，2017（03）：67-69.

